高等职业教育专业教材

中国轻工业"十三五"规划教材

农产品
检测技术

主 编

项铁男　　刘小朋

中国轻工业出版社

图书在版编目（CIP）数据

农产品检测技术/项铁男，刘小朋主编. —北京：中国轻工
业出版社，2020. 12
ISBN 978-7-5184-2269-2

Ⅰ. ①农… Ⅱ. ①项… ②刘… Ⅲ. ①农产品—质量—检测
Ⅳ. ①S37

中国版本图书馆 CIP 数据核字（2020）第 165750 号

责任编辑：张 靓 王宝瑶
策划编辑：张 靓 责任终审：白 洁 封面设计：锋尚设计
版式设计：砚祥志远 责任校对：方 敏 责任监印：张 可

出版发行：中国轻工业出版社（北京东长安街 6 号，邮编：100740）
印 刷：北京君升印刷有限公司
经 销：各地新华书店
版 次：2020 年 12 月第 1 版第 1 次印刷
开 本：720×1000 1/16 印张：22.75
字 数：460 千字
书 号：ISBN 978-7-5184-2269-2 定价：49.00 元
邮购电话：010-65241695
发行电话：010-85119835 传真：85113293
网 址：http://www.chlip.com.cn
Email：club@ chlip.com.cn
如发现图书残缺请与我社邮购联系调换
171230J2X101ZBW

前　　言

　　本教材按照工学结合人才培养模式的要求，以工作过程为导向，以项目任务为载体，从简单到复杂，再到综合应用，进行工作过程系统化课程设计。本教材是在吉林省现代职业教育示范性实习实训基地——吉林工程职业学院农产品加工与检测示范性实习实训基地、吉林省职业教育现代学徒制试点专业——农产品加工与检测专业、吉林省高校"三全育人"综合改革试点院系的教育研究成果的基础上，以能力培养为本位，参照农产品食品检验员国家职业技能标准而编写。本教材以典型农产品检测为主线，设计了9个教学项目来构建整体框架，按职业工作过程组织课程教学内容，以情境教学为主，以任务驱动，按工作任务实施流程展开教学，使学生在实施任务过程中学习相应的技术知识和完成操作技能训练，实现知识学习与技能训练有机结合。教师起着组织者、协调人的作用。本教材主要内容包括农产品样品的采集、制备与保存以及谷物、蔬菜、水果、肉、蛋、乳等主要农产品的检验技术。各项检验技术以国家规定的标准操作规程和检验方法为依据，旨在通过系列标准操作技能训练，培养学生的岗位技能，突出检验任务的完整性、操作方法的规范性、技能培养的针对性和教学内容的实用性，以适应农产品检验技术的更新与发展的需要。

　　本教材由吉林工程职业学院项铁男、刘小朋主编，吉林工程职业学院朱畅、吉林工程职业学院白娜、长春职业技术学院王然、乐山职业技术学院应桦参编。具体编写分工如下：刘小朋负责项目二和项目三；朱畅、白娜负责项目六、项目七和项目八；王然负责项目四和项目九；应桦负责项目一和项目五。全书由项铁男统稿。

　　四平市农产品质量监督检验站艾青、北京市好利来食品有限公司洪亮、中央储备粮四平直属库有限公司徐大勇，为本教材提供了大量的资料和许多宝贵建议。在编写过程中还得到了张海臣、刘建波、杨立国等的帮助与支持，在此一并表示感谢。

　　本教材为高职高专院校课改教材，可作为成人教育食品类和农产品检测类专业教学用书，也可供食品工程和农产品加工技术人员、食品和粮食企业管理人员参考。

本教材在编写过程中参考了相关书籍和资料，在此向有关作者深表谢意。

由于作者水平有限，书中不妥之处在所难免，敬请各位专家和读者批评指正。

编者

目 录 CONTENTS

项目一　农产品检测现状及实施步骤 ··········· 1

　　任务一　认识农产品检测现状 ··········· 1

　　任务二　农产品检验的实施步骤 ··········· 11

项目二　谷物检验 ··········· 19

　　任务一　谷物检验基础知识 ··········· 19

　　任务二　谷物扦样、分样方法 ··········· 26

　　任务三　谷物的类型和互混检验 ··········· 34

　　任务四　粮食油料杂质、不完善粒检验 ··········· 37

　　任务五　粮食容重测定 ··········· 41

　　任务六　小麦硬度指数测定 ··········· 43

　　任务七　稻谷出糙率测定 ··········· 46

　　任务八　稻谷整精米率测定 ··········· 47

　　任务九　稻谷垩白度检验 ··········· 49

　　任务十　大米加工精度检验 ··········· 52

　　任务十一　大米碎米率的测定 ··········· 54

　　任务十二　面粉中含砂量的测定 ··········· 56

　　任务十三　小麦粉面筋质检验 ··········· 58

　　任务十四　小麦粉降落数值测定 ··········· 62

　　任务十五　谷物水分含量检验 ··········· 65

　　任务十六　粮食灰分测定 ··········· 69

　　任务十七　粮食中粗纤维素的测定 ··········· 72

　　任务十八　稻谷脂肪酸值的测定 ··········· 75

　　任务十九　谷物中镉含量的测定 ··········· 79

　　任务二十　谷物中总汞含量的测定 ··········· 82

　　任务二十一　谷物中甲胺磷和乙酰甲胺磷农药残留量的测定 ··········· 87

　　任务二十二　谷物中六六六、滴滴涕、七氯、艾氏剂残留量检验 ······ 90

任务二十三　谷物中百草枯残留量的测定 ················· 95

任务二十四　玉米中黄曲霉毒素 B_1 含量的测定 ················· 100

项目三　油料与油脂检验 ················· 104

任务一　主要油料作物及油脂介绍 ················· 104

任务二　油料中蛋白质含量的测定 ················· 109

任务三　油料中粗脂肪含量的测定 ················· 113

任务四　油脂样品扦样、制备方法 ················· 115

任务五　油脂水分及挥发物的测定 ················· 122

任务六　大豆油脂中磷脂的测定 ················· 124

任务七　油脂酸价的测定 ················· 128

任务八　油脂过氧化值的测定 ················· 131

任务九　植物油脂含皂量的测定 ················· 133

项目四　蔬菜检验 ················· 136

任务一　蔬菜检验基础 ················· 136

任务二　白菜总灰分及水溶性灰分的测定 ················· 139

任务三　芹菜中粗纤维的测定 ················· 143

任务四　番茄中抗坏血酸含量的测定 ················· 146

任务五　蔬菜中亚硝酸盐含量的测定 ················· 149

任务六　蔬菜有机磷农药残留的测定——速测卡法 ················· 155

任务七　蔬菜有机磷农药残留的测定——酶抑制率法 ················· 160

任务八　蔬菜有机磷农药残留的测定——气相色谱法 ················· 163

任务九　黄瓜中百菌清残留量的测定 ················· 169

项目五　水果检验 ················· 174

任务一　水果检验基础知识 ················· 174

任务二　水果样品的采集和预处理 ················· 187

任务三　水果质量的感官检验 ················· 193

任务四　水果检验技术 ················· 197

任务五　水果中铜含量的测定 ················· 200

任务六　水果总酸度的测定 ················· 207

任务七　水果中总可溶性固形物含量测定·············212

任务八　水果中有机磷农药残留的测定·············218

项目六　肉品检测·············225

任务一　肉品的感官检测·············225

任务二　动物性食品中盐酸克伦特罗（瘦肉精）残留量的测定······229

任务三　动物性食品中己烯雌酚残留量的测定·············237

任务四　畜禽肉中土霉素、四环素、金霉素残留量的测定·············242

任务五　动物性食品中氟喹诺酮类药物残留量的测定·············247

任务六　畜禽肉中有机磷农药残留量的测定·············252

任务七　畜禽肉中有机氯农药和拟除虫菊酯类农药多组分残留量的
　　　　测定·············258

任务八　畜禽肉中汞含量的测定·············263

任务九　鲜、冻禽肉中总砷含量的测定·············268

项目七　乳品检验·············274

任务一　原料乳的新鲜度检验·············274

任务二　乳的相对密度的测定·············278

任务三　乳中脂肪含量的测定·············279

任务四　乳中蛋白质含量的测定·············281

任务五　乳中乳糖、蔗糖含量的测定·············285

任务六　乳粉中水分含量的测定·············288

任务七　乳及乳制品酸度的测定·············290

任务八　乳中杂质度的测定·············295

任务九　原料乳中三聚氰胺含量的检测·············297

任务十　乳粉溶解度的测定·············300

任务十一　掺假乳的检验·············302

项目八　禽蛋检验·············307

任务一　禽蛋中水分的测定·············307

任务二　蛋及蛋制品中游离脂肪酸的测定·············309

任务三　蛋及蛋制品中铅的测定·············311

任务四　蛋及蛋制品中六六六、滴滴涕残留量的检验…………………… 315

项目九　其他农产品检验……………………………………………………… 320

任务一　茶叶中干物质含量检验……………………………………………… 320

任务二　茶叶中游离氨基酸总量的测定……………………………………… 323

任务三　蜂蜜中还原糖的测定………………………………………………… 326

任务四　蜂蜜中淀粉酶值的测定……………………………………………… 329

任务五　蜂蜜中羟甲基糠醛含量的测定……………………………………… 332

任务六　蜂蜜中杀虫脒残留量的测定………………………………………… 336

任务七　干果检验……………………………………………………………… 341

任务八　干果（桂圆、荔枝、葡萄干、柿饼）中水分的测定 ……… 344

任务九　干果（桂圆、荔枝、葡萄干、柿饼）中总酸的测定 ……… 347

任务十　香辛料中胡椒碱含量检验…………………………………………… 350

任务十一　香辛料和调味品醇溶抽提物的测定 ——————————— 353

参考文献………………………………………………………………………… 356

项目一

农产品检测现状及实施步骤

能力目标

（1）了解农产品检测的意义和作用。

（2）初步掌握5S管理在实训室中的应用。

课程导入

国以民为本，民以食为天，食以安为先。农产品质量安全问题直接关系到人民群众身体健康和生命安全，随着农产品贸易和经济全球化的进一步推进，农产品质量安全又成为关系到国家经济发展的经济问题和影响国际形象的政治问题，所以各国政府都非常重视农产品质量安全。但是随着农业生产技术的提高和机械化养殖业的发展，在农业生产过程中普遍存在使用人工合成的无机化合物和相关药物的情况，少数人为追求产量更是滥用国家禁用的高毒药物，尽管使农产品产量有大幅提升，但在成品中的残留量却往往超过了国家标准规定的限量，对人体健康构成了严重的威胁。

当前，农产品质量安全问题已成为世界性的矛盾，不乏发生因农产品农药残留、兽药残留和其他有毒有害物质含量超标引发的食物中毒事件。农产品质量安全问题已经对人民群众的生命健康构成严重威胁，同时也在影响着经济发展和社会进步，因此我们应通过健全农产品标准体系、农产品质量监督检验体系，严格执行市场准入制度，认真加以解决。

一、 农产品检验的意义和作用

广义上的农产品是指农业中生产的物品，是指通过种植、养殖、采集、捕捞等方式获得的植物、动物、微生物产品及其初级加工产品。本教材只涉及可以作为食品或食品原料的种植业、养殖业产品，包括粮食、油料、水果、蔬菜、食用菌和肉、乳、蛋等主要农产品。

检验是一种符合性判断，是将测量、检查、实验和度量的一项或多项质量特性的结果，与规定要求进行比较，并确定每项特性是否合格的活动。农产品质量检验，是指根据产品标准或检验规程，对农产品的一个或多个质量特性进行观察、实验或测量，并把所得到的检验结果和规定的质量要求进行比较，以判断出被检产品或成批产品合格与不合格的技术性检查活动。具体到我们常说的农产品安全检测则是指依据《中华人民共和国食品安全法》等相关法律法规，按照国家、行业、地方、企业的标准或国际标准，对不同地区、单位或个人生产的农产品进行质量检验，以确保产品质量和食品安全。检测方法标准指以产品性能与质量方面的检测方法为对象而制定的标准，包括操作和精度要求，它对所用仪器、设备、检测条件、方法、步骤、数据计算结果分析、合格标准及复验规则等方面都做出了统一规定。检验对象是农产品，检验的执行者是生产者、消费者、管理者或检验人员，合格、不合格是指满足或不满足规定的质量标准，包括国家标准、行业标准、地方标准和企业标准。

（一） 农业产业发展的需要

农产品质量安全直接影响到人民群众身体健康和生命安全，是我国实现农业现代化建设的重要内容。"十三五"时期是全面建成小康社会的决胜阶段，对强化农产品质量安全监管、提升农产品质量安全水平提出了新的更高要求。农产品质量安全有利于拓展生产领域，拉长产业链条，促进农业产业化发展。

西方国家，如美国、法国等，在现代农业建设中，从一开始就非常重视检测工作，从产前的生产资料供应，到产中的每个技术环节，再到产后的农产品分级、加工、包装、贮运等各个环节，都有严格的检测标准和先进的检测手段，从而有力地促进了这些国家现代农业的快速发展。统一管理、选优协调、简化操作、跟踪监测，是现代农业最基本的特征。

（二） 保证农产品质量安全的需要

随着改革开放的不断深入，我国农业综合生产能力大幅提升，农产品供求关系发生了重大变化，农产品供给实现了由长期短缺到供求基本平衡、丰年有余的大跨越。但是，在人们享受它的实惠之时，市场的多样性、优质化需求和大量劣质农产品供给过剩的一系列深层次的矛盾和潜在危机也一并袭来。由于滥用农药和环境污染使农产品品质下降，动物传染病经常流行，食用水果、蔬菜中毒事件时有发生，产品质量和食品安全问题已十分突出。从曾被曝光的"镉大米""瘦肉精猪肉"等恶性事件可看出，我国迫切需要对农产品进行质量安全监测和在生产、流通全过程实施质量控制，以保障广大群众的利益不受侵犯。

（三）提高农产品国际竞争力和扩大国内需求的需要

我国加入世界贸易组织（World Trade Organization，WTO）之后，在国际竞争日益激烈的背景下，为了抓住机遇，迎接挑战，促进发展，就必须不断提高我国农产品的国际竞争力。竞争的取胜之道很多，但其中最为重要的一条，就是没有经过严格检测达到合格标准的农产品是进不了国际市场的。实施农业标准化，特别是积极参照国际先进的检测标准，提高检测水平，尽快缩短我国农产品在产品质量、产品品位和科技水平方面与国际水平的差距。提高农产品的质量安全水平，保证和加强农产品质量安全，适应经济全球化趋势，打破"绿色壁垒"等不利环境的制约，扩大农产品出路，切实提升我国农产品国际竞争力。如果能够做到向国内市场提供严格按照技术操作规范生产并经过严格检验和市场准入体系把关的农产品，让人民群众放心享用，对建设和谐社会具有极其重要的意义。

二、我国的农产品检验工作与农产品质量状况

（一）农业标准化的概念

为在一定范围内获得最佳秩序，对实际的或潜在的问题制定共同的和重复的规则的活动，称为标准化。农业标准化是以农业为对象的标准化活动，即运用"统一、简化、协调、选优"原则，通过制定和实施标准，把农业产前、产中、产后各个环节纳入标准生产和标准管理的轨道。农业标准化工作包括农业标准体系、农业质量监测体系和农产品评价认证体系建设三方面内容。农业标准体系是基础，只有建立健全的、涵盖产前、产中、产后等各个环节的标准体系，才能使农业生产经营有章可循、有标可依。农业质量监测体系是指为完成农产品质量各个方面、各个环节的监督检验所需要的政策、法规、管理、机构、人员、技术、设施等要素的综合。它不但是农产品质量的基础保障体系，也是依据国家法律法规对产地环境、农业投入品和农产品质量进行依法监督的执法体系。产品评价认证体系和市场准入制度是保障，通过对农产品、农业投入品、农业环境质量进行检验和评价，确定是否合格，能否进行流通和消费是农业标准体系的最重要环节。农业标准化工作，以农产品质量标准体系和质量安全监测体系建设为基础，以全面提高农产品质量安全水平和竞争能力为核心，以市场准入制度为切入点，实现从"农田到餐桌"全过程的质量控制，旨在全面推动农产品的无公害生产、产业化经营、标准化管理，满足经济发展和人民生活的需要。

（二）农业标准体系与农业质量监测体系

1. 农业标准体系

（1）国家标准　国家标准是指对全国经济技术发展有重大意义，必须在全国

范围内统一的标准。国家标准由原国家质量技术监督局编制计划和组织草拟，并统一审批、编号和发布。

（2）行业标准　行业标准是指我国全国性的农业行业范围内的统一标准。《中华人民共和国标准化法》规定："对没有国家标准而又需要在全国某个行业范围内统一技术要求，可以制定行业标准。"农业行业标准由中华人民共和国农业农村部组织制定。行业标准是对国家标准的补充，行业标准在相应国家标准实施后，自行废止。

（3）地方标准　地方标准是指在某个省、自治区、直辖市范围内需要统一的标准。对没有国家标准和行业标准而又需要在省、自治区、直辖市范围内统一的技术和管理要求，可以制定地方标准。地方标准由省、自治区、直辖市政府标准化行政主管部门制定。地方标准不得与国家标准、行业标准相抵触。在相应的国家标准或行业标准实施后，地方标准自行废止。

（4）企业标准　企业标准是指企业所制定的产品标准和在企业内需协调、统一的技术要求和管理工作要求所制定的标准。企业标准由企业制定。

国家标准、行业标准、地方标准和企业标准之间的关系是：对需要在全国范围内统一的技术要求，应当制定国家标准；对没有国家标准而又需要在全国某个行业内统一的技术要求，可以制定行业标准；对没有国家标准和行业标准而又需要在省、自治区、直辖市范围内统一的技术要求，可以制定地方标准；企业生产的产品没有国家标准和行业标准的，应当制定企业标准。国家鼓励企业制定高于国家标准的企业标准。

近年来，国家和行业有关部门，加大标准制定力度，标准不足和标准体系不健全的问题已经得到彻底改善，已初步完成了农业质量标准与监测体系建设，实现了农产品标准从无到有的转变，填补了产品标准、检验测试标准、生产技术规程等一系列空白，并大力推广和应用在生产中。

2. 农业质量监测体系

（1）国家（部级）专业性质检中心　国家（部级）专业性质检中心主要承担全国性的农产品质量安全普查和风险评估工作，承担农产品检验检测技术的研发和标准的制（修）定，开展农产品质量安全对比分析研究和国际合作交流，承担农产品质量安全方面重大事故、纠纷的调查、鉴定和评价，承担农产品质量安全认证检验、仲裁检验和其他委托检验任务，负责有关农产品质量安全方面的技术咨询和技术服务。

（2）省级综合性质检中心　省级综合性质检中心主要承担农产品质量安全监督抽检检验，负责农产品市场准入检验、农产品产地认定检验和农产品质量安全评价鉴定检验，负责对县级综合性检测站进行技术指导和技术培训，接受其他委托检验且负责农产品安全方面的技术咨询、技术服务工作。

（3）县级综合性检测站　县级综合性检测站主要承担县级农业行政主管部门下达的农产品质量安全执法检验，负责指导农产品生产基地和批发市场开展检验工作；负责农产品质量安全监督检查的抽样和生产过程中的日常监督检验；承担农产品质量安全方面的标准的贯彻宣传和技术培训，接受其他委托检验和负责农产品质量安全方面的技术咨询、技术服务工作。

（4）农产品生产基地和批发市场检测站（点）　农产品生产基地检测站（点），用于企业或基地自行监控生产过程中的质量状况，对每一批次的农产品实施快速定性的自我常规检测；承担企业（某地）人员的技术培训工作，规范生产者的操作。批发市场检测站（点），承担市场农产品质量监督工作，其任务是快速定性检测，建立以速测为主的检测网点。

我国的农业质量监测体系覆盖生产、加工、流通各个环节，满足农业生产、环境保护、国内外市场准入与安全消费的需求，以保障农产品的无害化生产和消费。在完善提高原有农业质检机构的检测能力和检测水平的基础上，将建设重心转移到基层，均衡布局，协调发展，从数量和质量上进一步强化质检中心、检测站的建设，大力扶持地（市）级和县级基层综合性农产品检测机构，切实形成省、市、县各级农产品检测机构分工协调、配合紧密的良好体系。加大对检测设备的投入，努力建立达到国际水平的农产品质量标准和检测实验室，对指导农业生产，提升农产品质量和国际市场竞争力以及促进农产品进出口贸易具有重要的现实意义。

（三）农产品质量检测物质的分类

农产品分析与感官评定的研究内容很广泛，主要包括下面三个方面。

1. 农产品中的营养素分析

农产品的营养素按照目前新的分类方法，包括宏量营养素、微量营养素和其他膳食成分三大类。

（1）宏量营养素，包括蛋白质、脂类、碳水化合物。

（2）微量营养素，包括维生素（包括脂溶性维生素和水溶性维生素）、矿物质（包括常量元素和微量元素）。

（3）其他膳食成分，包括膳食纤维、水及植物源食物中的非营养素类物质。

上述这些物质是决定食品品质和营养价值的主要指标，其分析方法是农产品分析的主要研究内容。

2. 农产品中的有害物质分析

农产品中的有害物质来源于污染。农产品污染主要来源于两个方面：一是农产品受产地土壤、水源、空气、肥料、农药等环境的污染；二是在种植、养殖过程中不按规定使用农、兽药物；三是农产品加工、包装、贮藏、销售过程中的污染。因此，保持良好的产地生态环境、按照国家规定使用农、兽药物和良好加工、贮藏、包装、销售过程是防止农产品污染的重要措施。

农产品的污染从性质分类，一般归结为生物性污染和化学性污染。生物性污染是指微生物污染（主要是指由细菌与细菌毒素、霉菌与霉菌毒素和病毒造成的动物性食品生物性污染）。化学性污染包括农用化学物质、重金属、食品添加剂、来源于包装材料的有害物质（如塑料中的聚氯乙烯及其添加剂、印刷油墨中的多氯联苯等）等。化学性污染有时也会来源于食品贮藏和加工过程中所用的材料和可能产生的有害物质，如熏烤或油炸加工过程中可能产生的致癌物质、贮藏过程中产生的黄曲霉毒素等。因此，农产品有害物质分析通常包括以下内容。

（1）农药，如有机磷农药、有机氯农药、氨基甲酸酯类农药等。

（2）有害化学元素，如砷、汞、铅、镉等。

（3）其他有害物质，如黄曲霉毒素、多氯联苯等。

（4）微生物（致病微生物）。

农产品中有害物质直接威胁着人民的身体健康。为了保障食品的安全，各国政府均制定出严格的农产品质量标准，对农产品中有害物质的允许量作了明确的规定。同时，对各种农产品或食品中有害物质的测定制定出标准测定方法，检验人员必须严格执行。

3. 农产品的感官评定

人们选择农产品时往往是从个人的喜爱出发，凭感官印象来决定取舍。研究不同人群的味觉、嗅觉、视觉、听觉和口感等感觉，对消费者和生产者都是极其重要的。因此，农产品的色、香、味、规格、密度、容重等形态特征是农产品感官检验的重要技术指标，是非常重要的检验项目，可据此进行定等分级。

（四）我国农产品检验机构

我国的农产品检测体系包括政府监督检验机构、社会中介服务检验机构和企业自有检验室。

1. 政府监督检验机构

政府监督检验机构目前主要由三大体系共同进行监督管理。一是以政府农业行政系统为主导的农产品安全生产监督检验体系。针对农产品生产和流通特点，农业行政主管部门开展以农业投入品和农产品等为重点的监督检验，组织实施从农产品生产到销售的全程质量监督控制网络；二是食品药品监督管理部门组织的对食品安全控制的综合监督与管理；三是技术监督部门为主导的食品加工企业为主的监督检验体系，负责对加工产品生产过程的监督检验，控制加工企业食品安全生产。此外，还包括卫生部门的卫生安全监督管理。三个系统均设有部级专业性质检中心和省级综合性质检中心。

2. 社会中介服务检验机构

社会中介服务检验机构主要由中央和省级科研院所和大、专院校的中心实验室为基础，在开展科研测试的同时，完善检测设备，提高检测水平，开展对外检测服务，初步形成了具有社会中介服务功能的第三方检验测试群体。

3. 企业自检机构

企业自检机构从企业生产管理角度出发，尤其是进出口食品（包括农产品）

企业，必须建立自己的检测机构，实施企业自检。根据我国农副产品生产销售的特点，已经陆续在各省组织建立农贸市场、批发市场食品安全检测站点，初步建立了以市场准入为主的检测制度，并形成了一套检测技术和检测管理办法。

检验的具体任务包括产前检验、产中检验和产后检验。产前检验是以农业生态环境安全保障检测为重点，对产地环境中的水、土壤、空气以及耕地受污染的状况进行检验；对畜禽、水产养殖环境等受污染状况进行检验；对农用城市垃圾、工业固体废弃物等污染进行检验。产中检验是以投入品质量安全保证检测为重点，主要检测对象为肥料、农药、种子、兽药、饲料（饵料）及农业生产用机械设备和农产品加工机械设备等。产后检验是以农产品市场准入认可性检测为重点，主要检测对象为种植业产品及其制品、养殖业产品及制品、水产品及制品、转基因产品等。

（五）我国农产品质量状况

随着科技水平的提高，市场经济的良性发展，人民收入的持续增长和生活水平不断提高，广大消费者越来越关注农产品质量安全问题，保障农产品质量安全已成为广大消费者的迫切需求。近年来，我国在提升农产品质量方面采取了一系列措施，加强对农产品生产各个环节的控制，从而使农产品质量安全水平得到显著提升。根据原中华人民共和国农业部例行监测数据，在 2014 年监测范围扩大、参数增加的情况下，主要农产品监测合格率在 96% 以上，表明中国的农产品质量处于较高水平，总体是平稳向好的。

但是，受自然条件制约，生产规模偏小、标准化和机械化程度偏低、从业人员素质参差不齐、社会化服务体系不健全等因素，不仅影响农业的发展，也制约着农产品质量的提高。为全面提高中国农产品的质量安全水平，把农产品质量安全作为转变农业发展方式、建设现代农业的关键环节，坚持"产出来""管出来"，两手抓、两手硬。"产出来"主要是加快转变农业发展方式，推进标准化、绿色化、规模化、品牌化生产，实现生产源头可控制；"管出来"主要是依法严管、全程监管，治理突出问题，实现"从田头到餐桌"可追溯。全面提升农产品质量安全五大能力：全面提升源头控制能力；全面提升标准化生产能力；全面提升风险防控能力；全面提升质量追溯管理能力；全面提升农产品质量安全监管能力。

为了提高农产品质量，我国在加入 WTO 后强化了农产品质量认证工作。质量认证是指第三方依据程序对产品、过程或服务符合规定标准要求的给予书面证明（合格证书）。质量认证的对象是产品和质量体系（过程或服务），前者称产品认证，后者称体系认证。按认证的作用可分为安全认证和合格认证。质量认证是依据程序而开展的科学、规范、正规的由第三方从事的活动。对取得质量认证资格的认证机构向企业颁发认证证书和认证标志。农业质量认证体系也包括质量保证体系认证和农产品质量认证。体系认证目前主要有 GMP（良好操作规范，good manufacturing practice）、HACCP（危害分析与关键控制点，hazard analysis critical control point）、ISO 9000 系列标准（质量管理和质量保证体系系列标准）、ISO 14000 系列标准（环境管理和环境保证体系系列标准）等质量体系的认证。农产品质量认证主要有无公害农产品、绿色食品和有机食品的认证。

1. 无公害农产品

无公害农产品是指产地环境符合无公害农产品的生态环境质量，生产过程必须符合规定的农产品质量标准和规范，有毒有害物质残留量控制在安全质量允许范围内，安全质量指标符合《无公害农产品（食品）标准》的农、牧、渔产品（食用类，不包括深加工的食品）经专门机构认定，许可使用无公害农产品标识的产品。

2. 绿色食品

绿色食品是指产自优良生态环境、按照绿色食品标准生产、实行全程质量控制并获得绿色食品标志使用权的安全、优质食用农产品及相关产品。绿色食品分为 A 级和 AA 级两种，AA 级等同于有机食品。A 级允许限量使用限定的化学合成物质，而 AA 级则禁止使用。绿色食品的认证机构是原中华人民共和国农业部中国绿色食品发展中心，各省的绿色食品办公室负责初审工作。

3. 有机食品

有机食品是指来自有机农业生产体系，根据国际有机农业生产规范生产加工，并通过独立的有机食品认证机构认证的一切农副产品。有机食品在其生产和加工过程中绝对禁止使用农药、化肥、激素等人工合成物质，需要建立全新的生产体系，采用相应的替代技术。有机食品是一类真正源于自然、富营养、高品质的环保型安全食品。有机产品生产的基本要求是：生产基地在最近三年内未使用过农药、化肥等违禁物质；种子或种苗来自自然界，未经基因工程技术改造过；生产基地应建立长期的土地培肥、植物保护、作物轮作和畜禽养殖计划；生产基地无水土流失、风蚀及其他环境问题；作物在收获、清洁、干燥、贮存和运输过程中应避免污染；从常规生产系统向有机生产转换通常需要两年以上的时间，新开荒地、撂荒地需至少经 12 个月的转换期才有可能获得颁证；在生产和流通过程中，必须有完善的质量控制和跟踪审查体系，并有完整的生产和销售记录档案。

无公害农产品认证是政府行为，主要负责机构为农业农村部农产品质量安全中心，是全额拨款事业单位，由政府推进，通过产地和产品认证相结合，解决大众消费的大宗农产品基本安全问题。绿色食品认证是企业行为，主要负责机构为中国绿色食品发展中心，由政府推动，市场运作，通过质量认证和商标管理，保证农产品质量达到发达国家质量安全水平。有机食品由国际有机运动联盟倡导，中介服务具体负责，以安全和纯天然为取向，由常规农业向有机农业回归，人与自然和谐发展，主要面向国际市场，一年一认证。

三、 5S 管理

（一）5S 管理的起源和发展

5S 管理起源于日本，是指在生产现场对人员、机器、材料、方法等生产要素进行有效管理，这是日本企业独特的一种管理办法。

1955 年，日本 5S 管理的宣传口号为"安全始于整理，终于整理整顿"。但是一开始只推行了前两个"S"，其目的仅为了确保作业空间的安全。后因生产和品质控制的需要又逐步提出了 3S 管理，也就是清扫、清洁、素养，从而使应用空间及适用范围进一步拓展。到了 1986 年，日本 5S 管理的著作逐渐问世，从而对整个现场管理模式起到了冲击作用，并由此掀起了 5S 管理的热潮。

日本式企业将 5S 管理作为管理工作的基础，推行各种品质的管理手法，第二次世界大战后，产品品质得以迅速地提升，奠定了经济大国的地位，而在丰田汽车公司的倡导推行下，5S 管理在塑造企业形象、降低成本、准时交货、安全生产、高度标准化、创造令人心旷神怡的工作场所、现场改善等方面发挥了巨大作用，逐渐被各国的管理界所认识。随着世界经济的发展，5S 管理已经成为工厂管理的一股新潮流。

（二）5S 管理基本内容

1. 什么是 5S 管理？

5S 管理就是整理（SEIRI）、整顿（SEITON）、清扫（SEISO）、清洁（SETKETSU）、素养（SHITSUKE）五个项目，因日语的罗马拼音均以"S"开头而被简称为 5S 管理。5S 管理是丰田汽车公司的工作程序，它被用以保持工作场所的整洁及有序。

2. 5S 管理各项具体含义与作用

（1）整理（SEIRI） 整理就是将工作场所的所有东西区分为有必要的与不必要的；把必要的东西与不必要的东西明确地、严格地区分开来；不必要的东西要尽快处理掉。整理的目的是腾出空间，活用空间，防止误用、误送，塑造清爽的工作场所。

（2）整顿（SEITON） 整顿是对整理之后留在现场的必要物品分门别类放置，排列整齐。明确数量，有效标识。整顿的目的是使工作场所一目了然，营造整整齐齐的工作环境，消除找寻物品的时间，消除过多的积压物品。

（3）清扫（SEISO） 清扫是指将工作场所清扫干净，保持工作场所干净、亮丽。清扫的目的是消除脏污，保持工作场所干净、明亮、稳定品质、减少工业伤害。

（4）清洁（SETKETSU） 清洁就是将上面的 3S 管理实施做法制度化、规范化。清洁的目的是维持上面 3S 管理的成果。

（5）素养（SHITSUKE）　素养是指在以上4个"S"实施之后，使其他成员一起遵守制度，养成良好习惯。素养的目的是培养主动积极向上的精神，营造团队精神，改善人性，提高道德品质（人心美化）。素养是5S管理的重心。

3. 各"S"之间的关系

整理是整顿的基础，整顿又是整理的巩固，清扫是显现整理、整顿的效果，而通过清洁和素养，则可形成一个整体的改善气氛。

实　训

一、　整理（SEIRI）

（1）将必需品与非必需品区分开，在实训台上只放置必需品。

（2）清理"不要"的物品，如失去作用的微量注射器、过期的溶液和破损的玻璃仪器等。这样可避免每天反复整理、整顿、清扫不必要的东西，从而导致时间、成本等的浪费，同时也可避免实训过程由于误用溶液而出现的错误。

（3）对需要的物品调查其使用频率，决定日常用量及放置位置，制订废弃物处理方法，每日自我检查。

二、　整顿（SEITON）

整顿就是消除无谓的寻找，即缩短准备的时间，随时保持立即可取的状态。这样就要求物品的存放必须有标识，原则是分门别类和各就各位。尽量是易取、易放、易管理和定位、定量、定容。由此在气相色谱实训室内有下列要求。

（1）将气相色谱仪、电脑、色谱数据处理机等仪器设备摆放整齐。

（2）将实训室的物品分为药品（如丙醇、乙醇试剂等）、工具（如扳手、螺丝刀等）、玻璃仪器（如微量注射器、试剂瓶、皂膜流量计等）、辅助设备（如万用表、点火枪等）和小零件（如硅胶垫、螺母等）五大类，并将其放置于实训室不同的区域，做好标识工作。

（3）将灭火器、医疗急救箱、清洁工具等放置于实训室不同位置，并做好标识工作。

（4）为气体管道做好标识工作，如氮气、氢气等。

（5）对于等待维修的仪器，应挂上"待修"标志。

三、　清扫（SEISO）

将实训室工作岗位变得无垃圾、无灰尘，干净整洁，将仪器设备保养得锃亮完好，创造一个一尘不染的环境。如果仅是将地、物表面擦得光亮无比，却没有发现任何不正常的地方，只能称为扫除。清扫的另一目的就是清洁仪器、检查仪器的完好性。

（1）清扫整个实训室，包括地面、仪器设备、仪器台面等。

（2）检查仪器的完整性，接头是否松动、电极插入口的保护帽是否拧上等，发现问题，及时解决，真正做到"我使用我负责，我使用我爱护"。

（3）确立清洁责任区，包括实训室内部地面、仪器设备、实训室门窗和实训室外走廊等。

（4）建立清扫标准，作为规范。

（5）制订整个学期实训室值日安排表，具体到每一个同学的责任区。

四、 清洁（SETKETSU）和素养（SHITSUKE）

将整理、整顿、清扫进行到底并且标准化、制度化，也就是一直维持干净、明亮和有序的实训室工作环境，即是清洁。素养就是对于规定的事情，大家都按要求去执行，并养成一种习惯。

我们强调每一位学生都应具有遵守规章制度、工作纪律的意识；此外还要强调创造一个有良好风气的工作场所的意义。学生们对以上要求付诸行动的话，就会整体抛弃坏的习惯，向更好的方面发展。此过程有助于大家养成制订和遵守规章制度的习惯。素养强调的是持续保持良好的习惯。

➤ 思考与练习

1. 请课后查阅资料，谈谈 5S 管理在企业化验室或其他行业中的应用，更深入地了解"管理"的含义及其在国民经济发展中的作用。

2. 结合自己的实际，谈谈生活中果蔬类产品的安全隐患及应对措施。

3. 我国农产品监测机构是如何开展监测工作的？

◆ **任务二** 农产品检验的实施步骤

▇▇ **能力目标**

（1）能掌握农产品检验接受任务的过程。

（2）能正确获取并记录检测信息。

（3）能掌握检验工作的实施步骤。

▇▇ **课程导入**

本任务以农药残留分析过程为例，要求学生了解农产品检验接受任务的过程，获取信息的过程，掌握检验工作的实施步骤。

近几十年来，随着科学技术的进步和发展，特别是随着信息时代的来临，检验标准迅速提升，检验工作已经由原来的主要围绕产地环境质量标准进行简单参数的检验，进行符合性判定转变为覆盖性检测，从产地、产品包括投入品的全方位监测，检测参数涉及重金属、药物残留、持久性有机污染物和其他国际关注的环境激素类有害物质检测。检测方式上由化学分析为主变成仪器分析为主，工作过程实现了仪器化、自动化、计算机化，分析仪器不断升级换代，检验方法标准不断更新，检验周期大为缩短，检验准确度、精密度显著提高。

实　训

一、 实践操作

（一）接受任务的过程训练

农产品检验任务来源于四个方面：监督检验、生产者要求的产品检验、用户要求的检验和仲裁检验。

1. 监督检验

定期或不定期到原产地、生产厂家、市场等地进行抽样。抽样工作由监管部门相关专业人员按照国家标准操作，完成后交付专业检验机构按照有关标准进行检验。其目的就是确保农产品质量，对生产、加工、贮运、销售和消费过程中的农产品质量进行监督、检验和管理，实现从"农田到餐桌"的全程质量控制。

2. 生产者要求的产品检验

生产企业或个人，为了使生产的产品达到产品标准，从产品中抽取具有代表性的样品，在企业内部实验室或权威检验机构按照产品标准进行检验。

3. 用户要求的检验

用户在消费农产品的过程中遇到了产品质量问题，自行或通过管理机构要求生产者对产品质量或食品安全性问题进行检验。

4. 仲裁检验

当产生严重的质量纠纷时，法院或当事人双方送样品到权威检验机构要求按照标准对特定项目进行检验。

这里必须指出，清楚、准确地抽取样品的报告对完成检验工作是十分必要的。报告的形式依检验性质有别，但都应尽可能简短、明确、客观。报告应写明所见到的违章掺假行为、污损行为和显然不能令人满意的情况的证据。还应写明与生产设备、个人习惯、原料、加工包装和贮存有关的不卫生和其他不合要求的情况和活动。

检验单位接受检验任务后，要立即完成样品登记。登记内容包括样品名称、样品编号、数量、状态、送（抽）样人、抽样时间、接受时间等项目。登记后的样品要按照样品接收和保管程序执行。

（二）获取信息的过程训练

1. 认识样品

正确认识样品是做好检验工作的第一步。由于产品种类、性质和检验目的与方法的不同，必须采用不同的样品采集和处理方法。采样的过程需要遵循以下原则。

（1）代表性原则 样品必须能代表全部的检测对象，代表产品整体。

（2）典型性原则 被抽取的样品能反映整批产品在某些（个）方面的重要特征，能发现某些情况对产品质量造成的重大影响。

（3）适时性原则 针对组成、含量、性能、质量等会随着时间或容易随时间的推移而发生变化的产品，要求及时、适时采样并进行鉴定。

样品通常可以分为下述类型：

①高含水量的样品，如乳类、水果、蔬菜等。

②低含水量的样品，如粮食、油料等。

③含脂肪高的样品，如肉类、油料等。

④含糖量高的样品，如水果、薯类等。

⑤环境样品，如土壤、水等。

⑥特殊样品。

为了保证完成检验任务，必须尽可能多地了解样品信息，包括产地环境、成熟度、样品状态和包装、标签等信息，做到心中有数。

2. 了解检验任务

了解检验任务的主要目的是要解决检验什么的问题。农产品检验通常按照产品标准和特殊检验目的进行检验，如含水量、蛋白质、脂肪、碳水化合物、膳食纤维和营养性矿物质含量的检验，以及重金属、有害化合物和农药残留的检验。

3. 确定检验方法

根据检验任务确定检验方法，解决"怎么检"的问题。检验方法包括标准方法和非标准方法两类。标准方法包括国际标准方法、国际区域性标准方法、国家标准方法、行业标准方法和企业标准方法。非标准方法包括技术组织公布的方法、文献期刊公布的方法、设备生产厂家指定的方法、实验室自制方法。

4. 进行检验

获取农产品中的物质信息，回答是什么和含多少的问题，即定性和定量两个方面。为此要改变样品的物质形态，通过烘干、粉碎、消化、萃取等方法对样品进行处理，进而进行化学分析和仪器分析，以取得检测结果。农产品组分复杂，如果其中存在着对测定有干扰的组分，可能需要在测量前把干扰组分分离除去，使之不再干扰测定结果，而待测组分的损失减小到可以接受的程度。对于复杂样品来说，分离与测定同样重要，因为良好的分离是准确测定的前提。

5. 分析结果与检验报告

在仔细核对每一测定步骤准确无误的前提下，用统计学的方法借助于计算机对分析测定所得到的信息进行有效处理。对于分析测定的数据，应该学会运用建立在统计学基础上的误差理论来进行计算和正确表达，进行质量控制，并按照要求报告检测结果，依据标准给出检验报告。

（三）检验工作流程训练

检验工作一般都要经过采样、预处理、测定、结果分析与检验报告生成等步骤。下面以农药残留分析过程为例说明农产品检验的过程。

农药残留分析可以概括为定性、定量和确认三个过程。定性就是确定残留的农药是什么，定量就是确定其含量是多少，确认就是用权威的方法做进一步的检验，以确定前面所做定性和定量检验的正确性、精密度和准确度。目前，常用的农残分析方法有气相色谱法、液相色谱法、薄层色谱法、红外光谱法等。近几年又出现了气质联用技术和液质联用技术，是目前最有效的方法，而且灵敏度很高，也是最有效的农药残留确认方法。

农药残留分析一般有以下步骤：样品采集、样品接收、登记下达检验任务、处理样品（根据样品分析的类型和样品特性确定样品的制备方法）、目标成分的检测、数据分析、出具检验报告。

1. 分析农药残留物的类型

农药残留物的类型可分为：①含卤素的化合物；②有机磷化合物；③氨基甲酸盐类；④有机氮化合物；⑤有机硫化合物；⑥除虫菊酯及拟除虫菊酯；⑦其他。

2. 样品处理

粉碎、均质、溶剂萃取。同一检验目的，不同国家和组织选择不同的溶剂，例如对于有机磷农药的检验，美国食品与药品管理局（Food and Drug Administration，FDA）的方法用丙酮，美国加利福尼亚州食品与农业管理局（Califormia Department of Food and Agriculture，CDFA）用乙腈，瑞典相关机构用乙酸乙酯，我国相关机构用乙腈。通常可根据待测农药的性质、样本种类和实验室条件选择适当的提取方法，我国常用方法有以下几种。

（1）浸渍、漂洗法 对附着在样本表面的农药有很好的提取效果。

（2）索氏提取法 经典提取法，也称完全提取法，效果好，但时间过长，干扰物质。

（3）振荡法 样本加提取剂振荡数小时，是常被采用的方法。

（4）超声波提取法 采用超声波辅助溶剂进行提取，声波产生高速、强烈的空化效应和搅拌作用，破坏植物药材的细胞，使溶剂渗透到药材细胞中，缩短提取时间，提高提取率。

（5）消化法　样本先消化，再用提取液提取，用于不易匀浆、不易捣碎的动物组织较多的样本。

（6）匀浆、捣碎法　将样本放在匀浆杯（捣碎杯）中，加提取剂，快速匀浆几分钟。简便、快速、效果好，是普遍采用的方法。

（7）其他方法　如吹扫蒸馏法、超临界流体萃取法（SFE）等。

为了保证提取充分，往往要经三次或多次提取。提取含水量高的样本中的农药，有时需加无水硫酸钠；提取含糖量高的样本中的农药，或干燥土壤中的农药时，加适量水，能提高提取效果。

3. 分离干扰杂质

有时，需要采取一些处理步骤将样本中的待测农药与干扰杂质分离，常用方法如下。

（1）液液分配法　通常采用极性溶剂与非极性溶剂配成溶剂对进行多次分配，使干扰杂质和待测农药分离，达到净化目的。常用的溶剂对有：乙腈-正己烷（石油醚）、二甲基甲酰胺（DMF）-正己烷（石油醚）、二甲基亚砜（DMSO）-正己烷（石油醚）、丙酮-正己烷、丙酮-二氯甲烷（石油醚），丙酮层需加 10 倍的 2%或 4%硫酸钠或氯化钠水溶液。

（2）冷冻法　低温处理样本提取液，使溶液中的蛋白质、脂肪、蜡质等干扰物沉淀析出，过滤除掉杂质。

（3）凝结沉淀法　待净化溶液中加入一定的凝结剂（如氯化铵+磷酸），能使溶液中的蛋白质、脂肪、蜡质等干扰物沉淀析出，再经离心，可达到净化的目的。

（4）吸附柱色谱法　常用的吸附剂有：弗罗里硅土、氧化铝（酸性、中性、碱性）、硅胶、活性炭、硅藻土。通常吸附剂在用前需经高温烘烤 3h 以上活化。20 世纪 70 年代后期，微型柱被应用于农药残留检测工作，提高了净化效果。

（5）薄层色谱法　将适宜的固定相涂布于玻璃板、塑料或铝基片上，成一均匀薄层。待点样、展开后，根据比移值（R_f）与适宜的对照物按同法所得的色谱图的比移值（R_f）做对比，用以进行药品的鉴别、杂质检查或含量测定的方法。薄层色谱法是快速分离和定性分析少量物质的一种很重要的实验技术，也用于跟踪反应进程。

（6）其他方法　如吹扫蒸馏法、磺化法、凝胶渗透色谱法、离子交换色谱法、高效液相色谱柱净化法等。

有时需要进行样品净化，在液液萃取水相分离时需要加入 NaCl、无水硫酸钠，或进行冷冻或吸附，或应用分配定律，或者将上述方法进行组合，以达到目的。也可用反相固相萃取 C 柱或活性炭柱，或用凝胶过滤色谱（gel permeation chromatography）、固相萃取，或者适量加入 2mol/L 磷酸缓冲液调节 pH 进行溶剂萃取。有时还要用 K-D 样品浓缩器、氮气蒸发器、开口烧杯（水浴）、真空旋转蒸发仪等进行样品的浓缩。

在仪器选择方面，气相色谱（gas chromatography，GC）适合分析沸点较低的挥发性农药，而液相色谱（liquid chromatography，LC）适于分析相对分子质量较大、不易挥发的农药。通常做如下选择：①气相色谱法（氮磷检测器）（GC/NPD）适合有机氮和有机磷化合物；②气相色谱法（电子捕获检测器）（GC/ECD）适合有机氯农残化合物；③气相色谱法（光焰光度检测器）（GC/FPD）适合有机磷和有机硫农药残留化合物；④高效液相色谱法 HPLC+柱后衍生用荧光检测适合氨基甲酸盐类化合物的分析。气相色谱-质谱联用仪（GC/MSD）、液相色谱-质谱联用仪（LC/MS）则是高灵敏度、高选择性的权威检测方法。

二、 工作记录表的填写实训

（一）实训内容

学生按要求规范填写完成样品登记表、样品保管记录表、样品制备登记表、检测任务通知书。

（二）实训注意事项

（1）记录表是按实际检测工作要求记录，能够体现可追溯性，要按实际情况填写，不允许改动。

（2）不同样品的制备记录表有所不同，注意区别对待。

（三）职业素质训练

（1）实训过程中渗透和强化实训室操作规范，逐步树立个人自我约束能力，形成良好的工作素养。

（2）严格按要求完成实训过程，形成文明规范操作、认真仔细、实事求是的工作态度。

（3）严格遵守实训室规定，树立个人安全生产意识。

（4）实训内容如下

①训练 1：填写样品登记表训练（表 1-1）。

表 1-1　　　　　　　　　　　　　　样品登记表

年　　月　　日

样品编号	样品名称	规格型号	生产单位	委托单位	送样人	收样日期	备注

②训练2：填写样品保管记录表训练（表1-2）。

表1-2　　　　　　　　　　　　　样品保管记录表

入库登记				领用			返还			处理	
编号	名称	类别	日期及数量	日期及数量	领取人		日期及数量	返还人	样品	日期及数量	处理人
		正样									
			g/盒	g/盒			g/盒			g/盒	
		副样									
			g/盒	g/盒			g/盒			g/盒	

③训练3：填写样品制备记录表训练（表1-3）。

表1-3　　　　　　　　　　　　　样品制备记录表

编号	名称	制备方法	样品容器	正样			副样		制备	
				筛网孔径	数量	状态	数量	状态	制备日期	制备人

④训练4：填写检测任务通知书训练（表1-4）。

表1-4　　　　　　　　　　　　　检测任务通知书

样品名称及编号	检验项目	检测依据		
样品状态		余样返还	□是	□否
通知日期	年　月　日	通知人		
要求完成日期	年　月　日	任务接收人		
上交结果日期	年　月　日	结果接收人		
退样人		退样数量	退样签收	
备　注	要求分类添加加标回收，质控样编号或标号			

➤ 思考与练习

1. 什么是农产品？农产品检验在保证农产品质量安全中发挥什么样的作用？
2. 农业标准化是指什么？农业标准有哪些类别？
3. 农产品质量检测方法有哪些？
4. 农产品检验具体实施步骤包括哪些？

项目二

谷物检验

能力目标

（1）了解稻谷、小麦、玉米三种谷物形态、结构及质量规格。

（2）掌握谷物检验的依据和方法。

课程导入

一、谷物的概念和用途

谷物通常是指禾本科农作物（包括玉米、小麦、稻谷、谷子、高粱等）所生产的籽粒。谷物是人类的主要食物，含糖类平均达 70%，利用率高达 92%，是供给机体热能的最主要来源。谷物也是我国人民身体所需要蛋白质的最重要的来源，其蛋白质含量为 8%~16%，虽然单位含量不太高，但是由于每天吃谷物的数量比较多，因而可从中获得不少蛋白质。谷物除含有丰富的 B 族维生素外，还含有一定量的维生素 E 和膳食纤维，脂肪含量较少。从古到今，谷物都是多数国家和民族食品中的主要食物，人们日常所需的大部分热能、蛋白质及相当数量的 B 族维生素和矿物质，均来自这些食物。食用谷物既经济，又有利于健康。

二、 主要谷物种类

（一）稻谷

1. 概述

稻谷是一年生禾本科植物，所结子实即稻谷，起源于中国长江下游地区，是世界主要粮食作物之一，稻谷的总产量占世界粮食作物产量第三位，低于玉米和小麦。世界上近一半人口（包括几乎整个东亚和东南亚的人口），都以稻谷为食。我国稻谷播种面占全国粮食作物的 1/4，而产量则占一半以上，为重要粮食作物。除食用外，颖果可制淀粉、酿酒、制醋；米糠可制糖、榨油，也可提取糠醛，供工业及医药用；稻秆为良好饲料及造纸原料和编织材料，谷芽和稻根可供药用。

2. 稻谷的形态和结构

稻谷是一种假果，由颖（稻壳）和颖果（糙米）两部分构成，一般为细长形或椭圆形。稻壳包括内颖（内稃）、外颖（外稃）、护颖和颖尖（伸长即为芒）四部分，为稻谷加工后所得砻糠（俗称大糠）。内、外稃各有一瓣，呈船底形，彼此通过两个钩状结构连接，包裹着颖果，起着保护颖果的作用。护颖位于稻谷基部内、外稃的外面，左右各一片呈针形，一般比内稃短小，内、外稃表面生有针状或钩状的茸毛，一般粳稻的茸毛密而长，籼稻的茸毛稀而短。外稃的尖端一般有芒，内稃的尖端一般无芒，也有的稻谷内、外稃均无芒或均有芒，均有芒的稻谷为双芒畸形稻。稻谷芒多，不仅增加了谷壳的重量，还在加工过程中易堵塞机器，增加清理困难，影响清理效果。

稻谷加工去壳后的部分，称为糙米，其形态与稻粒相似，一般为细长形或椭圆形，糙米由果皮、种皮、糊粉层、胚和胚乳所组成，胚乳占颖果的绝大部分，糙米有胚的一面称作腹面，为外稃所包，无胚的一面称作背面，为内稃所包，糙米两侧各有两条沟纹，其中较明显的一条在内外稃勾合的相应部位，另一条与外稃脉迹相对应，背脊上也有一条沟纹称为背沟，糙米共有纵向沟纹 5 条，纵沟的深浅因品种不同而异，对碾米工艺影响较大，沟纹深的稻米，加工时不易精白，对出米率也有一定的影响。

糙米继续加工，碾去皮层和胚（即细糠），基本上只剩下胚乳，就是我们平时食用的大米，糙米的胚乳有角质和粉质之分，胚乳中的淀粉细胞腔中充满着晶状的淀粉粒，在淀粉的间隙中填充有蛋白质，若填充的蛋白质较多时，其胚乳结构紧密，组织坚实，米粒呈透明状，称为角质胚乳。粉质胚乳多位于米粒腹部和中心，当位于腹部时称为"腹白"，位于中心时称为"心白"，粉质胚乳也称为"垩白"，不同品种的稻谷，其米粒腹白和心白的有无及大小各不相同，同种稻谷由于生产条件的不同，腹白和心白的有无及大小也有差异，一般粳稻腹白较少，籼稻中的早籼腹白较多，生长条件差、肥料不足的稻谷，其腹白或心白比生长条件好、肥料充足的稻谷大。腹白和心白组织松散，淀粉粒之间空隙较多，内部充满空气，呈不透明白粉状，质地脆，加工时易碾碎，影响出米率。

3. 稻谷的分类

（1）按照栽种的地理位置、土壤水分不同将稻谷划分为水稻和陆稻（旱稻）两类。

（2）按照稻谷品种的不同可分为籼稻和粳稻两类。

（3）按照稻谷生长期的长短不同可以分为早稻、中稻和晚稻三类。

（4）按照稻谷淀粉性质的不同，稻谷又可分为糯稻与非糯稻两类。

（5）根据 GB 1350—2009《稻谷》规定，稻谷按其收获季节、米形和粒质分为早籼稻谷、晚籼稻谷、粳稻谷、籼糯稻谷和粳糯稻谷五类。

①早籼稻谷：生长期较短、收获期较早的籼稻谷，一般米粒腹白较大，角质部分较少。

②晚籼稻谷：生长期较长、收获期较晚的籼稻谷，一般米粒腹白较小或无腹白，角质部分较多。

③粳稻谷：粳型非糯性稻的果实，糙米一般呈椭圆形，米质黏性较大胀性较小。

④籼糯稻谷：籼型糯性稻的果实，糙米一般呈长椭圆形或细长形，米粒呈乳白色，不透明或半透明状，黏性大。

⑤粳糯稻谷：粳型糯性稻的果实，糙米一般呈椭圆形，米粒呈乳白色，不透明或半透明状，黏性大。

4. 质量规格

根据 GB 1350—2009《稻谷》，各类稻谷以出糙率为定等指标，低于五等的稻谷为等外稻谷。等级指标及其他质量指标见表 2-1 和表 2-2。

表 2-1　　　　　　　　早籼稻谷、晚籼稻谷、籼糯稻谷质量指标

等级	出糙率/%	整精米率/%	杂质/%	水分/%	黄粒米/%	谷外糙米/%	互混/%	色泽、气味
1	≥79.0	≥50.0						
2	≥77.0	≥47.0						
3	≥75.0	≥44.0	≤1.0	≤13.5	≤1.0	≤2.0	≤5.0	正常
4	≥73.0	≥41.0						
5	≥71.0	≥38.0						
等外	<71.0	—						

注："—"为不要求。

表 2-2 　　　　　　　　　　　　粳稻谷、粳糯稻谷质量指标

等级	出糙率/%	整精米率/%	杂质/%	水分/%	黄粒米/%	谷外糙米/%	互混/%	色泽气味
1	≥81.0	≥61.0						
2	≥79.0	≥58.0						
3	≥77.0	≥55.0	≤1.0	≤14.5	≤1.0	≤2.0	≤5.0	正常
4	≥75.0	≥52.0						
5	≥73.0	≥49.0						
等外	<73.0	—						

注："—"为不要求。

(二) 小麦

1. 概述

小麦属禾本科小麦属一年生草本植物。小麦是世界上栽培最古老、最重要的作物之一，在我国小麦是仅次于水稻的粮食作物，尤其在北方地区是食用最广的细粮作物。小麦籽粒营养丰富，小麦蛋白质中含有人类生活必需的氨基酸。现在世界上有 1/3 以上的人口以小麦为主要粮食，它与水稻、玉米和薯类，同为世界四大粮食作物。

2. 形态结构

小麦籽粒是不带壳的颖果。成熟的小麦籽粒多为卵圆形、椭圆形和长圆形等。卵圆形籽粒的长宽相似；椭圆形籽粒中部宽，两端小而尖。研究表明，籽粒越接近圆形，越易磨粉，其出粉率越高，副产品越少。成熟的小麦籽粒表面较粗糙，皮层较坚韧而不透明，顶端生有或多或少的茸毛，称为麦毛，麦毛脱落形成杂质。麦粒背面隆起，胚位于背面基部的皱缩部位，腹面较平且有凹陷称为腹沟，腹沟两侧为颊，两颊不对称，剖面近似心脏形状。小麦具有腹沟是其最大的特征，腹沟的深度及沟底的宽度随品种和生长条件的不同而异。腹沟内易沾染灰尘和泥沙，对小麦清理造成困难，且腹沟的皮层不易剥离，对小麦加工不利，腹沟越深，沟底越宽，对小麦的出粉率、小麦粉质量以及小麦的贮藏影响也越大。

小麦的胚乳有角质和粉质两种结构，角质与粉质胚乳的分布或大小，因品种不同或栽培条件的影响也存在差异，有的麦粒胚乳全部为角质，有的全部为粉质，也有的同时有角质和粉质两种结构，其粉质部分常常位于麦粒背面近胚处。我国南方冬麦区的麦粒较大、皮厚，角质率低，含氮量低，出粉率也较低；而北方冬麦区的麦粒小皮薄、角质率高，含氮量高，出粉率也较高。胚乳的结构对麦粒的颜色、外形、硬度等都有很大影响，它不但是小麦分类的依据，而且与制粉工艺和小麦粉品质有着密切的关系。

小麦籽粒由果皮、种皮、外胚乳、胚乳及胚组成。果皮由外果皮、中果皮、横列细胞层及管状细胞层所组成；种皮是由两层斜向而又互相垂直交叉排列的长形薄壁细胞组成，外层细胞无色透明，称为透明层，内层细胞含有色素，称为色素层，麦粒所呈现的颜色取决于内层细胞所含色素的颜色，白皮小麦内层细胞无色；红皮小麦内层细胞含有红色或褐色物质；外胚乳是珠心的残余，很薄且没有明显的细胞结构；胚乳是由糊粉层和淀粉细胞两部分组成，占麦粒总质量的80%~90%，糊粉层是胚乳最外的一层方形厚壁细胞，排列紧密而整齐，淀粉细胞是位于小麦糊粉层内侧的大型薄壁细胞，内部充满淀粉粒。在硬质胚乳中，淀粉粒分散于蛋白质中而被其包围；在粉质胚乳中，淀粉粒相互挤压成多边形而被较少的蛋白质所包围。胚是由一片较大的盾片和胚本部组成。小麦胚本部主要由胚轴、未发育的胚芽以及胚根等几部分构成。盾片又称内子叶，位于胚轴的一侧，包住胚本部，构成胚的绝大部分。

3. 分类

（1）按播种可分为冬小麦和春小麦。

（2）按皮色可分为红皮麦和白皮麦。

（3）按粒质可分为硬质小麦和软质小麦。

（4）根据 GB 1351—2008《小麦》，小麦根据皮色和硬度指数分为硬质白小麦、软质白小麦、硬质红小麦、软质红小麦和混合小麦五类。

①硬质白小麦：种皮为白色或黄白色的麦粒不低于90%，硬度指数不低于60的小麦。

②软质白小麦：种皮为白色或黄白色的麦粒不低于90%，硬度指数不高于45的小麦。

③硬质红小麦：种皮为深红色或红褐色的麦粒不低于90%，硬度指数不低于60的小麦。

④软质红小麦：种皮为深红色或红褐色的麦粒不低于90%，硬度指数不高于45的小麦。

⑤混合小麦：不符合①~④各条规定的小麦。

4. 质量规格

根据 GB 1351—2008《小麦》，各类小麦按容重分为五等，低于五等的小麦为等外小麦。等级指标及其他质量指标见表2-3。

表2-3　　　　　　　　　　　　小麦质量指标

等级	容重/（g/L）	不完善粒/%	杂质/%		水分/%	色泽气味
			总量	其中矿物质		
1	≥790	≤6.0	≤1.0	≤0.5	≤12.5	正常
2	≥770	≤6.0				

续表

等级	容重/（g/L）	不完善粒/%	杂质/%		水分/%	色泽气味
			总量	其中矿物质		
3	≥750	≤8.0				
4	≥730	≤8.0	≤1.0	≤0.5	≤12.5	正常
5	≥710	≤10.0				
等外	<710	—				

注："—"为不要求。

（三）玉米

1. 概述

玉米是禾本科玉蜀黍属一年生草本植物，别名：玉蜀黍、棒子、苞谷、苞米、包粟、玉茭、苞米、珍珠米、苞芦、大芦粟，是重要的粮食作物和饲料作物，也是全世界总产量最高的农作物，其种植面积和总产量仅次于水稻和小麦。玉米一直都被誉为"长寿食品"，含有丰富的蛋白质、脂肪、维生素、微量元素、纤维素等，具有开发高营养、高生物学功能食品的巨大潜力，可用作口粮、饲料及工业加工原料。

2. 玉米的形态结构

玉米果穗一般呈圆锥形或圆柱形，果穗上纵向排列着玉米籽粒，籽粒的形态随玉米品种类型的不同而有差异，常为扁平形，靠基部的一端较窄而薄，顶部则较宽厚，并因品种类型不同，有圆形、凹陷［马齿形、尖形（爆裂形）］等。玉米有很大的胚，在谷类粮食中，以玉米的胚为最大，占全粒质量的10%~12%。玉米籽粒的颜色一般为金黄色或白色，也有的品种呈红、紫、蓝等颜色。黄色玉米的色素多包含在果皮和角质胚乳中，红色玉米的色素仅包含在果皮中，蓝色玉米的色素仅存在于糊粉层中。

玉米籽粒由果皮、种皮、外胚乳、胚乳和胚组成。

果皮包括外果皮、中果皮、横列细胞和管状细胞；种皮、外胚乳极薄，没有明显的细胞结构；胚乳由糊粉层和淀粉细胞两部分组成，糊粉层由单层近方形的细胞组成，壁较厚，细胞内充满淀粉粒，含有大量蛋白质；胚是由胚芽、胚根和小盾片等组成，细胞比较大，特别是胚根中的细胞较大，胚中脂肪含量很高，约为35%，占全粒脂肪总量的70%以上。一般谷物胚中不含淀粉，而玉米盾片所有细胞中都含有淀粉，胚芽、胚芽鞘及胚根鞘中也含有淀粉，是玉米胚的特点。

3. 玉米的分类

（1）按照玉米籽粒外部形态和内部结构分类，而内部结构中又主要依据不同类型的多糖和不同性质的淀粉（直链淀粉和支链淀粉）比例，可将玉米分为硬粒型、马齿型、半马齿型、糯质型、爆裂型、粉质型、甜质型和有稃型8个类型。

（2）按照玉米粒色可将玉米分为黄玉米、白玉米。

（3）按照玉米生育期长短可将玉米分为早熟品种、中熟品种、晚熟品种三类。

（4）按照用途可将玉米分为食用、饲用及食饲兼用三类。

（5）根据 GB 1353—2018《玉米》规定，玉米按其种皮颜色分为黄玉米、白玉米、混合玉米三类。

①黄玉米：种皮为黄色，并包括略带红色的籽粒不低于 95%的玉米。

②白玉米：种皮为白色，并包括略带淡黄色或略带粉红色的籽粒不低于 95%的玉米。

③混合玉米：混入本类以外玉米超过 5.0%的。

4. 质量规格

根据 GB 1353—2018《玉米》，各类玉米按容重分为五等，低于五等的玉米为等外玉米。等级指标及其他质量指标见表 2-4。

表 2-4　　　　　　　　　　　　玉米质量指标

等级	容重/（g/L）	不完善粒/%	霉变粒/%	杂质/%	水分/%	色泽、气味
1	≥720	≤4.0				
2	≥690	≤6.0				
3	≥660	≤8.0	≤2.0	≤1.0	≤14.0	正常
4	≥630	≤10.0				
5	≥600	≤15.0				
等外	<600	—				

注："—"为不要求。

三、 谷物检验的依据及方法

（1）GB 1350—2009《稻谷》。

（2）GB 1351—2008《小麦》。

（3）GB 1353—2018《玉米》。

（4）GB/T 5490—2010《粮油检验　一般规则》。

（5）GB 5491—1985《粮食、油料检验　扦样、分样法》。

（6）GB/T 5492—2008《粮油检验　粮食、油料的色泽、气味、口味鉴定》。

（7）GB/T 5493—2008《粮油检验　类型及互混检验》。

（8）GB/T 5494—2019《粮油检验　粮食、油料的杂质、不完善粒检验》。

（9）GB/T 5495—2008《粮油检验　稻谷出糙率测定》。

（10）GB 5496—1985《粮食、油料检验　黄粒米及裂纹粒检验》。

（11）GB/T 5498—2013《粮油检验　容重测定》。

（12）GB/T 21304—2007《小麦硬度测定　硬度指数法》。

（13）GB 5009.3—2016《食品安全国家标准　食品中水分的测定》。

➤ 思考与练习

1. 稻谷、小麦、玉米三种谷物形态、结构及质量规格。

2. 查阅相关资料，了解 GB 5491—1985《粮食、油料检验　扦样、分样法》及 GB 5009.3—2016《食品安全国家标准　食品中水分的测定》的具体内容。

任务二　谷物扦样、分样方法

能力目标

（1）掌握粮食、油料扦样工具的使用及不同形态的粮食的扦样方法。

（2）掌握粮食、油料的分样方法。

课程导入

检验一批粮食、油料的品质，必须从中取出有代表性的样品进行检查。而检验时所用样品数量与其代表的一批粮食、油料的数量相比是很微小的，为了使检验获得一致和正确的结果，应按照规程中所规定的方法进行扦样。在检验之前还要按规定的方法进行分样，保证取得能具有代表性的送检样品的实验样品。

从一批受检粮油中均匀地、有代表性地扦取原始样品的过程称为扦样。在扦样前需了解扦样目的、扦样对象的种类、堆装方式、包装形式、批量及质量状况等，以便准备适当的扦样用具，选择正确的扦样方法。

将原始样品充分混合均匀，进而缩分分取平均样品或试样的过程称为分样。原始样品是一批受检粮油的代表，为了满足检验的需要又要保证样品的均匀性，所分取的样品也必须具有代表性，因此，对分样的要求是：充分混合，均匀分取。

实　训

一、仪器用具

谷物扦样、分样基本操作主要包括扦样用具的使用和分样工具的使用。

（一）扦样用具

扦样所用的用具包括扦样器、取样铲、样品容器等。

1. 包装扦样器

包装扦样器又称粮探子，是由一根具有凹槽的金属管切制而成（图2-1），一端呈锥形便于插入粮包，另一端有中空的木手柄，便于样品流出。根据探口长度和探口宽度，可将其分成大粒粮食扦样器、中小粒粮食扦样器和粉状粮食扦样器三种。

图2-1　包装扦样器

扦取包装粮食和油料的样品时，手握器柄，探口向下，从袋口一角沿对角线插入包中，转动器柄使探口向上，粮食、油料即落入槽内，平直地抽出扦样器，将器柄下端对着样品容器倒出样品，然后用扦样器尖端拨打麻袋，使扦样口恢复原状。注意扦样时不能抖动，每包扦取次数要一致。

2. 散装扦样器

散装扦样器按照结构不同，可分为套管扦样器、鱼翅式扦样器和电动吸式扦样器。

（1）套管扦样器　由内外两薄金属管套制而成（图2-2），内外两管均匀切开位置相同的槽口数处，内套管连接手柄，转动手柄可使槽口打开与关闭。

套管扦样器的使用方法相同，扦样时将扦样器槽口关闭，稍倾斜地插入粮堆，旋转手柄使槽口开启，轻轻抖动器身，待样品进入槽口后，向相反方向转动手柄、关闭槽口，抽出扦样器，在平面放置的承样布上倒出样品即可。这两种扦样器均可同时扦取上、中、下三层的综合样品。

图2-2　套管扦样器

（2）鱼翅式扦样器　仅有一节套管，它由手柄、联结杆和扦样筒组成。在外套管上焊一"鱼翅"，插入粮堆时可减少阻力，当旋转扦样器时，可使内套筒转动以开启或关闭槽口。使用时关闭进样口，直插入粮堆，顺旋手柄，粮粒即进入槽口内，再反旋手柄关闭槽口取出，把粮粒倒入样品筒内。此扦样器主要用于单点灵活扦样，但使用起来费力，不常用。

（3）电动吸式扦样器　由动力（电机、风机）、传送（直导管、软导管）和容器三个主要部分组成（图2-3）。其工作是根据风力输送的原理，由风机产生一定压力和流速的气流，通过导管吸取粮食，根据电动机功率大小，扦样高度可达

5~18m。该扦样器省力、省时、扦取数量大，但气流在吸取粮食、油料的同时也带走了细小杂质，因此该扦样器扦取的样品不适于杂质检验。另外，采用电动吸式扦样器时，也可造成不完善粒扦样误差。

使用方法：首先把扦样器的各部件连接好，软管两端分别接分离室与直导管，接通电源，开机后排料口自动关闭，检查各接口处有无漏气现象。然后关闭电源，将直导管全部插入粮堆（根据粮堆高度、直导管可由1~2节组成），导管插入粮堆时不宜太快，需边插边抖动，否则容易堵塞导管。连接软管，打开电源开关，粮粒

图2-3　电动吸式扦样器

随气流从导管进入分离室，分离室内的粮粒会自然由排料口流出，注意承接。导管插入粮堆按上、中、下三层不同的位置扦取的全部样品即为该点的混合样品。

3. 取样铲

取样铲由白铁皮敲制或用木料制成（图2-4），主要用于流动或零星收付的粮食、油料的取样，以及特大粒粮食、油料的倒包和拆包取样。

4. 样品容器

常用的样品容器有样品筒、样品袋、样品瓶等。样品容器应具备的条件是：密闭性能良好，清洁无虫，不漏，不污染，容量以2kg为宜。样品筒一般用白铁皮制成圆筒状，有盖和提手。样品袋多采用质量较好的聚乙

图2-4　取样铲

烯塑料袋，样品瓶可采用具有磨口的广口瓶。对于粮食、油料样品数量较大时，还应准备大型样品袋、混样布和分样板等，以便现场混样用。

（二）分样工具

1. 分样器

分样器适用于中、小粒原粮和油料分样。

分样器由漏斗、分样格和接样斗等部件组成，样品通过分样格被分成两部分。

分样时，将洁净的分样器放稳，关闭漏斗开关，放好接样斗，将样品从高于漏斗口约5cm处倒入漏斗内，刮平样品，打开漏斗开关，待样品流尽后，轻拍分样器外壳，并闭漏斗开关，再将两个接样斗内的样品同时倒入漏斗内。照上法重复混合两次。每次用一个接样斗内的样品按上述方法继续分样，直至一个接样斗内的样品接近需要试样重量为止。

2. 分样板

将样品倒在光滑平坦的桌面上或玻璃板上，用两块分样板将样品摊成正方形，然后从左右两边铲起样品约 10cm 高，对准中心同时倒落，再换一个方向同样操作（中心点不动），如此反复混合四五次，将样品摊成等厚的正方形。用分样板划两条对角线，将样品分成四个三角形，取出其中两个对顶三角形的样品，剩下的样品再按上述方法反复分取，直至最后剩下的两个对顶三角形的样品接近所需试样重量为止。

二、 实践操作

（一）扦样方法

检验批的确定：一般以同种类、同批次、同等级、同货位、同车船（舱）为一个检验批。

一个检验批的代表数量：根据 GB 5491—1985《粮食、油料检验 扦样、分样法》规定，中、小粒粮食和油料一般不超过 200t，特大粒粮食和油料一般不超过 50t。

粮食油料的扦样方法，按不同的仓型、不同的贮存形式、不同的运输方式，可分为散装扦样法、包装扦样法、流动粮扦样法、零星收付扦样法、特殊目的扦样法。

1. 散装扦样法

凡是散存于仓房或圆仓和散垛中的粮食和油料均称为散装。散装扦样法根据仓型的不同，可分为仓房扦样法与圆仓（囤）扦样法。

（1）仓房扦样法 对散装的中、小粒粮食、油料，根据堆形和面积大小分区设点，按粮堆高度分层扦样。

①分区设点：根据粮堆面积大小分区，普通房式仓每区面积不过 50m²。各区设中心和四角五个点。区数在两个和两个以上的相邻两区交界线上的 2 个点共用，粮堆边缘的点应设在距墙边 50cm 处。

②分层：按粮堆高度分层，堆高在 2m 以下的，分上、下两层；堆高在 2~3m 的分上、中、下三层，上层在粮面以下 10~20cm 处，中层在粮堆中间，下层在距底部 20cm 处；堆高在 3~5m 时，应分四层；堆高在 5m 以上的酌情增加层数。

③扦样：按区、按点，先上后下逐点扦样。各点扦样数量应一致。

（2）圆仓（囤）扦样法 对散装的中、小粒粮食、油料，根据圆仓（囤）直径分部设点，按圆仓的高度分层扦样。

①分层：同仓房扦样法。

②分部设点：每层按圆仓（囤）直径分内（中心）、中（半径 1/2 处）、外（距仓边缘 30cm 左右）三圈。圆仓（囤）直径在 8m 以下的，每层按内、中、外

分别设 1，2，4 共 7 个点，直径在 8m 以上的，每层按内、中、外分别设 1，4，8 共 13 个点。

③扦样：按层、按点，先上后下逐层扦样，各点扦样数量一致。

（3）散装的特大粮食、油料（如花生果、桐籽、大粒蚕豆、甘薯片等）采取扒推的方法，参照"分区设点"的原则，在若干个点的粮面下 10~20cm 处，不加挑选地用取样铲取出具有代表性的样品。

2. 包装扦样法

（1）中、小粒粮食和油料及粉状粮　首先按照一批受检的粮食和油料的总包数来确定应扦取包数。中、小粒粮食和油料的扦取包数不少于总包数的 5%，小麦粉和其他粉状粮扦样包数不少于总包数的 3%，按照扦样包数均匀地设定扦样包点。

扦样时，将包装扦样器槽口向下，从包的一端斜对角插入包的另一端，然后槽口向上取出，每包扦样次数应保持一致。

（2）特大粒粮食和油料（如花生果、花生仁、葵花籽、蓖麻子、大粒蚕豆、甘薯片等）扦样包数 200 包以下的扦样不少于 10 包；200 包以上的每增加 100 包增取 1 包，扦样包点应分布均匀。

取样时，采取倒包与拆包相结合的方法。取样比例：倒包的包数不少于应扦包数的 20%，拆包的包数为应扦包数的 80%。

①倒包法：先将取样包放在洁净的塑料布或地面上，拆去包口缝线，慢慢地放倒，双手紧握袋底两角，提起约 50cm 高，拖倒约 1.5m，全部倒出后，从相当于袋的中部和底部用取样铲取出样品。每包、每点取样数量应一致。

②拆包法：将袋口缝线拆开 3~5 针，用取样铲从上部不加挑选地取出所需样品，每包取样数量应一致。

3. 流动粮扦样法

对于在机械传送中的粮食和油料的扦样，首先按受检粮食和油料的数量和传送时间，定出取样次数和每次应取的数量，然后定时定量从粮流的终点处横断接取样品（严禁在输送带上或纹龙中取样）。

4. 零星收付扦样法

零星收付（包括征购）粮食和油料的扦样，可参照以上方法，结合具体情况，灵活掌握，但扦取的样品应具有代表性。在扦样过程中，如发现个别包或部位的质量变动较大，应单独进行处理。

5. 特殊目的扦样法

特殊目的扦样，如粮情检查、害虫调查、加工机械效能的测试和加工出品率实验等，可根据需要扦取样品。

（二）分样方法

分样的方法有四分法和分样器分样法，在保证粮油原始质量不改变的情况下，可选择适当的分样方法。

1. 四分法

用分样板将样品充分混合，按 2/4 的比例分样的方法称为四分法。

四分法适合于原粮、油料和成品粮，也适用于大粒粮食、油料（如甘薯片、花生果、蚕豆等），但对散落性大的粮食、油料（如大豆、豌豆、油菜籽、薯类）不宜四分法分样。

分样时，将样品倒在光滑平坦的桌面上或玻璃板上，用两块分样板将样品摊成正方形，然后从样品左右两边铲起样品约 10cm 高，对准中心同时倒落，再换一个方向同样操作（中心点不动），如此反复混合四五次，将样品摊成等厚的正方形，用分样板在样品上划两条对角线，分成四个三角形，取出其中两个对顶三角形的样品，剩下的样品再按上述方法反复分取，直至最后剩下的两个对顶三角形的样品接近所需试样重量为止。

2. 分样器分样法

使用分样器混合分取样品的过程称为分样器分样法。

分样器可分为加拿大式和钟鼎式两种，常用的为钟鼎式分样器，它由漏斗、漏斗开关、圆锥体分样格、流样口和接样斗等部件组成。其分样原理是利用样品自身重力自然下落，样品经过圆锥体混合而进入分样器的分样格后被分成两部分，分别进入接样斗。

分样器分样法适合于中小粒原粮和油料，但对原粮中长芒稻谷、成品粮（如大米、小麦粉）、特大粒粮食和油料以及 50g 以下的样品不宜用分样器分样。

分样时，要先拍打分样器外壳以清除分样器内部灰渣，然后安放平稳，关闭漏斗开关，放好接样斗，将样品从高于漏斗口约 5cm 处倒入漏斗内，刮平样品，打开漏斗开关，待样品流尽后，轻拍分样器外壳，关闭漏斗开关，再将两个接样斗内的样品同时倒入漏斗内，继续照上法重复混合两次。以后每次用一个接样斗内的样品按上述方法继续分样，直至一个接样斗内的样品接近需要试样重量为止。

问题探究

粮油样品是粮油检验工作的对象，是一批粮油的代表，其检验结果是判断一批粮油质量的主要依据，因此，样品必须具有代表性。只有具有代表性的样品，才能反映出该批受检粮油食品质量的真实性。否则即使检验工作如何准确、精密，只是由于不按要求取样，或取样时的粗枝大叶或不准确，就会使采取的样品失去代表性，错误的检验结果会导致错误结论，其分析、检验的结果不仅毫无价值，甚至会给国家和人民造成不应有的经济损失。所以，粮油食品检验人员对样品的采取工作要予以高度重视，坚决遵照国家标准中规定的操作程序采取具有代表性的样品，必须尽量设法保证送到检验室（站）的样品能准确地代表该批被检粮油的品质情况。同样在实验室分样时，也要尽可能设法使获得的实验样品能代表送验样品。

为了使采取的样品具有代表性，取样前应当了解受检粮油食品的来源、批次组成以及加工、贮存和运输等基本情况，然后按照标准方法和操作程序采取样品。同时对扦取的样品必须进行登记，妥善保管，防止混淆、污染或变质，否则也将失去检验的意义。

【知识拓展】

结合新建高大平房仓、浅圆仓等新型仓房条件好、贮粮数量大的特点，原中华人民共和国国家粮食局于 2010 年 12 月 2 日下发《中央储备粮油质量检查扦样检验管理办法》（国粮发〔2010〕190 号文件）。

一、散装粮食扦样

大型仓房和圆仓均以不超过 2000t 为一个检验单位，分区扦样，每增加 2000t 应增加一个检验单位。扦样点的布置应以扦取的样品能够反映被扦区域粮食质量的整体状况为原则，扦样人员可根据实际情况对扦样点位置进行适当调整。同一检验单位的各扦样点应扦取等量的样品。每个取样点的样品一般不大于 0.5kg，将各取样点的样品充分混合均匀后分样，形成检验样品。

小型仓房可在同品种、同等级、同批次、同生产年份、同贮存条件下，以代表数量不超过 2000t 为原则，按权重比例从各仓房扦取适量样品合并，充分混合均匀后分样，形成检验样品。

（一）房式仓

1. 分区设点

对于粮面面积较小的仓房，分区设点按照 GB 5491—1985 有关规定执行。对于粮面面积较大的仓房，按 200～350m² 面积分区，各区设中心、四角 5 个点，中心点与四角点的扦样质量比为 1∶1。在一个检验单位内，区数在两个和两个以上的，两区界线上的两个点为共有点。分区数量较多时，可按仓房走向由南至北、由东至西的顺序分布。粮堆边缘的点设在距边缘约 0.5m 处（如受仓房条件限制，按此距离布点扦样难于实施时，粮堆边缘扦样点的布置距离可适当调整）。

2. 分层

对堆高在 5m（含）以下的平房仓，扦样层数按 GB 5491—1985 有关规定执行。对堆高在 5m 以上的平房仓，扦样层数设 5 层，第 1 层距粮面 0.2m 左右，第 2 层为堆高的 3/4 处左右，第 3 层为堆高的 1/2 处左右，第 4 层为堆高的 1/3 处左右，第 5 层距底部 0.2m 左右。

3. 取样

按区、按层、按点，先下后上逐层扦样，除有特殊要求外，各点扦样数量应保持一致。

（二）圆仓（浅圆仓、砖圆仓、立筒仓）

对圆仓粮食的质量检查以扦样器能够达到深度的粮食数量计，不超过 2000t 的为一个检验单位，每增加 2000t 应增加一个检验单位，一般不超过四个检验单位。

1. 分区设点

圆仓分区布点可按截面分为 8 个外圆点、8 个内圆点和 1 个中心点，其中外圆点、内圆点均设在圆仓截面径向的 4 条等分线上，外圆点距圆仓的内壁 1m 处，内圆点在半径中心处，中心点为圆仓的中心点。内圆点、外圆点扦样质量比为 2：1。具体布点参见图 2-5。

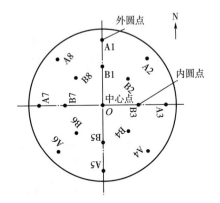

图 2-5　圆仓分区布点图

对不超过 2000t 的圆仓，按 1 个区进行布点取样，取样点为外圆点 A2、A4、A6、A8，内圆点 B1、B5 和中心点共 7 个点。

对超过 2000t 的圆仓，可按 2 区或 4 区进行布点。

（1）2 区布点方法　以南北轴线划分为两个半圆，1 个半圆为 1 个检验单位，分别设外圆点 A1、A2、A3、A4、A5，内圆点 B1、B3、B5，中心点，共 9 个点；

（2）4 区布点方法　以南北、东西轴线划分为四个四分之一圆形，1 个四分之一圆为 1 个检验单位，分别设外圆点 A1、A2、A3，内圆点 B1、B3，中心点，共 6 个点。

（3）采用 2 区或 4 区布点　边界上的点和中心点为共用点，共用点取样量应相应加倍，均分给各区。

2. 分层

对装粮高度在 5m（含）以下的，按 GB 5491—1985 有关规定执行；装粮高度在 5m 以上的，原则上分五层扦样，第一层距粮面 0.2m，其余各层等距离分布；对于装粮较高、现有的扦样设备达不到深度的圆仓，第一层距粮面 0.2m，其余各层以扦样器能到的深度等距离分布，该样品的代表数量应以扦样器能达到深度的粮食数量为准。

3. 取样

扦样时按照先下后上逐层扦样，各点扦样数量应保持一致。

二、 包装粮食扦样

在同品种、同等级、同批次、同生产年份、同贮存条件下，以不超过2000t为一个检验单位，分区扦样。扦样点的布置应以确保人身安全和尽量避免破坏既有贮粮形态为前提，在粮包质量分布很不均匀的情况下，可以翻包打井，扦取中层样品；如翻包打井确有困难，可在粮垛边缘和上层设点扦样。各点等量样品合并，充分混合均匀后分样，形成检验样品。

➢ 思考与练习

1. 研究性习题

浅圆仓内的散装粮，扦样时分两个区，应如何设点？每个点取样量为多少？

2. 思考题

为了使采取的样品具有代表性，应注意哪些方面？

3. 操作练习

（1）在实训室内练习扦样工具的使用及散装粮和包装粮的取样方法。

（2）在实训室内练习分样工具的使用及分样方法。

◈ 任务三 谷物的类型和互混检验

▌ 能力目标

（1）了解粮食、油料互混检验的意义。

（2）掌握粮食、油料互混检验的方法。

▌ 课程导入

大多数粮食和油料都按外观与本质的理化性质及其用途分为不同的类别。例如：玉米根据种皮颜色分为黄玉米和白玉米；稻谷根据粒型分为籼稻谷和粳稻谷；小麦根据粒质分为硬质小麦和软质小麦。

互混是指在某主体粮食中混杂有同种异类粮食的现象，即不同类型之间的混杂现象。为了保证粮食、油料的纯度，有利于食用、种用、贮存、加工和经营管理，要对粮食、油料实行类型和互混的检验。

实 训

一、 仪器用具

（1）天平：感量 0.01g。
（2）分样器（板）。
（3）实验砻谷机。
（4）实验碾米机。

二、 实践操作

（一）籼、粳、糯稻谷互混检验训练
主要是根据其粒形、粒质、粒色等外形特征进行检验鉴别。
1. 试剂制备
0.1%碘-乙醇溶液。
2. 操作步骤与结果计算
（1）籼、粳、糯互混检验　取净稻谷 10g，经脱壳、碾米后称量（m_0），按 GB 1350—2009 中有关的分类规定，拣出混入的异类型粒，称取其质量（m_1）。如式（2-1）所示计算互混率：

$$X = \frac{m_1}{m_0} \times 100\% \tag{2-1}$$

式中　X——互混率，%
　　　m_1——异类型米粒的质量，g
　　　m_0——试样质量，g

在重复性条件下，获得的两次独立测试结果的绝对差值不大于1%，求其平均数即为测试结果。测试结果保留到整数位。
（2）异色粒互混检验　按 GB/T 5494—2019 的规定，称取试样质量（m_2），在检验不完善粒的同时，按各粮种的质量标准规定拣出混有的异色粒，称取其质量（m_3）。如式（2-2）所示计算异色粒互混率：

$$Y = \frac{m_3}{m_2} \times 100\% \tag{2-2}$$

式中　Y——异色粒互混率，%
　　　m_3——异色粒质量，g

m_2——试样质量，g

在重复性条件下，获得的两次独立测试结果的绝对差值不大于 1.0%，求其平均数即为测试结果。测试结果保留到小数点后一位。

（3）小麦粒色鉴别　不加挑选地数取完整小麦 100 粒，感官鉴别小麦粒色，种皮深红色或红褐色的麦粒达 90 粒及以上者为红麦；种皮白色、乳白色或黄白色的麦粒达 90 粒及以上者为白麦；均不足 90 粒者为混合小麦。

（二）糯稻和非糯稻的染色检验训练

1. 试剂制备

0.1% 碘-乙醇溶液。

2. 操作步骤

稻谷经砻谷、碾白后，制成符合 GB 1354—2009 三级大米样品，不加挑选地取出 200 粒完整粒，用清水洗涤后，用 0.1% 碘-乙醇溶液浸泡 1min 左右，然后用蒸馏水洗净，观察米粒着色情况。糯性米粒呈棕红色，非糯性米粒呈蓝色。

3. 结果计算

拣出混有异类型的粒数（n），如式（2-3）所示计算互混率：

$$Z = \frac{n}{200} \times 100\% \tag{2-3}$$

式中　Z——糯稻和非糯稻染色检验互混率，%

　　　n——异色型粒数

在重复性条件下，获得的两次独立测试结果的绝对差值不大于 1.0%，求其平均数即为测试结果。测试结果保留到整数位。

问题探究

直链淀粉和支链淀粉在化学性质上存在较大差别，通过对其结构的研究发现，淀粉分子卷曲成螺旋状，每六个葡萄糖残基形成一个螺旋，恰好包容一个碘分子，形成淀粉-碘配合物。直链淀粉分子为直链状没有分支，支链淀粉分子为树枝状。它们空间结构的不同，表现在对碘的吸附作用不同，直链淀粉没有分支，聚合度大，与碘作用形成蓝色复合体；支链淀粉分子分支间聚合度较小，与碘作用成紫红-红棕色复合体。由于淀粉与碘反应形成复合体的颜色与淀粉分子中螺旋数目有一定关系，不同品种籽粒所含淀粉的种类不同，所以可采用碘染色的方法鉴别糯性和非糯性籽粒。

【知识拓展】

稻谷有糯性和非糯性之分，这两种籽粒所含淀粉的种类是有区别的。淀粉可分为直链淀粉和支链淀粉，一般糯稻中支链淀粉占 95%~100%，因此糯稻黏性大，脱壳后称糯米，又名"江米"，外观为不透明的白色。而非糯稻含直链淀粉多，黏性弱。中国做主食的为非糯米，糯米常用作制造黏性小吃，如粽子、八宝粥、各式甜品和酿造甜米酒的主要原料。

➤ 思考与练习

1. 拓展性习题

大豆、花生、葵花籽根据什么分类？各分为哪几类？

2. 思考题

籼、粳、糯互混检验时为什么要将稻谷碾磨成大米进行检验？

3. 操作练习

（1）在实训室内练习玉米的互混检验方法。

（2）在实训室内练习糯稻和非糯稻的染色检验。

◈ 任务四 粮食油料杂质、不完善粒检验

■ 能力目标

掌握粮食、油料杂质、不完善粒的测定意义及检验方法。

■ 课程导入

杂质是指混杂在粮食、油料中无食用价值的物质、异种粮粒及绝对筛层以下的物质。通过杂质的测定，可以判断粮食纯度，也是粮食定等作价的依据。杂质按性质可分为无机杂质、有机杂质和筛下物三类，按形态可分为大型杂质、小型杂质和并肩杂质三类，按检验过程可分为大样杂质和小样杂质。

不完善粒是指粮食油料的籽粒因自然灾害、病虫害、管理不善等原因造成缺陷，但尚有食用价值的颗粒。由于不完善粒的使用价值或食用价值较低，易受虫、霉侵害又影响商品的外观，所以在计算纯粮率、出糙率、纯仁率时将不完善粒的质量折半计算。

■ 实 训

一、仪器用具

（1）天平：感量0.01，0.1，1g。

（2）谷物选筛：3.0，2.0，1.5mm。

（3）分样板、分样器。

（4）分析盘、镊子等。

二、 实践操作

（一）样品制备

检验杂质的试样分大样、小样两种，大样是用于检验大样杂质，包括大型杂质和绝对筛层的筛下物；小样是从检验过大样杂质的样品中分出少量试样，检验与粮粒大小相似的并肩杂质。

按照 GB 5491—1985 的规定分取试样至表 2-5 规定的试样用量。

表 2-5   杂质不完善粒检验试样用量规定

粮食油料名称	大样用量/g	小样用量/g
小粒：粟、芝麻、油菜籽等	约 500	约 10
中粒：稻谷、小麦、高粱、小豆、棉籽等	约 500	约 50
大粒：玉米、大豆、葵花籽、豌豆、小粒蚕豆等	约 500	约 100
特大粒：花生果（花生仁）、蓖麻子、茶籽、桐籽等	约 1000	约 200

（二）操作步骤

1. 筛选

按质量标准中规定的筛层套好（大孔筛在上，小孔筛在下，套上筛底），按规定称取试样放入筛上，盖上筛盖，然后将选筛放在玻璃板或光滑的桌面上，用双手以每分钟 110~120 次的速度，按顺时针方向和反时针方向各筛动 1min。筛动的范围，掌握在选筛直径扩大 8~10cm。将筛上物和筛下物分别倒入分析盘内。卡在筛孔中间的颗粒属于筛上物。

2. 大样杂质检验

从平均样品中，按照表 2-5 的规定分取试样至规定的大样用量（m），精确至 1g，分两次进行筛选（特大粒粮食、油料分四次筛选），然后拣出筛上大型杂质和筛下物合并称量（m_1），精确至 0.01g（小麦大型杂质在 4.5mm 筛上拣出）。

3. 小样杂质检验

从检验过大样杂质的试样中，按照表 2-5 的规定分取试样至规定的小样用量（m_2），小样用量不大于 100g 时，精确至 0.01g；小样用量大于 100g 时，精确至 0.1g，倒入分析盘中，按质量标准的规定拣出杂质，称量（m_3），精确至 0.01g。

4. 矿物质检验

质量标准中规定有矿物质指标的（不包括米类），从拣出的小样杂质中拣出矿物质，称量（m_4），精确至 0.01g。

5. 不完善粒检验

在检验小样杂质的同时，按质量标准的规定拣出不完善粒，称量（m_5），精确至 0.01g。

三、 结果计算

(一) 大样杂质

大样杂质 (M) 以质量分数 (%) 表示:

$$M = \frac{m_1}{m} \times 100\% \qquad (2-4)$$

式中　M——大样杂质,%

m——大样用量, g

m_1——筛上大型杂质和筛下物合并质量, g

在重复性条件下, 获得的两次独立测试结果的绝对差值不大于 0.3%, 求其平均数即为测试结果。测试结果保留到小数点后一位。

(二) 小样杂质

小样杂质 (N) 以质量分数 (%) 表示:

$$N = (100 - M) \times \frac{m_3}{m_2} \times 100\% \qquad (2-5)$$

式中　N——小样杂质,%

M——大样杂质,%

m_2——小样用量, g

m_3——杂质质量, g

在重复性条件下, 获得的两次独立测试结果的绝对差值不大于 0.3%, 求其平均数即为测试结果。测试结果保留到小数点后一位。

(三) 杂质总量

杂质总量 (B) 以质量分数 (%) 表示:

$$B = M + N \qquad (2-6)$$

式中　B——杂质总量,%

M——大样杂质,%

N——小样杂质,%

计算结果保留到小数点后一位。

(四) 矿物质

矿物质 (A) 以质量分数 (%) 表示:

$$A = (100 - M) \times \frac{m_4}{m_2} \times 100\% \qquad (2-7)$$

式中　A——矿物质量含量,%

M——大样杂质,%

m_2——小样用量, g

m_4——小样杂质中的质物质质量，g

在重复性条件下，获得的两次独立测试结果的绝对差值不大于 0.1%，求其平均数即为测试结果。测试结果保留到小数点后两位。

（五）不完善粒

不完善粒（C）以质量分数（%）表示：

$$C = (100 - M) \times \frac{m_5}{m_2} \times 100\% \tag{2-8}$$

式中　C——不完善粒含量,%

$\qquad M$——大样杂质,%

$\qquad m_2$——小样用量, g

$\qquad m_5$——小样杂质中拣出不完善粒的质量, g

在重复性条件下，获得的两次独立测试结果的绝对差值：大粒、特大粒粮不大于 1.0%，中小粒粮不大于 0.5%，其平均数即为测试结果。测试结果保留到小数点后一位。

▌ **问题探究**

杂质对粮食、油料的贮藏及商品价值有哪些影响？

【知识拓展】

根据《关于执行粮油质量国家标准有关问题的规定》，在粮油收购中，按以下规定对杂质进行增扣量：实际杂质含量低于标准规定的粮油，以标准中规定的指标为基础，每低 0.5 个百分点增量 0.75%。实际杂质含量高于标准规定的粮油，以标准中规定的指标为基础，每高 0.5 个百分点扣量 1.5%；低于或高于不足 0.5 个百分点的，不计增量。

矿物质含量指标超过标准规定的，加扣量 0.75%（荞麦除外），低于标准规定的，不增量。荞麦中矿物质指标每低或高于标准 0.1 个百分点，增扣量 0.5%，低或高不足 0.1 个百分点的，不计增扣量。

➢ 思考与练习

1. 研究性习题

玉米不完善粒包括哪几项？

2. 思考题

检验玉米、大豆、稻谷、高粱、小麦的杂质规定的筛层分别哪种规格？

3. 操作练习

（1）在实训室内练习玉米杂质的检验方法。

（2）在实训室内练习玉米不完善粒的检验方法。

任务五　粮食容重测定

能力目标

掌握粮食容重的测定意义及测定方法。

课程导入

容重是指粮食、油料籽粒在单位容积内的质量，以 g/L 为单位。容重是粮食质量的综合标志。它与籽粒的组织结构，化学成分，籽粒的形状大小、含水量、比重以及含杂质等均有密切关系。同类粮食，如籽粒饱满、结构紧密，容重则大；反之容重则小。因此说容重是评定粮食品质好次的重要指标。在一些标准中，小麦、玉米等都以容重作为定等的基础项目，容重与加工出品率呈正相关。通过容重还可以推算出粮食仓容和粮堆体积，估算粮食的质量。

实　训

一、仪器用具

（1）谷物容重器：HGT-1000 型或 GHCS-1000 型。
（2）谷物选筛：具有筛孔孔径 1.5~12mm 的筛层，并带有筛底和筛盖。
（3）分样器或分样板。

二、实践操作

（一）试样制备

按 GB 5491—1985 要求，从平均样品中分出两份各约 1000g。按表 2-6 规定的筛层分 4 次进行筛选，每次筛选数量约 250g，拣出上层筛上的大型杂质并弃除下层筛筛下物，合并上、下层筛上的粮食籽粒，混匀作为测定容重的试样。

表 2-6　　　　　　　　　筛选不同粮食试样采用的筛层规格

粮食种类	上筛层筛孔直径/mm	下筛层筛孔直径/mm
玉米	12.0	3.0
小麦	4.5	1.5

续表

粮食种类	上筛层筛孔直径/mm	下筛层筛孔直径/mm
高粱	4.0	2.0
粟	3.5	1.2

（二）操作步骤

1. HGT-1000 型谷物容重器

（1）称量器具安装　打开箱盖，取出所有部件，盖好箱盖。在箱盖的插座（或单独的插座）上安装支撑立柱，将横梁支架安装在立柱上，并用螺丝固定，再将不等臂式横梁安装在支架上。

（2）调零　将放有排气砣的容量筒挂在吊钩上，并将横梁上的大、小游码移至零刻度处，检查空载时的平衡点，如横梁上的指针不指在零位，则调整平衡位置使横梁上的指针指在零位。

（3）测定　取下容量筒，倒出排气砣，将容量筒安装在铁板座上，插上插片，并将排气砣放在插片上，套上中间筒。关闭谷物筒下部的漏斗开关，将制备好的试样倒入谷物筒内，装满后用板刮平。再将谷物筒套在中间筒上，打开漏斗开关，待试样全部落入中间筒后关闭漏斗开关。握住谷物筒与中间筒接合处，平稳迅速地抽出插片，使试样与排气碗一同落入容量筒内，再将插片准确、快速地插入容量筒豁口槽中，依次取下谷物筒，拿起中间筒和容量筒，倒净插片上多余的试样，取下中间筒，抽出容量筒上的插片。

（4）称量　将容量筒（含筒内试样）挂在容重器的吊钩上称量，称量的质量即为试样容重（g/L）。

（5）平行实验　从平均样品分出的两份试样分别进行测定。

2. GHCS-1000 型谷物容重器

（1）安装　打开箱盖，取出所有部件，放稳铁板底座。

（2）电子秤校准、调零　接通电子秤电源，打开电子秤开关预热，并按照《GHCS-1000 型谷物容重器使用说明书》进行校准。然后，将带有排气砣的容量筒放在电子秤上，将电子秤清零。

（3）测定　取下容量筒，倒出排气砣，将容量筒安装在铁板座上，插上插片，并将排气砣放在插片上，套上中间筒。关闭谷物筒下部的漏斗开关，将制备好的试样倒入谷物筒内，装满后用板刮平。再将谷物筒套在中间筒上，打开漏斗开关，待试样全部落入中间筒后关闭漏斗开关。握住谷物筒与中间筒接合处，平稳迅速地抽出插片，使试样与排气砣一同落入容量筒内，再将插片准确、快速地插入容量筒豁口槽中，依次取下谷物筒，拿起中间筒和容量筒，倒净插片上多余的试样，取下中间筒，抽出容量筒上的插片。

（4）称量　将容量筒（含筒内试样及排气砣）放在电子秤上称量，称量的质量即为试样容重（g/L）。

（5）平行实验　从平均样品分出的两份试样分别进行测定。两次测定结果的允许差不超过 3g/L，求其平均数即为测定结果，测定结果取整数。

问题探究

（1）水分对容重的影响成什么关系？

（2）如何通过容重推算粮食仓容和粮堆体积并估算粮食的质量？

➢ 思考与练习

在实训室内练习玉米容重的检验方法。

任务六　小麦硬度指数测定

能力目标

掌握小麦硬度指数的测定意义及测定方法。

课程导入

小麦籽粒质地的软硬是评价小麦加工品质和食用品质的一项重要指标，并与小麦育种和贸易价格等多方面密切相关。硬度是国内外小麦市场分类和定价的重要依据之一，也是各国的育种家重要的育种目标之一。小麦硬度是指小麦籽粒抵抗外力作用下发生变形和破碎的能力。硬度不同的小麦具有不同的抗机械粉碎能力，在粉碎时，粒质较硬的小麦不易被粉碎成粉状，粒质较软的小麦易被粉碎成粉状。在规定条件下粉碎样品时，留存在筛网上的样品越多，小麦的硬度越高，反之小麦的硬度越低。

小麦硬度指数：在规定条件下粉碎小麦样品，留存在筛网上的样品占试样的质量分数，用 HI 表示。硬度指数越大，表明小麦硬度越高，反之表明小麦硬度越低。

实　训

一、仪器用具

（1）小麦硬度指数测定仪。

（2）天平：感量 0.01g。

二、实践操作

（一）样品制备

1. 扦样与分样

扦样与分样按 GB 5491—1985 执行。

2. 样品预处理

将样品置于与硬度指数测定仪相同的工作环境中，使其温度与环境温度基本一致，环境温度控制在 5~45℃。样品水分应控制在 9%~15%，不符合要求的，应根据其水分含量，将样品置于湿度较低或较高的环境中适当时间，使其水分调节到规定的范围内。然后，除去样品中的杂质和破碎粒。

3. 水分测定

按 GB 5009.3—2016 的规定，测定样品水分，并将测定值输入仪器称量计算系统中。

（二）测定步骤

1. 仪器检查

每次测定前应检查硬度指数测定仪的筛网。如筛网网眼有破损，应及时更换。新筛网使用数次后，两端略往下凹，属正常现象。

仪器长期不用或连续使用 120 次以上时，使用小麦硬度指数标准样品，按仪器说明书的规定对仪器进行检查。不符合规定要求的仪器，不得用于样品测定。

2. 接料斗与筛网系统称量

每次测定前应称量接料斗、筛网系统（包括筛网、筛网座）的质量，并输入仪器称量计算系统中。仪器无称量计算系统的，应在计算结果时将其扣除。

3. 仪器预热

打开硬度测定仪端盖，将粉碎系统转子的一个型腔（两刀之间的凹部）向上对准进料口，关闭并锁好端盖。打开进料斗盖，将大约 25g 小麦样品倒入进料斗中，关闭进料斗盖。开启测定仪，样品粉碎 50s 后，自动停机。待仪器停稳后打开端盖，清理仪器。试机 5~7 次，使仪器预热。将仪器粉碎系统、接料斗、筛网系统等清扫干净备用。

4. 测定

（1）准确称取制备好的样品 25.00g±0.01g。

（2）打开硬度测定仪端盖，将粉碎系统转子的一个型腔（两刀之间的凹部）向上对准进料口，关闭并锁好端盖。

（3）打开进料斗盖，将称取好的样品全部倒入进料斗中，关闭进料斗盖。

（4）开启测定仪将样品粉碎 50s 后，自动停机。

（5）待仪器停稳后打开端盖，小心将接料斗、筛网系统一起取出，按照仪器说明书的规定，将筛网上的留存物清扫干净。清扫中要防止筛网系统与接料斗分离，以免筛网上的留存物掉入接料斗中和/或接料斗中的物质撒出。

（6）连同接料斗、筛网系统一起称量筛下物，扣除接料斗、筛网系统质量后得到筛下物质量 m，精确至 0.01g。

（7）将仪器粉碎系统、接料斗、筛网系统等清扫干净，以备下次测定用。

三、 结果计算

仪器配备称量计算系统，称量后自动计算并打印出结果，结果保留一位小数。

问题探究

小麦硬度被定义为破碎籽粒时所受到的阻力，即破碎籽粒时所需要的力。小麦胚乳的质地和外观（透明度）是两个不同的概念。硬度是由胚乳细胞中蛋白质基质和淀粉之间的结合强度决定的，这种结合强度受遗传控制。在硬麦中，细胞内含物之间结合紧密。软质小麦的胚乳细胞内含物淀粉和蛋白质在外表上与硬麦是相似的，但是，蛋白质与淀粉之间的结合很容易破裂，软质小麦的淀粉粒表面黏附有较多的分子质量为 15ku 的蛋白质，而硬质小麦的淀粉粒表面该蛋白质含量少或没有，淀粉粒蛋白的存在，在物理上削弱了蛋白质与淀粉之间的结合强度，有关小麦硬度的这一假设是目前谷物化学界较为接受的理论解释。小麦胚乳的外观（透明度）受小麦栽培、生长和干燥条件等外界因素的影响，不具有遗传性。籽粒中有空气间隙时，由于衍射和漫射光线，使得籽粒呈现不透明或粉质。籽粒充填紧密时，没有空气间隙，光线在空气和麦粒界面衍射并穿过麦粒就形成半透明玻璃质。籽粒中的空气间隙是在田间干燥过程中蛋白质皱缩、破裂而造成的。谷物干燥失水时，玻璃质籽粒蛋白质皱缩时仍保持完整而形成密实度较大籽粒，故较透明。一般来讲，高蛋白的硬质小麦往往是玻璃质的，低蛋白的软质小麦往往是不透明的。透明度和硬度不是同一根本因素造成的，二者并不总是相关联。有时，完全可能是硬质小麦不透明而软质小麦是角质的。将全为角质粒的小麦湿润，然后快速干燥，则该小麦变为粉质粒特征，而实验前后小麦硬度基本不变。

➤ 思考与练习

（1）红皮硬质小麦应符合什么样的要求？白皮软质麦应符合什么样的要求？

（2）在实训室内练习小麦硬度指数测定仪的使用方法。

任务七 稻谷出糙率测定

能力目标

掌握稻谷出糙率测定意义及测定方法。

课程导入

稻谷的出糙率简称出糙，是指净稻谷脱壳后糙米的质量（其中不完善粒折半计算）占试样质量的百分比。出糙率是稻谷定等作价的基础项目。籽粒成熟、饱满、壳薄的稻谷出糙率高。籼稻谷和籼糯稻谷的出糙率为71%~79%，粳稻谷和粳糯稻谷的出糙率为73%~81%，晚粳稻谷出糙率为70%~82%。稻谷的出糙率与其出米率成正比，根据出糙率可计算稻谷加工出米率。

实 训

一、仪器用具

（1）实验室用电动砻谷机。

（2）天平：感量0.01g。

（3）分析盘、镊子等。

（4）谷物选筛：直径2.0mm。

二、实践操作

（一）样品制备

（1）实验室样品不得少于1.0kg。

（2）按 GB 5491—1985 的方法对实验室样品进行分样，得到测试样品。

（3）将测试样品按 GB/T 5494—2019 的方法去除杂质和谷外糙米，得净稻谷测试样品。

（二）操作步骤

从平均样品中，称取净稻谷试样20~25g（W），先拣出生芽粒，单独剥壳，称重（W_1）。然后将剩余试样用砻谷机脱壳，除去糠杂，将砻谷机脱壳后的糙米称重（W_2），感官检验拣出不完善粒，称重（W_3）。

三、 结果计算

稻谷出糙率如式（2-9）所示计算：

$$出糙率(\%) = \frac{(W_1 + W_2) - (W_1 + W_3) \div 2}{W} \times 100\% \qquad (2-9)$$

式中　W_1——生芽粒剥完后糙米质量，g

　　　W_2——砻谷机脱壳后的糙米质量，g

　　　W_3——糙米中不完善粒质量，g

　　　W——试样质量，g

双实验结果允许差不超过0.5%，求其平均数，即为检验结果。检验结果取小数点后第一位。

问题探究

测定出糙率时，如何调整砻谷机胶辊的间距？

【知识拓展】

籼稻谷出糙率：一等≥79.0%；二等≥77.0%；三等≥75.0%；四等≥73.0%；五等≥71.0%。

粳稻谷出糙率：一等≥81.0%；二等≥79.0%；三等≥77.0%；四等≥75.0%；五等≥73.0%。

➤ 思考与练习

在实训室内操作练习稻谷出糙率的测定。

任务八　稻谷整精米率测定

能力目标

掌握整精米率的测定意义及测定方法。

一、名词术语

（一）整精米

整精米即糙米碾磨加工精度为 GB 1354—2018 三级大米时，长度达到完整米粒平均长度四分之三及以上的米粒。

（二）整精米率

整精米占净稻谷试样的质量分数即为整精米率。

二、原理

净稻谷经实验砻谷机脱壳后得到糙米，将糙米用实验碾米机碾磨成加工精度为国家标准三级大米，除去糠粉后，分拣出整精米并称量，计算整精米占净稻谷试样的质量分数。

实 训

一、仪器用具

（1）天平：精确度 0.01g。
（2）分样器。
（3）谷物选筛。
（4）实验砻谷机：适合稻谷脱壳且不损伤糙米粒的小型实验室用砻谷机。
（5）实验碾米机：适合糙米碾磨去除皮层和胚的小型实验室用碾米机。

二、实践操作

（一）样品制备

（1）实验室样品不应少于 1kg。

（2）按 GB 5491—1985 和 GB/T 5494—2019 规定的方法对实验室样品进行分样和除去杂质，得到净稻谷测试样品。

（3）按 GB 5009.3—2016 测定样品水分，样品水分含量范围为籼稻谷 12.5%~14.5%、粳稻谷 13.5%~15.5%。如果样品水分含量不在上述范围内，可在适当的室内温湿度条件下，将样品放置足够长的时间，使样品水分含量调节到规定的范围内。

（二）测定步骤

根据实验碾米机的最佳碾磨量，从测试样品中称取一定量净稻谷试样（m_0），用经过调整的实验砻谷机脱壳，从糙米中拣出稻谷粒放入砻谷机中再次脱壳（或手工脱壳），直至全部脱净，将所得糙米全部置于经过调整的实验碾米机内，碾磨至最佳时，使加工精度达到国家标准三级大米，除去糠粉后，分拣出整精米并称量（m）。

三、结果计算

整精米率如式（2-10）所示计算：

$$整精米率（\%）= \frac{m}{m_0} \times 100\% \qquad (2\text{-}10)$$

式中　m_0——稻谷试样质量，g

　　　m——整精米粒质量，g

双实验结果允许差不超过1.5%，求其平均值即为检验结果。

问题探究

明确整精米率与出米率的关系。

【知识拓展】

米粒平均长度检验：随机取完整米粒10粒，平放于黑色背景的平板上，按照头对头、尾对尾、不重叠、不留隙的方式，紧靠直尺排成一行，读出长度。双实验误差不应超过0.5mm，求其平均值再除以10，即为大米的平均长度。

➤ 思考与练习

在实训室内练习稻谷整精米率的检验方法。

任务九　稻谷垩白度检验

能力目标

掌握垩白度的测定意义及测定方法。

课程导入

垩白是指米粒胚乳中的白色不透明部分，包括腹白、心白和背白。米粒垩白区乃是胚乳淀粉及蛋白质颗粒积累不够密实所致，加工时容易破碎。垩白是衡量稻米品质的重要性状之一，直接影响稻米的外观品质和商品流通，影响其加工品质、蒸煮品质。稻谷国家标准中用垩白粒率、垩白度来衡量稻米中垩白的多少。

垩白粒率即米粒中有垩白米粒的概率。

垩白度即垩白米的垩白面积总和占试样米粒面积总和的百分比。

实 训

一、仪器用具

（1）实验砻谷机：适合稻谷脱壳且不损伤糙米粒的小型实验室用砻谷机。

（2）实验碾米机：适合糙米碾磨去除皮层和胚的小型实验室用碾米机。

（3）分析盘和镊子。

二、实践操作

将稻谷试样加工至加工精度达到 GB/T 1354—2018 三级大米，从大米试样中随机数取整精米 100 粒，拣出有垩白的米粒（粒数 n），再从拣出的垩白米粒中，随机取 10 粒（不足 10 粒者按实有粒数取），将垩白米粒平放正视观察，逐粒目测垩白投影面积占整米粒投影面积的百分比，并计算其平均值，即为垩白米粒垩白大小（W）的数值。重复一次，两次测定结果平均值为垩白大小。

三、结果计算

垩白度如式（2-11）所示计算：

$$垩白度(\%) = \frac{n}{W} \times 100\%$$ （2-11）

式中　W——垩白大小，%

　　　n——试样中垩白米粒粒数

问题探究

大米中垩白形成的原因如下。

1. 秧苗不壮

弱苗生长发育缓慢，生育期延迟，垩白率增加。水稻秧苗的壮弱直接关系到水稻的产量和品质，俗话说"秧好八成年"就是这个道理。水稻苗弱，插秧后返青慢、分蘖晚，晚生分蘖增多，生育期延迟，产量低、品质差，通过调查，低产田比高产田垩白率增加 2.7%。

2. 气候条件

阶段性气候条件不利水稻生育，垩白率增加。水稻育秧阶段气候条件不利秧苗生长，秧苗生育进程慢，苗势弱，影响后期生育进程。受降雨和低温、寡照的影响，水稻光合作用降低，根系活动能力、传导作用降低，光合产物淀粉、蛋白质合成受阻，水稻背白、心白增加。晚生分蘖成穗率较常年高，但是，有些稻谷籽粒成熟度不够，导致垩白率增加。

3. 养分条件

养分条件不足，垩白率增加。水稻施肥前重后轻，氮、磷、钾肥搭配比例不合理，施肥时期不当，施用含量低的复合肥等，使水稻生育后期脱肥，养分供应不足，导致水稻根系早衰，吸收能力下降，传导能力降低，淀粉等物质运输受阻，淀粉粒排列不整齐，形成垩白粒。

4. 水层管理

水层管理不当，垩白率增加。水层管理不按水稻叶龄进程实施管理，阶段性缺水或后期撤水过早或长期深水淹灌，导致水稻根系早衰，吸收传导能力降低，养分运输受阻，垩白率增加，特别是后期腹白增加。

5. 病虫害影响

水稻病虫害影响，垩白率增加。水稻苗期立枯病、潜叶蝇影响秧苗素质，成株期水稻稻瘟病、鞘腐病、纹枯病、褐变穗、褐变粒等水稻病害的发生，影响水稻的正常生长发育，叶片早衰，绿叶数减少（正常水稻抽穗时应有四片绿叶），光合作用降低，减少光合产物的形成，穗颈瘟影响水稻养分输送，导致水稻垩白率增加。

6. 水稻增减叶

水稻减叶现象影响垩白率增加。如水稻出现了减叶现象，光合作用面积减少，水稻晚生增多，成穗率增加，主穗生育期提前5~7天，晚生分蘖穗生育延迟，水稻品质下降，垩白率增加。

7. 植株倒伏

倒伏植株早衰，垩白率增加。由于品种杆软、抗倒伏性能差，田间长期深水淹灌，大风病害等自然灾害的影响，部分水稻灌浆期田间出现倒伏现象，水稻根系及叶片早衰，受光态势变差，光合作用能力降低，籽粒灌浆能力降低，成熟度下降，垩白率增加。

【知识拓展】

大米外观品质检测仪又称大米外观品质检测仪系统、大米外观分析仪。可自动分析评价各类大米（籼米、粳米、糯米、丝苗米、特种米、有机米等）。其检测指标主要包括：粒型（每颗米粒的长度、宽度、长宽比和面积）、检测样品总米粒数、长度平均值、宽度平均值、长宽比平均值、整米粒数、碎米粒数、整精米率、垩白米粒数、垩白粒率、平均垩白大小、垩白度、透明度等。

> 思考与练习

在实训室内练习稻谷垩白度的检验方法。

任务十 大米加工精度检验

能力目标

掌握大米加工精度的测定意义及检验方法。

课程导入

大米加工精度指加工后米胚残留以及粒面和背沟残留皮层的程度,是大米定等的基础项目之一。

大米加工精度用精碾和适碾表示。精碾是指背沟无皮或有皮不成线,米胚和粒面皮层去净的占80%~90%或留皮度在2.0%以下。适碾是指背沟有皮,粒面米皮残留不超过1/5的占75%~85%或留皮度在2.0%~7.0%。

测定原理:利用米粒皮层、胚与胚乳对伊红Y–亚甲基蓝染色基团分子的亲和力不同,经伊红Y–亚甲基蓝染色后,米粒皮层、胚与胚乳分别呈现蓝绿色和紫红色。通过对比观测法、仪器辅助检测法或仪器检测法确定精度等级。

实 训

一、仪器用具

(1)培养皿。
(2)磁力搅拌器。
(3)大米外观品质检测仪。
(4)大米加工精度标准样品。

二、实践操作

(一)试剂
(1)80%乙醇溶液。
(2)染色原液。分别称取伊红Y、亚甲基蓝各1.0g,分别置于500mL具塞三角瓶中,然后向瓶中分别加入500mL 80%乙醇溶液,并在磁力搅拌器上密闭加热搅拌 30min 至全部溶解，然后按实际用量将伊红 Y 和亚甲基蓝液按 1∶1 比例混合，置于具塞三角瓶中密闭搅拌数分钟，充分混匀，配制伊红 Y-亚甲基蓝染色原液。室温、密封、避光保存于试剂瓶中备用。

（3）染色剂。量取适量的染色原液与 80% 乙醇溶液按照 1∶1 比例稀释，制成伊红 Y-亚甲基蓝染色剂。密封、避光保存于试剂瓶中备用。

（二）检验步骤

（1）从试样中分取约 12g 整精米，放入 90mm 蒸发皿或培养皿内，加入适量去离子水，浸没样品 1min，洗去糠粉，倒净清水。

（2）清洗后试样立即加入适量染色剂浸没样品，摇匀后静置 2min，然后将染色剂倒净。

（3）染色后试样立即加入适量 80% 乙醇溶液，完全淹没米粒，摇匀后静置 1min，然后倒净液体，再用 80% 乙醇溶液不间断地漂洗 3 次。

（4）漂洗后立即用滤纸吸干试样中的水分，自然晾干到表面无水渍。皮层和胚部分为蓝绿色，胚乳部分为紫红色。如果不能及时检测，试样可晾干后装入密封袋常温保存，保存时间不超过 24h。

三、 结果判定与表示

（一）对比观测法

染色后的试样与染色后的大米加工精度标准样品对比，根据皮层蓝绿色着色范围进行判断：如半数以上试样米粒的蓝绿色着色范围小于或符合精碾大米标准样品相应的着色范围，则加工精度为精碾；如半数以上试样米粒蓝绿色着色范围大于精碾、小于或符合适碾大米标准样的着色范围，则加工精度为适碾；如半数以上试样米粒的蓝绿色着色范围大于适碾，则加工精度为等外。

同时取两份样品检验，如果两次结果不一致时，则检查操作过程是否正确。

（二）仪器辅助检测法（略）

（三）仪器检测法

仪器检测法可自动分析判断。检验结果表述为：加工精度为精碾、适碾、等外。

▋ 问题探究

大米是我国最重要的口粮之一，随着生活水平的不断提高，人们对大米品质的要求越来越高，且主要表现在追求大米的表观品相和口感上，由此导致大米的加工精度越来越高，造成食用大米中营养素的大量流失。但大米碾磨不充分会导致口感降低，不被消费者接受。大米的适度加工已越来越受到国家相关部门的重视。

【知识拓展】

大米加工精度检验原理如下。

（1）对比观测法　利用染色后的大米试样与染色后的大米加工精度标准样品对照比较，通过观测判定试样的加工精度与标准样品加工程度的相符程度。

（2）仪器辅助检测法　染色后的大米试样与染色后的大米加工精度标准样品通过图像分析方法进行测定比较，根据米粒表面残留皮层和胚的程度，人工判定大米的加工精度。

（3）仪器检测法　利用图像采集和图像分析法检测经过染色的大米试样的留皮度，仪器自动判定大米的加工精度。

➤ 思考与练习

在实训室内练习大米加工精度的检验方法。

◢ **任务十一** 大米碎米率的测定

■■■■ **能力目标**

掌握大米碎米的定义、分类、测定意义及测定方法。

■■■■ **课程导入**

碎米率是大米品质优劣的标志之一，是标准中的必检项目。碎米率高既影响大米整齐度和食味，又不利于大米的安全贮藏。因此，碎米率的测定是改善加工工艺、降低碎米率、保证整齐度的重要参考指标，标准中对不同品种大米的碎米率做出了规定限度。如国家标准规定，三级晚籼米碎米总量为30%，其中小碎米为2.0%。

（1）碎米　长度小于同批试样完整米粒平均长度四分之三、留存在直径1.0mm 圆孔筛上的不完整米粒为碎米。

（2）大碎米　长度小于同批试样完整米粒平均长度四分之三、留存在直径2.0mm 圆孔筛上的不完整米粒为大碎米。

（3）小碎米　通过直径2.0mm 圆孔筛，留存在直径1.0mm 圆孔筛上的不完整米粒为小碎米。

实 训

一、仪器用具

（1）天平：感量 0.01g。

（2）筛选器：转速 110~120r/min，可自动控制以 1min 为间隔按顺时针或逆时针各转动 1 次。

（3）谷物选筛：1.0mm 和 2.0mm 圆孔筛，配有筛底和筛盖，可配合筛选器使用。

（4）分样板：长方形平整木板或塑料板，厚约 2mm。

（5）电动碎米分离器。

（6）表面皿、分析盘、镊子等。

二、实践操作

从检验过杂质的样品中以四分法分取试样 10g（W），放入直径 2.0mm 圆孔筛内，下接直径 1.0mm 圆孔筛和筛底，盖上筛盖，按规定进行筛选。然后将留存在直径 1.0mm 圆孔筛上的碎米（拣出整粒米）称重（W_1），即为小碎米重量。然后从留存在直径 2.0mm 圆孔筛上的试样中按规定拣出大碎米，称重（W_2）。

三、结果计算

碎米率结果计算见式（2-12）~式（2-14）：

$$小碎米（\%） = \frac{W_1}{W} \times 100\% \qquad (2\text{-}12)$$

式中　W——试样质量，g

W_1——直径 1.0mm 圆孔筛上的小碎米质量，g

$$大碎米（\%） = \frac{W_2}{W} \times 100\% \qquad (2\text{-}13)$$

式中　W——试样质量，g

W_2——直径 2.0mm 圆孔筛上的大碎米质量，g

$$碎米总量（\%） = 小碎米（\%） + 大碎米（\%） \qquad (2\text{-}14)$$

小碎米、大碎米含量的双实验结果允许差不超过 0.5%，求其平均数，即为检验结果。检验结果取小数点后第一位。碎米总量计算结果取小数点后第一位。

问题探究

JMWT 12 大米外观品质检测仪是检测稻谷和大米质量指标中的整精米率、碎米、垩白粒率、垩白度、粒型（长宽比）、不完善粒、黄粒米等项目的专用仪器，可以代替人工对其外观品质指标进行准确客观的评价。

【知识拓展】

碎米含量高对食用品质的影响如下。

（1）影响食用品质　碎米含量越高，孔隙度越小，升温吸水和凝胶化不均匀，如按一定时间煮饭，有的米熟了，有的米还是夹生的，如延长煮饭时间，虽然每粒米都熟了，但有的已煮烂了。

（2）米类损失率较大　比如淘洗时米类损失率较大。

（3）贮藏品质差　碎米米粒细小，截面外露，易受霉菌感染。

➢ 思考与练习

在实训室内练习大米碎米率的检验。

◁ **任务十二** 面粉中含砂量的测定

▇▇▇ **能力目标**

（1）了解粉类含砂量的概念及其对粉类食品食用品质的影响。

（2）掌握粉类质量标准中对粉类含砂量的限制要求。

（3）掌握面粉中含砂量测定原理及测定技术。

▇▇▇ **课程导入**

含砂量是影响面粉品质和食品安全的重要指标之一。粮食加工时虽经清理、除杂，但其中仍含有少量杂质，因此碾磨后，仍会有一定量的细砂土留在粉中。当面粉中的含砂量达到 0.03%～0.05% 时，制成品食用时就会产生"牙碜"的感觉，不仅降低食用品质，也会危害人体健康。我国小麦粉质量标准（GB 1355—1986）中规定，各类小麦粉中含砂量均不得超过 0.02%，超过即为不合格品。

含砂量是指粉类粮食中所含的无机砂尘的量，以砂尘占试样的质量分数表示（%）。根据 GB/T 5508—2011《粮油检验　粉类粮食含砂量测定》，采用四氯化碳分离法测定含砂量。

测定原理：在四氯化碳中，由于粉类粮食与砂尘的相对密度不同，粉类粮食悬浮于四氯化碳表层，砂尘沉于四氯化碳底层，从而将粉类粮食与砂尘分开。

实 训

一、 仪器用具

（1）分析天平：感量0.0001，0.01g。
（2）细砂分离漏斗。
（3）电炉。
（4）干燥器。
（5）坩埚（30mL）。
（6）玻棒。
（7）石棉网等。

二、 实践操作

（一）试剂
四氯化碳。

（二）操作步骤
量取70mL四氯化碳注入细砂分离漏斗内，加入试样10g±0.01g，在漏斗的中上部轻轻搅拌后静置，然后每隔5min搅拌一次，共搅拌三次，静置30min。将浮在四氯化碳表面的面粉用角勺取出，再把分离漏斗中的四氯化碳和沉于底部的砂尘放入100mL烧杯中，用少许四氯化碳冲洗漏斗两次，收集四氯化碳于同一烧杯中。静置30s后，倒出烧杯内的四氯化碳，然后用少许四氯化碳将烧杯底部的砂尘转移至已恒质的坩埚内，再用吸管小心将坩埚内的四氯化碳吸出，将坩埚放在电炉的石棉网上烘约20min，然后放入干燥器冷却至室温后称量，得出坩埚及砂尘质量。

三、 结果计算

面粉样品中含砂量的结果计算见式（2-15）：

$$X = \frac{m_1 - m_0}{m} \times 100\% \qquad (2\text{-}15)$$

式中　X——样品中的含砂量，以质量分数计，%

　　m——试样质量，g

　　m_0——坩埚质量，g

　　m_1——坩埚及砂尘质量，g

两次独立测试结果的绝对差值不大于 0.005%。取其算术平均值作为最终测定结果，保留到小数点后第二位。

问题探究

面粉的密度为 $0.52g/cm^3$，四氯化碳的密度为 $1.595g/cm^3$，细砂密度大于 $1.6g/cm^3$，因此在四氯化碳中，面粉悬浮于四氯化碳表层，砂尘沉于四氯化碳底层，从而将面粉与砂尘分开。

【知识拓展】

四氯化碳，又名四氯甲烷，是一种无色透明的脂溶性油状有毒液体，易挥发，为公认的肝脏毒物。四氯化碳中毒主要由呼吸道吸入引起，有轻度麻醉作用，对肝、肾有严重损害作用，其可在体内转变为三氯甲基自由基，扰乱肝细胞膜上类脂质的代谢，引起肝细胞坏死。因此操作时尽量戴防酸碱的胶皮手套，并开启通风装置或在通风橱中操作。

➤ 思考与练习

1. 研究性习题
食品添加剂（如碳酸钙）对测定结果是否有影响？
2. 思考题
如果没有通风装置或通风橱，操作时应注意哪些问题？
3. 操作练习
在实训室内采用四氯化碳法测定面粉含砂量。

任务十三 小麦粉面筋质检验

能力目标

掌握手洗法测定试样中湿面筋含量的操作方法。

课程导入

小麦粉样品用氯化钠缓冲溶液制成面团，再用氯化钠缓冲溶液洗涤并分离出面团中淀粉、糖、纤维素及可溶性蛋白质等，再除去多余的洗涤液后获得的一种主要由麦胶蛋白质和麦谷蛋白质组成的具有弹塑性的胶状水合物即为湿面筋。

小麦面粉中面筋的含量是决定小麦加工品质特性的一个重要衡量指标。此外，小麦面粉中面筋含量和结构的细微差异也赋予了面粉不同的加工性能，通常不同用途要求的小麦面粉的面筋含量也不一样。比如面包用小麦粉的面筋含量要求较高，面条用小麦粉的面筋含量要求低于面包用粉，蛋糕用小麦粉的面筋含量要求则更低一些。

实 训

一、 仪器用具

(1) 玻璃棒或牛角匙。

(2) 移液管：容量为 25mL，最小刻度为 0.1mL。

(3) 烧杯：250，100mL。

(4) 挤压板：9cm×16cm，厚 3~5cm 的玻璃板或不锈钢板，周围贴 0.3~0.4mm 胶布（纸），共两块。

(5) 带下口的玻璃瓶：5L。

(6) 天平：分度值 0.01g。

二、 实践操作

(一) 试剂

(1) 氯化钠溶液（20g/L） 将 200g 氯化钠（NaCl）溶解于水中配制成 10L 溶液。

(2) 碘化钾/碘溶液（Lugol 溶液） 将 2.54g 碘化钾溶解于水中，加入 1.27g 碘，完全溶解后定容至 100mL。

(二) 操作步骤

1. 一般要求

氯化钠溶液制备和洗涤面团工作准备。待测样品和氯化钠溶液应至少在测定实验室放置一夜，待测样品和氯化钠溶液的温度应调整到 20~25℃。

2. 称样

称量待测样品 10g（换算成 14% 水分含量）准确至 0.01g，置于小搪瓷碗或 10mL 烧杯中，记录为 m_1。

3. 面团制备和静置

用玻璃棒或牛角匙不停搅动样品的同时，用移液管一滴一滴地加入 4.6~5.2mL 氯化钠溶液。拌和混合物，使其形成球状面团，注意避免造成样品损失，同时黏附在器皿壁上或玻璃棒或牛角匙上的残余面团也应收到面团球上。面团样品制备时间不能超过 3min。

4. 洗涤

将面团放在手掌中心，用容器中的氯化钠溶液以每分钟约 50mL 的流量洗涤 8min，同时用另一只手的拇指不停地揉搓面团。将已经形成的面筋球继续用自来水冲洗、揉捏，直至面筋中的淀粉洗净为止（洗涤需要 2min 以上，测定全麦粉面筋时应适当延长时间）。

当从面筋球上挤出的水中无淀粉时表示洗涤完成。为了测试洗出液是否无淀粉，可以从面筋球上挤出几滴洗涤液到表面皿上，加入几滴碘化钾/碘溶液，若溶液颜色无变化，表明洗涤已经完成。若溶液颜色变蓝，说明仍有淀粉，应继续进行洗涤直至检测不出淀粉为止。

洗涤的操作应该在带筛绢的筛具上进行，以防止面团损失。操作过程中，应戴橡皮手套，防止面团吸收手的热量和手部排汗的污染。

5. 排水

将面筋球用一只手的几个手指捏住并挤压 3 次，以去除在其上的大部分洗涤液。然后将面筋球放在洁净的挤压板上，用另一块挤压板压挤面筋，排出面筋中的游离水。每压一次后取下并擦干挤压板。反复压挤直到稍感面筋有黏手或黏板为止（挤压约 15 次）。也可采用离心装置排水，离心机转速为 6000r/min，加速度为 2000g，并有孔径为 500μm 筛合。然后用手掌轻轻揉搓面筋团至稍感黏手为止。

6. 测定湿面筋的质量

排水后取出面筋，放在预先称重的表面皿或滤纸上称重，准确至 0.01g，湿面筋质量记录为 m_2。

三、 结果计算

试样的湿面筋含量计算见式（2-16）：

$$G_{wet} = \frac{m_2}{m_1} \times 100\% \tag{2-16}$$

式中　G_{wet}——试样的湿面筋含量（以质量分数表示），%

m_1——测试样品质量，g

m_2——湿面筋的质量，g

结果保留一位小数。

双实验允许差不超过 1.0%，求其平均数，即为测定结果。测定结果准确至 0.1%。

■ 问题探究

小麦籽粒中蛋白质按溶解特性可分为麦清蛋白、麦球蛋白、醇溶蛋白和麦谷蛋白 4 种，小麦制粉后，保留在小麦粉中的蛋白质主要是麦醇溶蛋白和麦谷蛋白。小麦粉加水至含水量高于 35% 时，用手或机械揉和可形成面团，面团在水中搓洗，可溶性物质溶于水中，并将淀粉、麸皮等洗脱，最后剩下的具有黏性、弹性、延展性的类似橡胶的物质，即为粗面筋。粗面筋含水 65%～70%，故又称为湿面筋，湿面筋烘去水分即为干面筋。干面筋中 75%～80% 为面筋蛋白质，5%～15% 为残余淀粉，5%～10% 为脂类及少量无机盐。面筋蛋白质的主要成分是麦醇溶蛋白和麦谷蛋白，还有少量的麦清蛋白和麦球蛋白。它们的含量随小麦品种和洗面筋操作条件的不同而有一定的变化。

面筋蛋白质给小麦粉赋予了一定的加工特性，使面团具有黏着性、湿润性、膨胀性、弹性、韧性和延展性等流变学特性，这样才能通过发酵制作馒头、面包等食品，同时也使食品具有柔软的质地、网状的结构、均匀的空隙和耐咀嚼等特性。而在小麦贮藏过程中，小麦面筋蛋白质会发生变化，直接影响了小麦粉的食用品质，因此，测定和研究小麦的面筋含量和质量，对小麦贮藏品质和小麦粉质量具有重要的意义。

【知识拓展】

面筋是小麦粉中所特有的一种胶体混合蛋白质。小麦面筋主要由麦醇溶蛋白和麦谷蛋白组成，并含有少量淀粉、脂肪和矿物质等，其中麦醇溶蛋白的含量为 40%，麦谷蛋白的含量为 35%，通常统称为面筋蛋白质。面筋的特性如下。

（1）黏弹延伸性　小麦面筋蛋白中的麦醇溶蛋白分子呈球状，相对分子质量较小（25000～100000），具有延伸性，但弹性小；麦谷蛋白分子为纤维状，相对分子质量较大（100000 以上），弹性较强，但延伸性小。麦醇溶蛋白和麦谷蛋白的共同作用，使得小麦面筋具有其他植物蛋白所没有的独特黏弹性。

（2）薄膜成形性　小麦面筋的薄膜成形是其黏弹性的直接表现。由于足够的压力而克服部分弹性，面筋内可形成二氧化碳或蒸汽，使面筋呈现海绵或纤维状结构，产生的气体被连续的蛋白相所包围，孔内充满气体，形成薄膜面筋。

（3）吸脂乳化性　由于小麦面筋中含有一定量的胶质，因此在生产香肠时能提高成品的黏度、持水性和起泡性，比脱脂大豆蛋白粉有更强的亲油性。小麦面筋乳化性好，对产品游离的不饱和脂肪酸有较强的吸附力，能较好改善产品弹性和切片性，并减少蒸煮过程中脂肪的损失和降低肉类风味物质的散失。

（4）吸水性　高质量的小麦面筋可吸收两倍的水，这种吸水性可以提高肉制品的保水率，增加产品得率，并延长产品的货架期。

（5）热凝固性　热凝固性指水溶性蛋白质加热到临界温度后会发生变性，致对水的溶解度降低。小麦面筋蛋白与其他蛋白质不同，对热的敏感性差，在加热到80℃之前不易凝胶化。这是因为面筋中的分子间多为S—S交联，即面筋蛋白是由坚固的三级或四级结构所构成的。但如果用还原剂切断面筋蛋白的S—S交联，其热敏感性就会显著提高。

(6) 溶解性　小麦面筋蛋白是一种络合蛋白质，无明显的等电点，较难找到其正负电荷恰好平衡时的分辨点。由于麦谷蛋白不溶于水，但具有正常的酸值范围，而面筋则表现出麦醇溶蛋白在酸中溶解的等离子现象。研究发现，麦醇溶蛋白在pH6~9时溶解度最小。因此小麦面筋蛋白在酸性或碱性环境的分散作用下会发生加速溶解的现象。

作为优质的植物蛋白源，小麦面筋具有较高的营养价值。小麦面筋中脂肪及糖类的含量极低，这很符合当前消费者对低糖低脂营养膳食的要求。钙是人体骨骼和牙齿的重要组成成分，小麦面筋中钙的含量比其他谷物高，磷、铁含量也较高。小麦面筋主要用于食品和饲料工业，作为肉制品添加剂、面粉品质改良剂、水产动物的饲料黏结剂和营养添加剂等。

➤ 思考与练习

在实训室内采用手洗法测定小麦粉湿面筋含量。

任务十四　小麦粉降落数值测定

■■■ **能力目标**

掌握小麦粉降落值测定意义及测定方法。

■■■ **课程导入**

降落数值是指一定量的小麦粉或其他谷物粉和水的混合物置于特定黏度管内并浸入沸水浴中，然后以一种特定的方式搅拌混合物，并使搅拌器在糊化物中从一定高度下降一段特定距离，自黏度管浸入水浴开始至搅拌器自由降落一段特定距离的全过程所需要的时间即为降落数值。

小麦粉或其他谷物粉的悬浮液在沸水浴中能迅速糊化，并因其中 α-淀粉酶活性的不同而使糊化物中的淀粉不同程度地被液化，液化程度不同，搅拌器在糊化物中的下降速度就不同，因此，降落数值的高低就表明了相应的 α-淀粉酶活性的差异，降落数值愈高表明 α-淀粉酶的活性愈低，反之表明 α-淀粉酶活性愈高。

小麦降落数值是小麦品质的一个重要指标，降落值是一种专门反映谷物，特别是小麦 α-淀粉酶活性的参数。

| 实 训 |

一、仪器用具

(1) 降落数值测定仪。

(2) 加液器或吸移管：容量 25mL±0.2mL。

(3) 粉碎机：能将谷物粉碎使其粒度符合表 2-7 要求。

(4) 天平：感量 0.01g。

二、实践操作

（一）试样制备

1. 谷粒试样

取平均样品 300g 左右，除杂。用锤式旋风磨粉碎样品，当留存在磨膛中的麸皮颗粒不超过总质量的 1%时，可弃去这些麸皮，充分混匀所有的粉碎样品。粉碎后的样品粒度要求见表 2-7。

表 2-7　　　　　　　　　　　谷物粉碎粒度要求

筛孔/μm	筛下物/%
700（CQ10）	100
500（CQ14）	90~100
210~200（CB30）	≤80

2. 面粉试样

用 800μm 筛筛理使成块面粉分散均匀。

3. 试样水分含量测定

按 GB 5009.3—2016 测定水分含量。

（二）操作步骤

1. 称样

称样量必须按试样水分含量进行计算，使试样在加入 25mL 水后，其干物质与总水量（包括试样中的含水量）之比为一常数，在试样含水量为 15.0%时，试样量为 7.00g，精确至 0.05g；试样含水量高于或低于 15.0%时的称样量见表 2-8。

如要使不同试样测定的降落数值的差距增大，可将称样量改为相当于含水量为 15.0%时试样量为 9.00g 的量，见表 2-8。

表 2-8   称样量与水分的关系

试样含水量/%	称样量/g		试样含水量/%	称样量/g	
	相当于含水量15%时的7.00g试样量	相当于含水量15%时的9.00g试样量		相当于含水量15%时的7.00g试样量	相当于含水量15%时的9.00g试样量
10.0	6.50	8.35	14.6	6.95	8.95
10.2	6.55	8.35	14.8	7.00	8.95
10.4	6.55	8.40	15.0	7.00	9.00
10.6	6.55	8.40	15.2	7.00	9.05
10.8	6.60	8.45	15.4	7.05	9.05
11.0	6.60	8.45	15.6	7.05	9.10
11.2	6.60	8.50	15.8	7.10	9.10
13.2	6.80	8.75	17.8	7.30	9.40
13.4	6.85	8.80	18.0	7.30	—

2. 测定步骤

（1）向降落数值测定仪的水浴装置内加水至标定的溢出线。开启冷却系统，确保冷水流过冷却盖。打开降落数值测定仪的电源开关，加热水浴，直至水沸腾。在测定前和整个测定过程中要保证水浴剧烈沸腾。

（2）将称量好的试样移入干燥、洁净的黏度管内。用自动加液器或吸移管加入 25mL±0.2mL 温度为 22℃±2℃的水。

（3）立即盖紧橡胶塞，上下振摇 20~30 次，得到均匀的悬浮液，确保黏度管靠近橡胶塞的地方没有干的面粉或粉碎的物料。如有干粉，稍微向上移动橡胶塞，重新摇动。

（4）拔出橡胶塞，将残留在橡胶塞底部的所有残留物都刮入黏度管中，使用黏度搅拌器将附着在试管壁的所有残留物都刮进悬浮液中后，将黏度搅拌器放入黏度管。双试管的仪器，应于 30s 内完成步骤（2）~步骤（4）的操作，然后同时进行两个黏度管的测试。

（5）立即把带黏度搅拌器的黏度管通过冷却盖上的孔放入沸水浴中，按照仪器说明书的要求，开启搅拌头（单头或双头），仪器将自动进行操作并完成测试。当黏度搅拌器到达凝胶悬浮液的底部，测定全部结束。记录电子计时器上显示的时间，此时间即为降落数值。

（6）转动搅拌头或按压"停止"键，缩回搅拌头，小心地将热黏度管连同搅拌器从沸水浴中取出。彻底清洗黏度管和搅拌器并使其干燥。

问题探究

小麦降落数值的大小反映面粉中 α-淀粉酶活性的高低，降落数值愈高，表明 α-淀粉酶活性愈低；降落数值愈低，表明 α-淀粉酶活性愈高。正常成熟的小麦 α-淀粉酶活性较低，一般在 350~400s，而发芽的小麦，它的 α-淀粉酶活性高，一般降落数值低于 150s，所得面粉制品的口感较黏；降落数值大于 300s 的为不发芽小麦，其淀粉酶活性低，可能会造成发酵迟缓；降落数值在 200~300s，说明小麦具有适中的 α-淀粉酶活性，制作的面粉制品质地优良。

【知识拓展】

当小麦粉的悬浮液在降落数值仪的沸水浴中迅速糊化，并因其中 α-淀粉酶活性大小的不同，而使糊化物中的淀粉不同程度地被水解液化。水解液化程度不同，降落数值测定仪中的搅拌器在糊化物中的下降速度即不同，即 α-淀粉酶活性水解淀粉的程度不同，因此降落数值的高低表明了相应的 α-淀粉酶活性的差异。在通常情况下，α-淀粉酶在小麦中的含量很小，一旦小麦发芽则会急剧增加，同时小麦在贮藏过程中，随着保管时间的延长，α-淀粉酶活性也将随之减小，一般陈小麦的降落数值较新小麦降落数值要高。通过降落数值实验可知，若降落数值大则 α-淀粉酶活性小；若降落数值小则 α-淀粉酶活性大。

➤ 思考与练习

在实训室内测定小麦粉降落数值。

任务十五 谷物水分含量检验

能力目标

（1）掌握谷物中水分含量测定的原理、操作步骤和操作技能。

（2）能正确进行任务相关的数据处理。

课程导入

粮食中的水分不仅是粮食籽粒本身生命活动和保持其色气味及食用品质所必需的，同时是加工工艺和技术参数选择的必备依据，还是粮食在商业环节中以质论价的依据。在粮食油料的收购、销售、调拨中，水分含量是质量标准中一项重要的限制性项目，凡高于或低于标准规定的水分指标，要进行扣量、增量处理。含水量的测定对于粮食、油料的安全贮藏和加工生产以及购销、调拨等方面都有着很重要的意义。

粮食油料的水分含量是指粮食、油料试样中水分的质量占试样质量的百分比。

对于水分含量低于 18% 的粮食、油料，按 GB 5009.3—2016《食品安全国家标准　食品中水分的测定》中的直接干燥法执行。

测定原理：在一个大气压下，以 101～105℃ 进行加热，食品中的水分受热以后，产生的蒸汽压高于空气在电热干燥箱中的分压，使食品中的水分蒸发出来；同时，由于不断的加热和排走水蒸气，而达到完全干燥的目的。

实 训

一、 仪器用具

（1）粉碎机。

（2）铝盒：直径 5.5cm。

（3）分析天平：感量 0.1mg。

（4）电热恒温干燥箱。

（5）干燥器。

二、 实践操作

（一）铝盒的恒重处理

取洁净铝盒，置于 101～105℃ 干燥箱中，加热 1h，取出盖好，置干燥器内冷却 0.5h，称量，并重复干燥至恒重（两次质量差不超过 2mg）。

（二）样品的制备

分取样品 30～50g，磨碎至颗粒小于 2mm，混匀。在磨碎过程中，要防止样品水分含量变化。制备好的样品存于干燥洁净的磨口瓶中备用。

（三）样品测定

用已处理至恒重的铝盒称取 2～10g 制备好的试样，试样厚度约为 5mm，摊平，置于 101～105℃ 干燥箱中，干燥 2～4h 后，盖好取出。放入干燥器内冷却 0.5h 后称量。然后放入 101～105℃ 干燥箱中干燥 1h 左右，取出，放干燥器内冷却 0.5h 后再称量。至前后两次质量差不超过 2mg，即为恒重。

三、 结果计算

样品中的水分含量的计算见式（2-17）：

$$X = \frac{m_1 - m_2}{m_1 - m_3} \times 100\% \tag{2-17}$$

式中　X——样品中的水分含量，g/100g

　　　m_1——烘干前样品和铝盒质量，g

　　　m_2——烘干后样品和铝盒质量，g

　　　m_3——铝盒的质量，g

在重复性条件下获得的两次独立测定结果的绝对差值不得超过算术平均值的10%。水分含量≥1g/100g 时，计算结果保留三位有效数字；水分含量<1g/100g时，计算结果保留两位有效数字。

问题探究

测定粮食中的水分时，需将样品粉碎至规定的细度，以保证测定结果的准确度。当粮食水分在18%以上时，因为水分含量过高，在制备试样时不易粉碎，难以达到规定要求的细度，并且容易黏附在磨辊上，粉碎过程中水分容易损失；在烘干时，往往使试样表层固化，影响试样内部水分蒸发逸出，并且还会引起试样中某些组分的水解或发生其他变化，使测定结果不准。为了避免一次烘干法测定高水分粮食、油料水分含量存在的结果不准确的问题，对于水分含量大于18%的粮食，一般采用两次烘干法来测定水分。

【知识拓展】

粮食水分18%以上，油料水分13%以上，可认为是高水分粮油，按 GB/T 20264—2006《粮食、油料水分两次烘干测定法》测定水分。所谓两次烘干法，就是对一份高水分粮食、油料试样通过风干和烘干两个过程测定其水分含量方法。

一、仪器与设备

（1）粉碎机。

（2）铝盒：直径5.5，12，15cm。

（3）分析天平：感量0.1mg。

（4）电热恒温干燥箱。

（5）干燥器。

二、分析步骤

（一）第一次烘干（整粒烘干）

用处理至恒重的铝盒称取整粒试样（试样称取量见表2-9，准确至0.0001g），在105℃温度下烘40min，取出，自然冷却至室温，称重。

表 2-9	试样用量	
粮食、油料品种	铝盒直径/cm	试样用量/g
稻谷、小麦、高粱	12	30
玉米、大豆	15	80

（二）第二次烘干（粉碎后烘干）

将第一次烘后试样按规定方法制备，见表 2-10。然后用直径 5.5cm 的铝盒称取制备好的试样 5g 于 105℃ 干燥至恒重。

表 2-10	试样制备方法	
粮食、油料品种	粉碎试样/g	试样要求
稻谷、小麦、高粱、玉米	30	粉碎后试样应全部通过 1.5mm 圆孔筛，留存在 1.0mm 圆孔筛上的少于 10%，穿过 0.5mm 圆孔筛的大于 50%
大豆	30	粉碎后试样应 90% 以上通过 2.0mm 圆孔筛

三、结果计算

高水分粮油的水分含量测定结果计算见式（2-18）：

$$X = \frac{m \times m_2 - m_1 \times m_3}{m \times m_2} \times 100\%$$

（2-18）

式中　X——样品中的水分含量，g/100g

　　　m——第一次烘前试样质量，g

　　　m_1——第一次烘后试样质量，g

　　　m_2——第二次烘前试样质量，g

　　　m_3——第二次烘后试样质量，g

双实验结果允许差不超过 0.2%，求其平均数，即为测定结果。测定结果取小数点后第一位。

➢ 思考与练习

1. 研究性习题

在水分测定的恒重处理过程中，后一次质量大于前一次质量，可能吗？为什么？怎样处理？

2. 思考题

为了保证测定结果准确，测定水分时应注意哪些问题？

3. 操作练习

（1）在实训室内采用直接干燥法测定稻谷水分。

（2）在实训室内采用两次烘干法测定玉米水分。

任务十六 粮食灰分测定

能力目标

掌握粮食灰分的测定意义及测定方法。

课程导入

粮食灰分是指粮食经高温灼烧以后剩下的不能氧化燃烧的物质。灰分的化学成分主要是钾、钠、钙、镁、磷、硫、硅的氧化物及其盐类。

灰分在粮粒内的分布不均匀，胚乳中灰分含量最低，胚部次之，而皮层最高。因此，可以根据成品粮灰分含量的高低来检验其加工精度。例如，我国小麦粉标准中灰分指标（干基）是：特一粉≤0.70%；特二粉≤0.85%；标准粉≤1.10%；普通粉≤1.40%。

把一定量的样品经炭化后放入高温炉内灼烧，使有机物质被氧化分解，以二氧化碳、氮的氧化物及水等形式逸出，而无机物质以硫酸盐、磷酸盐、碳酸盐、氯化物等无机盐和金属氧化物的形式残留下来，这些残留物即为灰分，称量残留物的质量即可计算出样品中总灰分的含量。

实　训

一、仪器用具

（1）高温电炉。

（2）分析天平：感量0.0001g。

（3）瓷坩埚。

（4）干燥器。

二、实践操作

（一）试剂

三氯化铁溶液（5g/L）：称取0.5g三氯化铁溶于100mL蓝黑墨水中。

（二）操作步骤

1. 坩埚处理

取大小适宜的石英坩埚或瓷坩埚置于高温炉中，在 550℃±25℃ 下灼烧 30min，冷却至 200℃ 左右，取出，放入干燥器中冷却 30min，准确称量。重复灼烧至前后两次称量相差不超过 0.5mg 为恒重。

2. 称样

灰分大于或等于 10g/100g 的试样称取 2~3g（精确至 0.0001g）；灰分小于或等于 10g/100g 的试样称取 3~10g（精确至 0.0001g，对于灰分含量更低的样品可适当增加称样量）。将样品均匀分布在坩埚内，不要压紧。

3. 测定

试样先在电热板上以小火加热，使试样充分炭化至无烟，然后置于高温炉中，在 550℃±25℃ 灼烧 4h。冷却至 200℃ 左右，取出，放入干燥器中冷却 30min，称量前如发现灼烧残渣有炭粒时，应向试样中滴入少许水湿润，使结块松散，蒸干水分再次灼烧至无炭粒即表示灰化完全，方可称量。重复灼烧至前后两次称量相差不超过 0.5mg 为恒重。

三、结果计算

（一）以试样质量计算

以试样质量计算试样中的灰分含量见式（2-19）：

$$X_1 = \frac{m_1 - m_2}{m_3 - m_2} \times 100\% \tag{2-19}$$

式中　X_1——试样中灰分的含量，g/100g

　　　m_1——坩埚和灰分质量，g

　　　m_2——坩埚质量，g

　　　m_3——坩埚和试样质量，g

（二）以干物质计算

以干物质计算试样中的灰分含量见式（2-20）：

$$X_2 = \frac{m_1 - m_2}{(m_3 - m_2) \times \omega} \times 100\% \tag{2-20}$$

式中　X_2——试样中灰分的含量，g/100g

　　　m_1——坩埚和灰分的质量，g

　　　m_2——坩埚的质量，g

　　　m_3——坩埚和试样的质量，g

　　　ω——试样干物质含量（质量分数），%

在重复性条件下获得的两次独立测定结果的绝对差值不得超过算术平均值的 5%。试样中灰分含量≥10g/100g 时，保留三位有效数字；试样中灰分含量<10g/

100g 时，保留两位有效数字。

■■■■■■ 问题探究

一、 含磷量较高的豆类及其制品、 肉禽及其制品、 蛋及其制品、 水产及其制品、 乳及乳制品的灰分的测定

试样中加入助灰化试剂乙酸镁后，经550℃±25℃高温灰化至有机物完全灼烧挥发后，称量残留物质量，并计算灰分含量。

称取试样后，加入 1.00mL 乙酸镁溶液（240g/L）或 3.00mL 乙酸镁溶液（80g/L），使试样完全润湿。放置 10min 后，在水浴上将水分蒸干，在电热板上以小火加热使试样充分炭化至无烟，然后置于高温炉中，在 550℃±25℃ 灼烧 4h。冷却至 200℃ 左右，取出，放入干燥器中冷却 30min，称量前如发现灼烧残渣有炭粒时，应向试样中滴入少许水湿润，使结块松散，蒸干水分再次灼烧至无炭粒即表示灰化完全，方可称量。重复灼烧至前后两次称量相差不超过 0.5mg 为恒重。

吸取 3 份与样品测定相同浓度和体积的乙酸镁溶液，做 3 次空白实验。当 3 次实验结果的标准偏差小于 0.003g 时，取算术平均值作为空白值。若标准偏差大于或等于 0.003g 时，应重新做空白值实验。

二、 淀粉类食品灰分的测定

将坩埚置于高温炉口或电热板上，半盖坩埚盖，小心加热使样品在通气情况下完全炭化至无烟，即刻将坩埚放入高温炉内，将温度升高至 900℃±25℃，保持此温度直至剩余的碳全部消失为止，一般 1h 可灰化完毕，冷却至 200℃ 左右，取出，放入干燥器中冷却 30min，称量前如发现灼烧残渣有炭粒时，应向试样中滴入少许水湿润，使结块松散，蒸干水分再次灼烧至无炭粒即表示灰化完全，方可称量。重复灼烧至前后两次称量相差不超过 0.5mg 为恒重。

【知识拓展】

在高温灼烧时，食品发生一系列物理和化学变化，最后有机成分挥发逸散，而无机成分（主要是无机盐和氧化物）则残留下来，这些残留物称为灰分。它是标示食品中无机成分总量的一项指标。

通常所说的灰分是指总灰分（即粗灰分），包含以下三类灰分。

（1）水溶性灰分 可溶性的钾、钠、钙等的氧化物和盐类的量。

（2）水不溶性灰分 污染的泥沙和铁、铝、镁等氧化物及碱土金属的碱式磷

酸盐。

(3) 酸不溶性灰分　污染的泥沙和食品中原来存在的微量氧化硅等物质。

➤ 思考与练习

在实训室内测定小麦粉的灰分。

任务十七　粮食中粗纤维素的测定

能力目标

(1) 了解粗纤维素测定的意义。
(2) 掌握粗纤维素含量的测定方法。

课程导入

纤维素是自然界中最丰富的糖类之一，是植物性食品的主要成分之一。纤维素在化学上不是单一组分，是混合物，广泛存在于各种植物体内，其含量随食品种类的不同而异，尤其在谷类、豆类、水果、蔬菜中含量较高。在食品加工过程中，为了改善加工特性、食品组织结构和增加食品风味，需要添加纤维素或纤维素制品，常需要测定纤维素的含量。纤维素虽然不能被人体消化吸收和利用，但食品中的纤维素对人体具有一定的保健作用。因此，分析测定食品中纤维素的含量，对食品品质管理、营养价值的评定具有重要意义。

根据 GB/T 5515—2008《粮食中粗纤维素含量测定　介质过滤法》，采用介质过滤法测定粮食中的粗纤维素。

测定原理：试样用沸腾的稀硫酸处理，残渣经过滤分离、洗涤，再用沸腾的氢氧化钾溶液处理，处理后的残渣经过滤分离、洗涤、干燥并称量，然后灰化。灰化中损失的质量相当于试样中粗纤维素的质量。

粗纤维素含量：每千克样品按照本任务的分析步骤，经过酸和碱消解后得到的残渣，经干燥、灰化后损失的部分的质量，用 g/kg 表示。

实　训

一、仪器用具

(1) 分析天平：分度值 0.1mg。
(2) 粉碎设备：能将样品粉碎，使其能全部通过筛孔孔径为 1mm 的筛。
(3) 滤埚：石英、陶瓷或者硬质玻璃材质，带有烧结的滤板，孔径 40~100μm。

（4）陶瓷筛板。

（5）灰化皿。

（6）烧杯或锥形瓶：容量 500mL，带有配套的冷却装置。

（7）干燥箱：电加热，可通风，能保持温度在 130℃±2℃。

（8）干燥器：盛有蓝色硅胶干燥剂。

（9）马弗炉。

（10）冷提取装置。

（11）加热装置。

二、实践操作

（一）试剂

（1）盐酸溶液：c（HCl）= 0.5mol/L。

（2）硫酸溶液：c（H_2SO_4）= 0.13mol/L±0.005mol/L。

（3）氢氧化钾溶液：c（KOH）= 0.23mol/L±0.005mo/L。

（4）丙酮。

（5）过滤辅料：海砂或硅藻土545，或质量相当的其他材料。使用前，海砂用沸腾的盐酸溶液 ［c（HCl）= 4 mol/L］ 处理，用水洗涤至中性，然后在 500℃±25℃下至少加热 1h。其他滤器辅料在 500℃±25℃下至少加热 4h。

（6）消泡剂：如正辛醇。

（7）石油醚：沸程 30~60℃。

（二）操作步骤

1. 试样制备

按照 GB/T 20195—2006 制备样品。用粉碎装置将实验室风干的样品粉碎，使其能完全通过筛孔为 1mm 的筛，然后将样品充分混合均匀。

2. 测定步骤（半自动操作方法）

（1）试料 称取 1g 制备的试样（准确至 0.1mg），转移至带有约 2g 过滤辅料的滤埚中。如果试样脂肪含量超过 100g/kg，或者试样中的脂肪不能用石油醚提取，则按步骤（2）处理。如果试样脂肪含量不超过 100g/kg，其碳酸盐（以碳酸钙计）超过 50g/kg，按步骤（3）处理；反之，按步骤（4）处理。

（2）预脱脂 将坩埚和冷提取装置连接，在真空条件下，试样用 30mL 石油醚脱脂后，抽吸干燥残渣，重复 3 次。如果其碳酸盐（以碳酸钙计）含量超过 50g/kg，按步骤（3）处理；反之，按步骤（4）处理。

（3）除去碳酸盐 将滤埚和加热装置连接，加入 30mL 盐酸，放置 1min。洗涤过滤样品，重复 3 次。用约 30mL 的水洗涤一次，然后按步骤（4）操作。

（4）酸消解 将消解圆筒和滤埚连接，将 150mL 沸腾的硫酸加入带有滤埚的圆筒中，如果起泡，加入数滴消泡剂，尽快加热至沸腾，并保持剧烈沸腾30min±1min。

（5）第一次过滤　停止加热，打开排放管旋塞，在真空条件下，通过滤埚将硫酸滤出，残渣每次用30mL热水洗涤至少三次，洗涤至中性，每次洗涤后继续抽气以干燥残渣。如果过滤器堵塞，可小心吹气以排除堵塞。如果试样中的脂肪不能直接用石油醚提取，按照步骤（6）操作，反之按照步骤（7）操作。

（6）脱脂　连接滤埚和冷却装置，残渣在真空条件下用丙酮洗涤三次，每次用丙酮30mL。然后残渣在真空条件下用石油醚洗涤三次，每次用30mL石油醚。每一次洗涤后继续抽气以干燥残渣。

（7）碱消解　关闭排出孔旋塞，将150mL沸腾的氢氧化钾溶液转移至带有滤埚的圆筒，加入数滴消泡剂，尽快加热至沸腾，并保持剧烈沸腾30min±1min。

（8）第二次过滤　停止加热，打开排放管旋塞，在真空条件下通过滤埚将氢氧化钾溶液滤去，每次用30mL热水至少清洗残渣3次，直至中性，每次洗涤后都要继续抽气以干燥残渣。如果过滤器堵塞，可小心吹气以排除堵塞。将滤埚连接到冷提取装置上，残渣在真空条件下每次用30mL丙酮洗涤残渣3次，每次洗涤后都要继续抽气以干燥残渣。

（9）干燥　将滤埚置于灰化皿中在130℃干燥箱中至少干燥2h。在灰化皿冷却的过程中，滤埚的烧结滤板可能会部分松动，从而导致分析结果错误，因此应将滤埚置于灰化皿中。滤埚和灰化皿在干燥器中冷却，从干燥器中取出后，立即对滤埚和灰化皿进行称量（准确至0.1mg）。

（10）灰化　把滤埚和灰化皿放到马弗炉中，在500℃±25℃下灰化。每次灰化后，让滤埚和灰化皿在马弗炉中初步冷却，待温热后取出置于干燥器中，使其完全冷却，再进行称量，直到冷却后两次的称量差值不超过2mg。记录最后一次称量结果（准确至0.1mg）。

（11）空白测定　用大约相同数量的过滤辅料按步骤（4）～步骤（10）进行空白测定，但不加试样。灰化引起的质量损失不应超过2mg。

三、结果计算

试样中粗纤维素含量的计算见式（2-21）：

$$W_f = \frac{m_2 - m_3}{m_1} \tag{2-21}$$

式中　W_f——试样中粗纤维素的含量，g/kg

　　　　m_1——试样质量，g

　　　　m_2——灰化皿和滤埚以及在130℃干燥后获得的残渣质量，mg

　　　　m_3——灰化皿和滤埚以及在500℃±25℃下灰化后获得的残渣质量，mg

计算结果准确至1g/kg。

问题探究

在热的稀硫酸作用下，样品中的糖、淀粉、果胶、部分半纤维素等物质经水解而除去，再用热的氢氧化钠处理，使蛋白质溶解、脂肪皂化而除去，同时除去部分半纤维素及部分木质素。然后用乙醇和乙醚处理除去单宁、色素、残余的脂肪、蜡质及戊糖和残余蛋白质，经烘干所得的残渣即为粗纤维素和未去除的无机物，再经高温灰化，粗纤维素变成气体逸出，灰化中损失的质量即相当于试样中粗纤维素的质量。

注意事项如下。

（1）样品粒度的大小将影响分析结果，因此制备样品必须达到规定细度。

（2）若样品脂肪含量大于10%，则应先脱脂，否则分析结果偏高。

【知识拓展】

19世纪60年代，德国科学家首次提出粗纤维素的概念，它是指食品中不能被稀酸、稀碱所溶解，不能为人体所消化利用的物质。它不是一个确切的化学实体，只是在公认强制规定的条件下测出的概略成分，其中以纤维素为主，还有少量半纤维素、木质素及少量含氮物质，不能代表食品中纤维的全部内容。

纤维素是人类膳食中不可或缺的重要物质，在维持人体健康、预防疾病方面有着独特的作用，从现代营养学的观点来看，每天需摄入一定量的粗纤维素可防止阑尾炎、心脏病和结肠癌等多种疾病。

➢ 思考与练习

1. 思考题

分析步骤中所用硫酸溶液 c（H_2SO_4）= 0.13mol/L±0.005mol/L 和氢氧化钾溶液 c（KOH）= 0.23mol/L±0.005mol/L 如何制备？

2. 操作练习

在实训室内采用介质过滤法测定玉米中粗纤维素的含量。

任务十八 稻谷脂肪酸值的测定

能力目标

（1）了解脂肪酸值的定义及测定脂肪酸值在粮食贮藏过程中的作用。

（2）掌握脂肪酸值的测定方法及操作步骤。

▣▣▣ 课程导入

粮食、油料中含有一定的脂肪，而这些脂肪中的脂肪酸，特别是不饱和脂肪酸，很容易在外界因素的影响下发生氧化及水解反应，因而引起酸败，氧化可能产生低碳链的酸，水解产物便有游离脂肪酸产生。粮食在贮藏期间，尤其在粮食含水量和温度较高的情况下，脂肪容易水解，使游离脂肪酸含量显著增加，因此通过脂肪酸值的测定，可以判断粮食品质的变化情况。

脂肪酸值的测定：采用适当的有机溶剂提取样品中的脂肪酸，然后用氢氧化钾标准溶液进行滴定，用中和100g粮食试样中游离脂肪酸所需氢氧化钾的质量（mg）表示。根据GB/T 20569—2006《稻谷储存品质判定规则》附录A，采用无水乙醇浸出法测定稻谷的脂肪酸值。

测定原理：在室温下用无水乙醇提取试样中的脂肪酸，用标准氢氧化钾溶液滴定，计算脂肪酸值。

▣▣▣ 实 训

一、仪器用具

（1）带塞锥形瓶：150，200mL。

（2）移液管：50，25mL。

（3）比色皿：25mL。

（4）微量滴定管：5mL，最小刻度为0.02mL。

（5）天平：感量为0.01g。

二、实践操作

(一) 试剂

（1）无水乙醇：A.R.。

（2）酚酞-乙醇溶液（10g/L）：1.0g酚酞溶于100mL 95%（体积分数）乙醇。

（3）氢氧化钾-乙醇标准溶液（0.01mol/L）：按GB/T 601—2016配制与标定。

(二) 操作步骤

（1）试样制备　取混合均匀样品，用实验砻谷机脱壳。取混合均匀的糙米约80g，用锤式旋风磨粉碎，粉碎后的样品一次通过CQ16（相当于40目筛）的应达95%以上。粉碎样品筛上、筛下全部筛分范围的样品经充分混合后装入磨口瓶中备用。

（2）试样处理　称取制备好的试样10g，精确至0.01g于250mL磨口带塞三角瓶中，并用移液管加入 50.0mL 无水乙醇，置往返式振荡器上振摇 30min，振荡频率为 100 次/min。振荡后静置 1~2min，在玻璃漏斗中放入折叠式的滤纸过滤。弃去最初几滴滤液后收集滤液 25mL 以上。

（3）测定　用移液管移取 25.0mL 滤液于 150mL 三角瓶中，加 50mL 无二氧化碳蒸馏水，加入 3~4 滴酚酞指示剂后用氢氧化钾标准溶液滴定至呈微红色，30s 不褪色为止。记下所耗用氢氧化钾标准溶液体积（mL）。

（4）空白实验　用移液管移取 25.0mL 无水乙醇于 150mL 三角瓶中，加入 50mL 无二氧化碳蒸馏水，滴加 3~4 滴酚酞指示剂，用氢氧化钾标准溶液滴定至呈现微红色，记下耗用氢氧化钾标准溶液体积（mL）。

三、 结果计算与数据处理

脂肪酸值以中和 100g 干物质试样中游离脂肪酸所需氢氧化钾质量（mg）表示，单位为 mg/100g，计算见式（2-22）：

$$S = (V_1 - V_0) \times c \times 56.1 \times \frac{50}{25} \times \frac{100}{m(100 - \omega)} \times 100 \tag{2-22}$$

式中　S——脂肪酸值（以 KOH 计），mg/100g

　　　c——氢氧化钾标准溶液的浓度，mol/L

　　　V_1——滴定试样溶液所耗氢氧化钾标准溶液体积，mL

　　　V_0——滴定空白溶液所耗氢氧化钾标准溶液体积，mL

　　m——试样质量，g

　　ω——试样水分质量分数，即每 100g 试样中含水分的质量，g

每份试样取两个平行样进行测定，两个测定结果的差值不超过 2mg/100g（以 KOH 计），求其算术平均值为测定结果。两个测定结果之差的绝对值不符合重复性要求时，应再取两个平行样进行测定。若 4 个结果的极差不大于 $n=4$ 的重复性临界极差 $[CrR_{95(4)}]$，则取 4 个结果的平均值作为最终测试结果；若 4 个结果的极差大于 $n=4$ 的重复性临界极差 $[CrR_{95(4)}]$，则取 4 个结果的中位数作为最终测试结果，计算结果保留三位有效数字。

▰ 问题探究

（1）样品制备时应注意以下问题

①按 GB/T 5507—2008 检验样品粉碎细度，粉碎样品只能使用锤式旋风磨。一次粉碎达不到细度要求的，该锤式旋风磨不能使用。

②粉碎样品时，应按照设备说明书要求，合理调解风门大小，并控制进样量，防止和减少出料管留存样品。为避免出料管堵塞，减少磨膛发热，引起样品中脂肪酸值的变化，每粉碎 10 个样品应将出料管拆下清理。

③制备好的样品应尽快完成测定，如需较长时间存放，应存放在冰箱中，全

部过程不得超过24h。

（2）样品提取后一定要及时滴定，滴定应在散射日光或日光型日光灯下对着光源方向进行。滴定终点不易判定时，可用一份已加入蒸馏水但尚未滴定的提取液作参照，当被滴定液颜色与参照相比有色差时，即可视为已到滴定终点。

（3）提取、滴定过程的环境温度应控制在15~25℃。

（4）用测定脂肪酸值的同一粉碎样品，按GB 5009.3—2016中直接滴定法测定样品水分含量，计算脂肪酸值干基结果。但此水分含量结果不得作为样品水分含量结果报告。

【知识拓展】

1. 稻谷贮存品质判定规则

根据GB/T 20569—2006《稻谷储存品质判定规则》，稻谷贮存品质指标见表2-11。

表2-11　　　　　　　　　　　　稻谷贮存品质指标

项　　目	籼稻谷			粳稻谷		
	宜存	轻度不宜存	重度不宜存	宜存	轻度不宜存	重度不宜存
色泽、气味	正常	正常	基本正常	正常	正常	基本正常
脂肪酸值（以KOH计）/（mg/100g）	≤30.0	≤37.0	>37.0	≤25.0	≤35.0	>35.0
品尝评分值/分	≥70	≥60	<60	≥70	≥60	<60

2. 判定规则

（1）宜存　色泽、气味、脂肪酸值、品尝评分值指标均符合表2-11中"宜存"规定的，判定为宜存稻谷，适宜继续贮存。

（2）轻度不宜存　色泽、气味、脂肪酸值、品尝评分值指标均符合表2-11中"轻度不宜存"规定的，判定为轻度不宜存稻谷，应尽快安排出库。

（3）重度不宜存　色泽、气味、脂肪酸值、品尝评分值指标中，有一项符合表2-11中"重度不宜存"规定的，判定为重度不宜存稻谷，应立即安排出库。因色泽、气味判定为重度不宜存的，还应报告脂肪酸值、品尝评分值检验结果。

➤ 思考与练习

1. 研究性习题

氢氧化钾-乙醇标准溶液（0.01mol/L）如何制备？

2. 思考题

无二氧化碳的蒸馏水怎么制备？

3. 操作练习

在实训室内采用乙醇浸出法测定稻谷的脂肪酸值。

任务十九　谷物中镉含量的测定

能力目标

（1）熟悉并掌握原子吸收分光光度计使用方法。

（2）掌握原子吸收法测定谷物中镉含量的方法、原理和操作技能。

课程导入

镉是一种毒性很强的重金属，1972 年美国食品与药物管理局和世界贸易组织（FDA/WTO）把镉确定为第 3 位优先研究的食品污染物，1974 年联合国环境规划署提出具有全球意义的 12 种危险化合物中，镉被列为首位。镉移动性强，难以生物降解，极易通过食物链进入人体，引起人体机能衰退，长期暴露会引起癌症。目前，我国镉污染形势严峻，镉污染事件频发，严重影响了居民的正常生活和身体健康，做好食品中镉的分析检测工作，对保护人体健康具有重要意义。GB 2762—2017《食品安全国家标准　食品中污染物限量》规定：谷物（稻谷除外）中镉的限量为 0.1mg/kg，谷物碾磨加工品（糙米、大米除外）中镉的限量为 0.1mg/kg，稻谷、糙米、大米中镉的限量为 0.2mg/kg。

根据 GB 5009.15—2014《食品安全国家标准　食品中镉的测定》，采用石墨炉原子吸收光谱法测定食品中的镉。实验原理：试样经灰化或酸消解后，注入一定量样品消化液于原子吸收分光光度计石墨炉中，电热原子化后吸收 228.8nm 共振线，在一定浓度范围内，其吸光度值与镉含量成正比，采用标准曲线法定量。

实　训

一、仪器用具

（1）原子吸收分光光度计（附石墨炉）。

（2）镉空心阴极灯。

（3）电子天平：感量为 0.1mg 和 1mg。

（4）恒温干燥箱。

（5）电炉。

（6）微波消解系统：配聚四氟乙烯或其他合适的压力罐。

二、 实践操作

（一）试剂

（1）硝酸：优级纯。

（2）硝酸溶液（1%）：取 10.0mL 硝酸（优级纯）加入 100mL 水中，稀释至 1000mL。

（3）盐酸溶液（1+1）：取 50mL 盐酸（优级纯）慢慢加入 50mL 水中。

（4）氧化氢溶液（30%）。

（5）磷酸二氢铵溶液（10g/L）：称取 10.0g 磷酸二氢铵，用 100mL 硝酸溶液（1%）溶解后定量移入 1000mL 容量瓶，用硝酸溶液（1%）定容至刻度。

（6）镉标准贮备液（1000mg/L）：准确称取 1g 金属镉标准品（精确至 0.0001g）于小烧杯中，分次加 20mL 盐酸溶液（1+1）溶解，加 2 滴硝酸，移入 1000mL 容量瓶中，用水定容至刻度，混匀；或购买经国家认证并授予标准物质证书的标准物质。

（7）镉标准使用液（100ng/mL）：吸取镉标准贮备液 10.0mL 于 100mL 容量瓶中，用硝酸溶液（1%）定容至刻度，如此经多次稀释成每毫升含 100.0ng 镉的标准使用液。

（8）镉标准溶液：准确吸取镉标准使用液 0，0.50，1.0，1.5，2.0，3.0mL 于 100mL 容量瓶中，用硝酸溶液（1%）定容至刻度，即得到含镉量分别为 0，0.50，1.0，1.5，2.0，3.0ng/mL 的系列标准溶液。

（二）操作步骤

1. 试样制备

磨碎成均匀的样品，颗粒度不大于 0.425mm，贮于洁净的塑料瓶中，并标明标记，于室温下或按样品保存条件下保存备用。

2. 试样消解（微波消解法）

称取干试样 0.3~0.5g（精确至 0.0001g）、鲜（湿）试样 1~2g（精确到 0.001g）置于微波消解罐中，加 5mL 硝酸和 2mL 过氧化氢。微波消化程序可以根据仪器型号调至最佳条件。消解完毕，待消解罐冷却后打开，消化液呈无色或淡黄色，加热赶酸至近干，用少量硝酸溶液（1%）冲洗消解罐 3 次，将溶液转移至 10mL 或 25mL 容量瓶中，并用硝酸溶液（1%）定容至刻度，混匀备用。同时做空白实验。

3. 仪器参考条件

波长 228.8nm，狭缝 0.2~1.0nm，灯电流 2~10mA，干燥温度 105℃，干燥时间 20s，灰化温度 400~700℃，灰化时间 20~40s，原子化温度 1300~2300℃，原子

化时间 3~5s，背景校正为氘灯或塞曼效应。

4. 标准曲线的制作

将标准溶液按浓度由低到高的顺序各取 20μL 注入石墨炉，测其吸光度值，以标准溶液的浓度为横坐标，相应的吸光度值为纵坐标，绘制标准曲线并求出吸光度值与浓度关系的一元线性回归方程。

系列标准溶液应不少于 5 个点的不同浓度的镉标准溶液，相关系数不应小于 0.995。如果有自动进样装置，也可用程序稀释来配制系列标准。

5. 试样溶液的测定

于测定标准曲线溶液相同的实验条件下，吸取样品消化液 20μL（可根据使用仪器选择最佳进样量），注入石墨炉，测其吸光度值。代入系列标准的一元线性回归方程中求样品消化液中镉的含量，平行测定次数不少于两次。若测定结果超出标准曲线范围，用硝酸溶液（1%）稀释后再行测定。

6. 基体改进剂的使用

对于有干扰的试样，和样品消化液一起注入 5μL 基体改进剂磷酸二氢铵溶液（10g/L），绘制标准曲线时也要加入与试样测定时等量的基体改进剂。

三、 结果计算与数据处理

试样中镉含量计算见式（2-23）：

$$X = \frac{(c_1 - c_0) \times V}{m \times 1000} \tag{2-23}$$

式中　X——试样中镉含量，mg/kg 或 mg/L

　　　c_1——试样消化液中镉含量，ng/mL

　　　c_0——空白液中镉含量，ng/mL

　　　V——试样消化液定容总体积，mL

　　　m——试样质量或体积，g 或 mL

在重复性条件下获得的两次独立测定结果的绝对差值不得超过算术平均值的 20%。以重复性条件下获得的两次独立测定结果的算术平均值表示，结果保留两位有效数字。

问题探究

粮食作为食品的主要原料，其安全性日益受到社会的广泛关注，粮食卫生质量检测已成为各级粮食质量检测机构的日常工作。根据国标的有关规定，粮食卫生质量中的重金属含量一般采用原子吸收或原子荧光法检测，而样品预处理中的消解则是该测定中首要的环节。GB 5009.15—2014《食品安全国家标准　食品中镉的测定》中规定，试样消解方法有压力消解罐消解法、微波消解法、湿式消解法、干法灰化等，可根据实验室条件选择任何一种方法。干法灰化法的缺点是耗时太长，常常需要 6~8h，而且马弗炉本身耗能大，步骤也较多，回收率较差；湿法消解法的缺点是用酸量较大，需要操作者与酸雾、酸气长时间接触，使用高氯酸时还有爆炸的危险，在缺少冷却装置时回收率也较差；压力消解罐法的缺点是样品处理周期较长，样品数量较多时难以适应需要，处理不当还会出现爆罐的情况；微波消解法运用微波密闭加热原理，具有测定周期短、用酸量小、步骤少、回收率好、安全性高的特点。

选择合适的样品预处理方法，可以减少镉离子的损失，提高检测结果的准确性。微波消解法可减少样品消化处理过程中待测元素的损失，且操作简便，因此微波消解-石墨炉原子吸收光谱法得到了广泛的应用。镉是低温易挥发元素，选用合适的基体改进剂，以提高镉的灰化温度，减少其挥发性。由于有些食品中镉的含量极低，低于方法的检测限，所以分离富集与石墨炉原子吸收光谱法联用技术开发日益受到重视。

【知识拓展】

（1）石墨炉原子吸收光谱法具有原子化效率高、灵敏度高等优点，适用于试样含量很低或试样量很少的食品中镉的测量，是食品中镉检测最常用的分析方法。但共存物干扰要比火焰原子吸收光谱法大，测试精度不如火焰原子吸收光谱法好。

（2）镉的主要来源是工厂排放的含镉废水进入河床，灌溉稻田，被植株吸收并在稻米中积累，若长期食用含镉的大米，或饮用含镉的污水，可使肌肉萎缩、关节变形，骨骼疼痛难忍，不能入睡，发生病理性骨折，以致死亡等。

➤ 思考与练习

1. 研究性习题
掌握石墨炉原子吸收分光光度计的工作原理。
2. 思考题
基体改进剂的作用是什么？作用原理是什么？
3. 操作练习
在实训室内采用石墨炉原子吸收光谱法测定稻谷中镉的含量。

◀ **任务二十** 谷物中总汞含量的测定

▌ **能力目标**

（1）掌握原子荧光光谱法测定谷物中总汞含量方法、原理和操作方法等技能。

（2）熟悉并能熟练使用原子荧光分光光度计。

课程导入

汞，又称水银，由于其性能良好，在工农业和医药等领域均有广泛应用，但也是众所周知的全球性环境污染物之一。汞并非人体的必需元素，属于重金属高毒性元素，可以借助于摄食、皮肤、呼吸等途径进入人体，并对人的神经、生殖等系统产生毒害作用。在自然界中，汞能够利用食物链富集，继而对人体、动物体产生危害。因此，全球各国均将汞列为需重点控制的污染物之一。GB 2762—2017《食品安全国家标准　食品中污染物限量》规定：谷物（稻谷、糙米、大米、玉米、玉米面、玉米渣、玉米片、小麦、小麦粉）中汞的限量为 0.02 mg/kg。

根据 GB 5009.17—2014《食品安全国家标准　食品中总汞及有机汞的测定》，食品中总汞的测定采用原子荧光光谱分析法、冷原子吸收光谱法。本节介绍原子荧光光谱分析法。

测定原理：试样经酸加热消解后，在酸性介质中，试样中汞被硼氢化钾或硼氢化钠还原成原子态汞，由载气（氢气）带入原子化器中，在特制汞空心阴极灯照射下，基态汞原子被激发至高能态，在由高能态回到基态时，发射出特征波长的荧光，其荧光强度与汞含量成正比，与系列标准溶液比较定量。

实　训

一、仪器用具

（1）天平：感量为 0.1mg 和 1mg。
（2）原子荧光光谱仪。
（3）压力消解器。
（4）微波消解系统。
（5）恒温干燥箱：50~300℃。
（6）控温电热板：50~200℃。
（7）超声波水浴箱。

二、实践操作

（一）试剂
（1）硝酸（优级纯）。
（2）过氧化氢（30%）。
（3）硫酸（优级纯）。

（4）硫酸+硝酸+水（1+1+8）：量取 10mL 硝酸和 10mL 硫酸，缓缓倒入 80mL 水中，冷却后小心混匀。

（5）硝酸溶液（1+9）：量取 50mL 硝酸，缓缓倒入 450mL 水中，混匀。

（6）硝酸溶液（5+95）：量取 5mL 硝酸，缓缓倒入 95mL 水中，混匀。

（7）氢氧化钾溶液（5g/L）：称取 5.0g 氢氧化钾，溶于水中，稀释至 1000mL，混匀。

（8）硼氢化钾溶液（5g/L）：称取 5.0g 硼氢化钾，溶于 5.0g/L 的氢氧化钾溶液中，并稀释至 1000mL，混匀，现用现配。

（9）重铬酸钾的硝酸溶液（5g/L）：称取 0.05g 重铬酸钾溶于 100mL 硝酸溶液（5+95）中。

（10）硝酸高氯酸混合溶液（5+1）：量取 500mL 硝酸，100mL 高氯酸，混匀。

（11）汞标准贮备溶液（1.00mg/mL）：精密称取 0.1 354g 干燥过的二氯化汞，用重铬酸钾的硝酸溶液溶解后移入 100mL 容量瓶中，并稀释至刻度，混匀，此溶液浓度为 1.00mg/mL。于 4℃冰箱中避光保存，可保存 2 年。

（12）汞标准中间液（10μg/mL）：用移液管吸取 1.00mL 汞标准贮备液（1.00mg/mL）于 100mL 容量瓶中，用重铬酸钾的硝酸溶液稀释至刻度，混匀。此溶液浓度为 10μg/mL。于 4℃冰箱中避光保存，可保存 2 年。

（13）汞标准溶液（50ng/mL）：用移液管吸取 0.50mL 汞标准中间液（10μg/mL）于 100mL 容量瓶中，用重铬酸钾的硝酸溶液稀释至刻度，混匀。此溶液浓度为 50ng/mL。

（二）操作步骤

1. 试样消解

（1）压力罐消解法　称取经粉碎混匀试样 0.2~1.0g（精确到 0.001g），置于消解内罐中，加 5mL 硝酸浸泡过夜。盖上内盖，旋紧不锈钢外套，放入恒温干燥箱，140~160℃保持 4~5h，在箱内自然冷却至室温，然后缓慢旋松不锈钢外套，将消解内罐取出，用少量水冲洗内盖，放在控温电热板上或超声波水浴箱中，于 80℃或超声波脱气 2~5min，赶去棕色气体。取出消解内罐，将消化液转移至 25mL 容量瓶中，用少量水分 3 次洗涤内罐，洗涤液合并于容量瓶中并定容至刻度，混匀备用。同时做空白实验。

（2）微波消解法　称取固体试样 0.2~0.5g（精确到 0.001g）于消解罐中，加入 5~8mL 硝酸，加盖放置过夜，旋紧罐盖，按照微波消解仪的标准操作步骤进行消解（表 2-12）。冷却后取出，缓慢打开罐盖排气，用少量水冲洗内盖，将消解罐放在控温电热板上或超声波水浴箱中，于 80℃加热或超声波脱气 2~5min，赶去棕色气体，取出消解内罐，将消化液转移至 25mL 塑料容量瓶中，用少量水分 3 次洗涤内罐，洗涤液合并于容量瓶中并定容至刻度，混匀备用。同时做空白实验。

表 2-12 粮食微波消解参考条件

步骤	功率（1600W 变化）/%	温度/℃	升温时间/min	保温时间/min
1	50	80	30	5
2	80	120	30	7
3	100	160	30	5

（3）回流消解法　称取 1.0~4.0g（精确到 0.001g）试样，置于消化装置锥形瓶中，加玻璃珠数粒，加 45mL 硝酸、10mL 硫酸，转动锥形瓶防止局部炭化。装上冷凝管后，小火加热，待开始发泡即停止加热，发泡停止后，加热回流 2h。如加热过程中溶液变棕色，再加 5mL 硝酸，继续回流 2h，消解到样品完全溶解，一般呈淡黄色或无色，放冷后从冷凝管上端小心加 20mL 水，继续加热回流 10min 放冷，用适量水冲洗冷凝管，冲洗液并入消化液中，将消化液经玻璃棉过滤于 100mL 容量瓶内，用少量水洗涤锥形瓶、滤器，洗涤液并入容量瓶内，加水至刻度，混匀。同时做空白实验。

2. 标准曲线制作

分别吸取汞标准溶液（50ng/mL）0.00，0.20，0.50，1.00，1.50，2.00，2.50mL 于 50mL 容量瓶中，用硝酸溶液（1+9）稀释至刻度，混匀。各自相当于汞浓度为 0.00，0.20，0.50，1.00，1.50，2.00，2.50ng/mL。

3. 试样溶液的测定

设定好仪器最佳条件，连续用硝酸溶液（1+9）进样，待读数稳定之后，转入系列标准测量，绘制标准曲线。转入试样测量，先用硝酸溶液（1+9）进样，使读数基本回零，再分别测定空白试样和试样消化液，每测不同的试样前都应清洗进样器。

仪器参考条件：

①光电倍增管负高压：240V。

②汞空心阴极灯电流：30mA。

③原子化器温度：300℃。

④载气流速：500mL/min。

⑤屏蔽气流速：1000mL/min。

三、结果计算与数据处理

试样中汞的含量见式（2-24）：

$$X = \frac{(c - c_0) \times V \times 1000}{m \times 1000 \times 1000} \tag{2-24}$$

式中　X——试样中汞的含量，mg/kg

c——待测样液中汞的含量，ng/mL

c_0——空白液中汞的含量，ng/mL

V——试样消解液定容总体积，mL

m——试样质量，g

在重复性条件下获得的两次独立测定结果的绝对差值不得超过算术平均值的20%，计算结果保留两位有效数字。

问题探究

原子荧光光谱分析法（AFS）是利用原子荧光谱线的波长和强度进行物质的定性及定量分析方法，是介于原子发射光谱（AES）和原子吸收光谱（AAS）之间的光谱分析技术。它的基本原理是原子蒸气吸收特征波长的光辐射之后，原子被激发至高能级，在跃迁至低能级的过程中，原子所发射的光辐射称为原子荧光，在一定实验条件下，荧光强度与被测元素的浓度成正比，据此可以进行定量分析。

原子荧光光谱分析法的优点：①有较低的检出限，灵敏度高。特别对 Cd、Zn 等元素有相当低的检出限，现已有 20 多种元素低于原子吸收光谱法的检出限。由于原子荧光的辐射强度与激发光源成比例，采用新的高强度光源可进一步降低其检出限。②干扰较少，谱线比较简单。③分析校准曲线线性范围宽，可达 3~5 个数量级。④能实现多元素同时测定。由于原子荧光是向空间各个方向发射的，比较容易制作多道仪器，因而能实现多元素同时测定。

【知识拓展】

作为第三大产汞国，我国的汞污染情况较为严重。评估报告显示，我国属于全世界汞污染最严重的国家之一。据报道，山东省、贵州省等地区食品重金属汞污染情况均十分严重。例如，山东省多湖鱼类均受重金属汞污染，受水质及食物链的影响，湖鸭体内汞含量显著增高，田螺汞含量也严重超标。

常见的汞的化合物有氯化高汞（升汞）、氧化汞、硝酸汞、碘化汞等，均属于剧毒物质。汞的化合物在工农业和医药方面应用广泛，很容易在环境中造成污染。工厂排放含汞的废水导致水体被污染，江河、湖泊、沼泽等的水生植物、水产品易积蓄大量的汞，环境中的微生物能使无机汞转化为有机汞，如甲基汞、二甲基汞等，毒性更大。汞的化合物残留在生物体内，从而导致食品污染，通过食物链的传递，汞在人体内积蓄，可引起汞中毒，对肾脏、神经系统、生殖系统的危害最大。

➤ 思考与练习

1. 研究性习题

掌握冷原子吸收光谱法测定原理。

2. 思考题

什么是有机汞、无机汞、总汞? 这三个指标各有什么意义?

3. 操作练习

在实训室内采用原子荧光光谱分析法测定小麦粉中汞的含量。

任务二十一　谷物中甲胺磷和乙酰甲胺磷农药残留量的测定

能力目标

(1) 熟练掌握气相色谱仪的使用方法。

(2) 掌握气相色谱法测定谷物中甲胺磷和乙酰甲胺磷农药残留量的操作步骤及操作方法等技能。

课程导入

农业产业化的发展使农产品的生产越来越依赖于农药、抗生素和激素等外源物质。我国农药的用量居高不下, 而这些物质的不合理使用必将导致农产品中的农药残留超标, 影响消费者食用安全, 严重时会造成消费者致病、发育不正常, 甚至直接导致中毒死亡。农药残留超标也会影响农产品的贸易, 世界各国对农药残留问题高度重视, 对各种农副产品中农药残留都规定了越来越严格的限量标准, 使中国农产品出口面临严峻的挑战。农药残留是农药使用后一个时期内没有被分解而残留于生物体、收获物、土壤、水体、大气中的微量农药原体、有毒代谢物、降解物和杂质的总称。GB 2763—2019《食品安全国家标准　食品中农药最大残留限量》规定: 糙米中甲胺磷的限量为 0.5mg/kg; 麦类、旱粮类、杂粮类中甲胺磷的限量为 0.05mg/kg; 糙米中乙酰甲胺磷的限量为 1mg/kg; 小麦、玉米中乙酰甲胺磷的限量为 0.2mg/kg。

根据 GB/T 5009.103—2003《植物性食品中甲胺磷和乙酰甲胺磷农药残留量的测定》, 采用气相色谱法测定食品中甲胺磷和乙酰甲胺磷农药的残留量。

测定原理: 含有机磷的试样在富氢焰上燃烧, 以氢磷氧碎片的形式, 放射出波长 526nm 的特征光, 这种特征光通过滤光片选择后, 由光电倍增管接收, 转换成电信号, 经微电流放大器放大后, 被记录下来, 试样的峰高与标准品的峰高相比, 计算出试样相当的含量。

实　训

一、　仪器用具

(1) 分析天平: 感量 0.001g。

（2）粉碎机。

（3）气相色谱仪（具有火焰光度检测器）。

（4）电动振荡器。

（5）K-D浓缩器或旋转蒸发器。

（6）离心机。

二、 实践操作

（一）试剂

（1）丙酮。

（2）二氯甲烷：重蒸。

（3）无水硫酸钠。

（4）活性炭：用3mol/L盐酸浸泡过夜，抽滤，用水洗至中性，在120℃下烘干备用。

（5）甲胺磷：纯度≥99%。

（6）乙酰甲胺磷：纯度≥99%。

（7）甲胺磷和乙酰甲胺磷标准溶液的配制：分别准确称取甲胺磷和乙酰甲胺磷的标准品，用丙酮分别制成0.1mg/mL的标准贮备液。使用时根据仪器灵敏度用丙酮稀释配制成单一品种的标准溶液和混合标准溶液。贮藏于冰箱中。

（二）操作步骤

1. 试样的制备

取谷物试样经粉碎机粉碎，过20目筛后，制成谷物试样。

2. 提取和净化

（1）谷物（除小麦外） 称取谷物试样10g，精确至0.001g，置于具塞锥形瓶中，加入40mL丙酮，振摇1h，抽滤，浓缩，定容至5mL，待气相色谱分析。

（2）小麦 称取小麦试样10g，精确至0.001g，置于具塞锥形瓶中，加入0.2g活性炭及40mL丙酮，振摇1h，抽滤，浓缩，定容至5mL，待气相色谱分析。

3. 色谱条件

（1）色谱柱 玻璃柱，内径3 mm，长0.5m，内装2 % DEGS/Chromosorb W AW DMCS 80~100目。

（2）气流 载气：氮气70mL/min，空气0.7kg/cm^2，氢气1.2kg/cm^2。

（3）温度 进样口200℃，柱温180℃。

4. 测定

（1）定性 以甲胺磷和乙酰甲胺磷农药标样的保留时间定性。

（2）定量 用外标法定量，以甲胺磷和乙酰甲胺磷农药已知浓度的标准试样溶液为外标物，按峰高定量。

三、 结果计算与数据处理

试样中 i 组分有机磷含量的计算见式（2-25）：

$$X_i = \frac{h_i \cdot E_{si} \cdot V_1}{h_{si} \cdot V_2 \cdot m} \tag{2-25}$$

式中　　X_i——试样中 i 组分有机磷含量，mg/kg

h_i——试样的峰高，mm

E_{si}——注入标样中 i 组分有机磷的含量，ng

V_1——浓缩定容体积，mL

h_{si}——标样中组分的峰高，mm

V_2——注入色谱试样的体积，μL

m——试样质量，g

在重复性条件下获得的两次独立测定结果的绝对差值不得超过算术平均值的10%。

问题探究

气相色谱法（gas chromatography，GC）是色谱法的一种。色谱法中有两个相，一个相是流动相，另一个相是固定相。如果用液体作流动相，就叫液相色谱，如果用气体作流动相，就叫气相色谱。

气相色谱法由于所用的固定相不同，可以分为两种，用固体吸附剂作固定相的叫气固色谱，用涂有固定液的担体作固定相的叫气液色谱。按色谱分离原理来分，气相色谱法亦可分为吸附色谱和分配色谱两类，气固色谱中固定相为吸附剂，属于吸附色谱，气液色谱属于分配色谱。

气相色谱工作原理：利用试样中各组分在气相和固定相间的分配系数不同，当汽化后的试样被载气带入色谱柱中运行时，组分就在其中的两相间进行反复多次分配，由于固定相对各组分的吸附或溶解能力不同，因此各组分在色谱柱中的运行速度就不同，经过一定的柱长后，便彼此分离，按顺序离开色谱柱进入检测器，得到各组分的检测信号。产生的讯号经放大后，在记录器上描绘出各组分的色谱峰。根据保留时间定性，根据峰高或峰面积定量。

气相色谱仪是实现气相色谱过程的仪器，主要由载气系统、进样系统、分离系统、检测系统、检测器以及数据处理系统构成。

（1）载气系统　载气系统包括气源、气体净化器、气路控制系统，其作用是将载气及辅助气进行净化、稳压及稳流，以满足气相色谱分析的要求。

（2）进样系统　进样系统包括进样器和汽化室，它的功能是引入试样，并使试样瞬间汽化。

（3）分离系统　分离系统主要由色谱柱组成，是气相色谱仪的心脏，它的功能是使试样在柱内运行的同时得到分离。

（4）检测器　检测器的功能是对柱后已被分离的组分的信息转变为便于记录的电信号，然后对各组分的组成和含量进行鉴定和测量，是色谱仪的眼睛。在实际中常用的检测器有热导检测器、火焰离子化检测器、电子捕获检测器、火焰光度检测器等。

（5）数据处理系统　目前多采用配备操作软件包的工作站，用计算机控制，既可以对色谱数据进行自动处理，又可对色谱系统的参数进行自动控制。

【知识拓展】

甲胺磷是一种高效杀虫剂，杀虫范围广。在中国的商品名为多灭灵。由于毒性强，在日本等部分国家已禁用，中国从 2008 年起停止生产及使用。乙酰甲胺磷又名高灭磷，属低毒杀虫剂。乙酰甲胺磷为口服杀虫剂，具有胃毒和触杀作用，并可杀卵，有一定的熏蒸作用，是缓效型杀虫剂，适用于蔬菜、茶树、烟草、果树、棉花、水稻、小麦、油菜等作物，防治多种咀嚼式、刺吸式口器害虫和害螨及卫生害虫，保管及使用不当可引起人畜中毒。

甲胺磷和乙酰甲胺磷属于有机磷类农药，进入体内后迅速与体内的胆碱酯酶结合，生成磷酰化胆碱酯酶，使胆碱酯酶丧失了水解乙酰胆碱的功能，导致胆碱能神经递质大量积聚，作用于胆碱受体，产生严重的神经功能紊乱，特别是呼吸功能障碍，从而影响生命活动。由于副交感神经兴奋使患者呼吸道大量腺体分泌，造成严重的肺水肿，加重了缺氧，患者可因呼吸衰竭和缺氧死亡。

➤ 思考与练习

1. 研究性习题
掌握色谱法的分类及气相色谱法测定原理。
2. 思考题
农药分哪几类？各有哪些？
3. 操作练习
在实训室内采用气相色谱法测定小麦中乙酰甲胺磷的含量。

◁ 任务二十二　谷物中六六六、滴滴涕、七氯、艾氏剂残留量检验

▬▬▬▬ 能力目标

（1）掌握毛细管柱气相色谱–电子捕获检测器法测定谷物中六六六、滴滴涕、

七氯、艾氏剂残留量的原理、操作步骤及操作方法等技能。

(2) 熟练掌握气相色谱仪的使用方法。

课程导入

有机氯农药是中国最早大规模使用的农药，被广泛用于杀灭农业、林业、牧业和卫生害虫，20世纪80年代初其应用规模达到了高峰。但由于有机氯农药结构稳定、难氧化、难分解，在环境中可长期存留，所以从20世纪70年代开始，世界各国就陆续禁用和停止生产许多有机氯农药品种，我国也于1983年开始禁生产六六六、滴滴涕等有机氯农药。虽然在中国有机氯农药被禁用了30多年，但食品中仍然能检测出有机氯农药残留，且平均值远远高于发达国家，因此食品安全国家标准中规定了滴滴涕（DDT）、六六六、林丹、氯丹、灭蚁灵、毒杀芬、艾氏剂、狄氏剂、异狄氏剂、七氯的再残留限量。再残留限量（maximum residue limit, MRL）即在食品或农产品内部或表面法定允许的农药最大浓度，以每千克食品或农产品中农药残留的质量表示（mg/kg）。

GB 2763—2019《食品安全国家标准　食品中农药最大残留限量》规定：稻谷、麦类、旱粮类、杂粮类、成品粮中艾氏剂的再残留限量为0.02mg/kg，六六六的再残留限量为0.05mg/kg，七氯的再残留限量为0.02mg/kg；稻谷、麦类、旱粮类中滴滴涕的再残留限量为0.1mg/kg，杂粮类、成品粮中滴滴涕的再残留限量为0.05 mg/kg。

根据GB 5009.19—2008《食品中有机氯农药多组分残留量的测定》，采用毛细管柱气相色谱-电子捕获检测器法同时测定六六六、滴滴涕、七氯、艾氏剂的残留量。

测定原理：试样中有机氯农药组分经有机溶剂提取、凝胶色谱层析净化，用毛细管柱气相色谱分离，电子捕获检测器检测，以保留时间定性，外标法定量。

实　训

一、仪器用具

(1) 气相色谱仪（配有电子捕获检测器）。

(2) 凝胶净化柱：长30cm，内径2.3~2.5cm，具活塞玻璃层析柱，柱底垫少许玻璃棉。用洗脱剂乙酸乙酯-环己烷（1+1）浸泡的凝胶，以湿法装入柱中，柱床高约26cm，凝胶始终保持在洗脱剂中。

(3) 全自动凝胶色谱系统：带有固定波长（254nm）紫外检测器，供选择使用。

(4) 旋转蒸发仪。

(5) 组织匀浆器。

（6）振荡器。

（7）氮气浓缩器。

二、 实践操作

（一）试剂

（1）丙酮：分析纯，重蒸。

（2）石油醚：沸程 30～60℃，分析纯，重蒸。

（3）乙酸乙酯：分析纯，重蒸。

（4）环己烷：分析纯，重蒸。

（5）正己烷：分析纯，重蒸。

（6）氯化钠：分析纯。

（7）无水硫酸钠：分析纯，将无水硫酸钠置干燥箱中，于120℃干燥4h，冷却后，密闭保存。

（8）聚苯乙烯凝胶：200～400目，或同类产品。

（9）农药标准品：六六六、滴滴涕、七氯、艾氏剂，纯度不低于98%。

（10）标准溶液的配制：分别准确称取或量取上述农药标准品适量，用少量苯溶解，再用正己烷稀释成一定浓度的标准贮备溶液，量取适量标准贮备溶液，用正己烷稀释为系列混合标准溶液。

（二）操作步骤

1. 试样制备

用分样器缩分出 500g 样品，用磨粉机磨成粉末（通过直径为 1.0mm 的筛孔），混匀装入清洁的容器内密封，作为实验室试样。

2. 提取与分配

称取试样 20g，加水 5mL（视其水分含量加水，使总水量约 20mL），加丙酮 40mL，振荡 30min，加氯化钠 6g，摇匀。加石油醚 30mL，再振荡 30min。静置分层后，将有机相全部转移至 100mL 具塞三角瓶中经无水硫酸钠干燥，并量取 35mL 于旋转蒸发瓶中浓缩至约 1mL，加入 2mL 乙酸乙酯-环己烷（1+1）溶液再浓缩，如此重复 3 次，浓缩至约 1mL，供凝胶色谱层析净化使用。

3. 净化（手动净化法）

将试样浓缩液经凝胶柱以乙酸乙酯-环己烷（1+1）溶液洗脱，弃去 0～35mL 流分，收集 35～70mL 流分。将其旋转蒸发浓缩至约 1mL，再经凝胶柱净化收集 35～70mL 流分，蒸发浓缩，用氮气吹除溶剂，用正己烷定容至 1mL，留待 GC 分析。

4. 测定

（1）气相色谱参考条件

①色谱柱：DM-5 石英弹性毛细管柱，长 30m、内径 0.32mm、膜厚 0.25μm 或等效柱。

②柱温：程序升温

$$90℃（1min）\xrightarrow{4℃/min}170℃\xrightarrow{2.3℃/min}230℃（17min）\xrightarrow{40℃/min}280℃（5min）。$$

③进样口温度：280℃，不分流进样，进样量。

④检测器：电子捕获检测器（ECD），温度 300℃。

⑤载气流速：氮气，流速 1mL/min，尾吹，25mL/min。

⑥柱前压：0.5MPa。

（2）色谱分析　分别吸取 1μL 混合标准溶液及试样净化液注入气相色谱仪中，记录色谱图，以保留时间定性，以试样和标准的峰高或峰面积比较定量。

三、结果计算

试样中各农药的含量如式（2-26）所示进行计算：

$$X = \frac{m_1 \times V_1 \times f \times 1000}{m_2 \times V_2 \times 1000} \tag{2-26}$$

式中　X——试样中各农药的含量，mg/kg

$\quad m_1$——被测样液中各农药的含量，ng

$\quad V_1$——样液进样体积，μL

$\quad f$——稀释因子

$\quad m_2$——试样质量，g

$\quad V_2$——样液最后定容体积，mL

在重复性条件下获得的两次独立测定结果的绝对差值不得超过算术平均值的 20%。计算结果保留两位有效数字。

问题探究

1. 气相色谱柱的分类

（1）按柱粗细可分为填充柱和毛细管柱　填充柱由不锈钢或玻璃材料制成，一般内径为 2~4mm，长 1~3m。填充柱的形状有 U 形和螺旋形两种。内装固定相：填充液体固定相为气-液色谱，填充固体固定相即为气-固色谱。毛细管柱又叫空心柱，是将固定相均匀地涂在内径 0.1~0.5mm 的毛细管内壁而成，毛细管材料可以是不锈钢、玻璃或石英。毛细管色谱柱渗透性好，传质阻力小，而柱长可达几十米。熔融二氧化硅毛细管色谱柱的出现使得毛细管色谱柱逐步取代填充柱，应用越来越广泛。毛细管柱的优点是：柱渗透性好、能通过高速载气进行快速分析；柱效高；样品用量少；易实现气相色谱-质谱联用。但其柱容量小、最大允许进样量小。填充柱的优点是柱容量大，制备方法简单，使用方便，定量分析的准确度较高。缺点是柱效低，分离效能比毛细管柱差，分析速度慢。

（2）按分离机制可分为分配柱和吸附柱　分配柱和吸附柱的区别主要在于固定相。分配柱一般是将固定液（高沸点液体）涂渍在载体上，构成液体固定相，利用组分的分配系数差别而实现分离。将固定液的官能团通过化学键结合在载体表面，称为化学键合相（chemically bonded phase），不流失是其优点。吸附柱是将吸附剂装入色谱柱而构成，利用组分的吸附系数的差别而实现分离。除吸附剂外，固体固定相还包括分子筛与高分子多孔小球等。

2. 电子捕获检测器

电子捕获检测器（ECD）是一种离子化检测器。它是一个有选择性的高灵敏度的检测器，它只对具有电负性的物质，如含卤素、硫、磷、氮的物质有信号，物质的电负性越强，也就是电子吸收系数越大，检测器的灵敏度越高，而对电中性（无电负性）的物质，如烷烃等则无信号。

【知识拓展】

有机氯农药是一类由人工合成的、组成成分中含有有机氯元素的化学杀虫剂化合物，用于植物病、虫害的防治，具有杀虫广谱、毒性较低、残效期长的特点。主要分为以苯为原料和以环戊二烯为原料两大类。以苯为原料的有杀虫剂滴滴涕（DDT）和六六六，以及杀螨剂三氯杀螨砜、三氯杀螨醇等，杀菌剂五氯硝基苯、百菌清、道丰宁等；以环戊二烯为原料的包括氯丹、七氯、艾氏剂、狄氏剂和异狄氏剂等。

有机氯农药的物理、化学性质稳定，在环境中不易降解而长期存在。尽管我国从 1983 年以来禁止或限制生产这些农药，环境中存留的有机氯农药的浓度一般很低，但由于农作物和水生物从环境中不断吸收这些农药并逐渐在其体内积累达到较高的水平，这些生物被更高一级的生物捕食后，使后者体内的农药水平更高。当这些残留有农药的动植物被加工成食物或饲料以后，就可能给食用者的健康带来危害。由于有机氯农药也可以在人体内积累，对人体有长期慢性中毒效应。母体中的有机氯农药可从乳汁排出，也可经胎盘进入胎儿体内，引起下一代慢性中毒。已有报道滴滴涕（DDT）和六六六与大鼠、小鼠肝脏肿瘤的发生有关。也有报道有机氯农药与乳腺癌、胆囊癌、前列腺癌、脑癌、肝癌和血液肿瘤的发病有关。所以许多有机氯农药虽然已经被禁用多年，但仍然对人体健康有很大威胁。

➢ 思考与练习

1. 研究性习题

掌握电子捕获检测器工作原理。

2. 思考题

什么是再残留限量？

3. 操作练习

在实训室内采用毛细管柱气相色谱-电子捕获检测器法测定稻谷中六六六的残留量。

◇ 任务二十三 谷物中百草枯残留量的测定

能力目标

（1）掌握液相色谱-质谱/质谱法测定谷物中百草枯残留量的原理、操作步骤及操作方法等。

（2）掌握液相色谱仪、质谱仪的使用方法及数据处理方法。

课程导入

百草枯是一种快速灭生性除草剂，具有触杀作用和一定内吸作用，能迅速被植物绿色组织吸收，使其枯死。百草枯对人毒性极大，GB 2763—2019《食品安全国家标准　食品中农药最大残留限量》规定：玉米中百草枯的残留限量为 0.1mg/kg，高粱中百草枯的残留限量为 0.03mg/kg，杂粮粉、小麦粉中百草枯的残留限量为 0.5 mg/kg，小麦、全麦粉中敌草快残留限量为 2mg/kg，小麦粉中敌草快残留限量为 0.5mg/kg。

根据 SN/T 0293—2014《出口植物源性食品中百草枯和敌草快残留量的测定　液相色谱-质谱/质谱法》，采用液相色谱-质谱/质谱法测定谷物中百草枯和敌草快的残留量。

测定原理：试样中的百草枯和敌草快残留用甲醇-盐酸溶液匀浆提取，经弱酸性阳离子交换固相萃取柱净化后，用液相色谱-质谱/质谱仪测定，外标法定量。

实训

一、仪器用具

（1）液相色谱-质谱/质谱仪：配有电喷雾 ESI 源。

（2）固相萃取装置。

（3）分析天平：感量分别为 0.0001g 和 0.01g。

（4）均质器。

（5）氮吹仪。

（6）离心机：4000r/min。

（7）高速离心机：转速不低于10000r/min。

（8）pH计。

（9）旋涡混合器。

（10）具塞离心管：50mL。

（11）容量瓶：50mL。

（12）移液管：10mL。

（13）刻度离心管：15mL。

二、 实践操作

（一）试剂

除另有规定外，所用试剂均为分析纯，水为 GB/T 6682—2008 规定的一级水。

（1）乙腈：色谱纯。

（2）甲醇：色谱纯。

（3）甲酸：色谱纯。

（4）盐酸。

（5）氢氧化钠。

（6）盐酸溶液（0.1mol/L）：移取9mL盐酸，用水定容至1L。

（7）氢氧化钠溶液（1mol/L）：称取4g氢氧化钠，用水溶解，并定容至100mL。

（8）甲酸溶液（0.1%）：移取1.0mL甲酸，用水稀释，并定容至1L。

（9）乙腈-0.1%甲酸溶液（1+1）：量取50mL乙腈，加入50mL 0.1%甲酸溶液，混匀。

（10）乙腈-水-甲酸溶液（88+10+2）：量取88mL乙腈、10mL水和2mL甲酸，混匀。

（11）甲醇-0.1mol/L盐酸溶液（1+9）：量取0.1mol/L盐酸溶液900mL加入100mL甲醇，混匀。

（12）百草枯二氯盐标准物质：CAS号1910-42-5，纯度大于或等于99.0%。

（13）百草枯二氯盐标准贮备溶液：准确称取适量的标准物质，用0.1mol/L盐酸溶液配制成浓度为1000μg/mL的标准贮备溶液，0~4℃冰箱中保存，有效期为6个月。

（14）标准溶液：准确移取一定体积的标准贮备溶液，根据需要用乙腈-0.1%甲酸溶液稀释成适用浓度的标准溶液，在0~4℃冰箱中保存，有效期为1个月。

（15）Oasis WCX固相萃取（SPE）柱：60mg，3mL或性能相当者。使用前依次用1mL甲醇、1mL水活化。

（16）微孔滤膜：0.22μm，有机系。

（二）操作步骤

1. 试样制备

取代表性样品约500g，取可食部分，经磨碎机充分磨碎，混匀，装入洁净容器，密封并标明标记。

2. 提取

称取5g（精确到0.01g）均匀试样，置于50mL具塞离心管中，加入25mL甲醇-0.1mol/L盐酸溶液，均质提取1min，4000r/min离心5min，取上层提取液至50mL容量瓶中，残留物再用20mL甲醇-0.1mol/L盐酸溶液重复提取一次，合并提取液于同一容量瓶中，用水定容至刻度。准确移取10mL提取液，用1mol/L氢氧化钠溶液调节pH至7.0±0.1，并在10000r/min离心5min，待净化。

3. 净化

将上述待净化液全部转移至经过预活化的Oasis WCX固相萃取柱中，控制流速在1~2mL/min，弃去流出液。依次用1mL水、1mL甲醇淋洗净化柱，最后用2mL乙腈-水-甲酸溶液洗脱，控制流速在1~2mL/min，收集洗脱液于15mL刻度离心管中，洗脱液经45℃氮吹仪吹干后，用1.0mL乙腈-0.1%甲酸溶液振荡溶解残渣，过0.22μm滤膜后，供液相色谱-质谱/质谱仪测定。

4. 测定

（1）液相色谱-质谱/质谱条件

①色谱柱：Hilic柱，100mm×2.1mm（内径），粒度1.7μm或相当者。

②流动相：A为乙腈；B为0.1%甲酸溶液，梯度洗脱程序见表2-13。

表2-13　　　　　　　　测定百草枯残留量的梯度洗脱程序表

时间/min	流动相A/%	流动相B/%
0.25	80	20
1.00	80	20
1.50	20	80
2.00	20	80
2.50	80	20
3.50	80	20

③流速：0.25mL/min。

④柱温：30℃。

⑤进样量：5μL。

⑥质谱条件：见表2-14。

表 2-14	测定百草枯残留量的质谱条件
电离方式	ESI+条件
毛细管电压	3.0kV
源温度	110℃
去溶剂温度	350℃
锥孔气流	氮气，50L/h
去溶剂气流	氮气，550L/h
碰撞气压	氩气，0.21mL/min
监测模式	多反应检测

（2）液相色谱-质谱/质谱检测　根据样液中被测农药含量，选定浓度相近的标准溶液，标准溶液和待测样液中百草枯的响应值均应在仪器检测的线性范围内。根据样液中被测农药含量情况，选定浓度相近的标准溶液，对标准溶液与样液等体积参插进样测定，标准溶液和待测样液中百草枯的响应值均应在仪器检测的线性范围内。

5. 液相色谱-质谱/质谱确证

如果样液与标准溶液的质量色谱图中，在相同保留时间有色谱峰出现，允许偏差小于±2.5%，所选择离子的丰度比与标准品对应离子的丰度比，其值在允许范围内（允许范围见表 2-15），则可判断样品中存在相应的被测农药。

表 2-15	使用定性液相色谱-质谱时相对离子丰度最大允许偏差			
相对离子丰度/%	>50	>20~50	>10~20	≤10
允许的相对偏差/%	±20	±25	±30	±50

6. 空白实验

空白实验除不加试样外，均按上述操作步骤进行。

三、 结果计算与数据处理

用色谱数据处理软件中的外标法或如式（2-27）所示计算试样中农药的残留量：

$$X = \frac{c \times A \times V}{A_s \times m} \tag{2-27}$$

式中　X——试样中农药残留量，mg/kg

　　　c——标准溶液中农药的浓度，μg/mL

A——样液中被测农药的峰面积

V——样品溶液定容体积，mL

A_s——农药标准溶液中被测农药的峰面积

m——最终样液代表的试样的质量，g

问题探究

液相色谱是一类分离与分析技术，其特点是以液体作为流动相，固定相可以有多种形式，如纸、薄板和填充床等。在色谱技术发展的过程中，为了区分各种方法，根据固定相的形式产生了各自的命名，如纸色谱、薄层色谱和柱液相色谱。使用高效液相色谱时，液体待检测物被注入色谱柱，通过压力在固定相中移动，由于被测物种不同物质与固定相的相互作用不同，不同的物质顺序离开色谱柱，通过检测器得到不同的峰信号，最后通过分析比对这些信号来判断待测物所含有的物质。高效液相色谱作为一种重要的分析方法，广泛地应用于化学和生化分析中。高效液相色谱从原理上与经典的液相色谱没有本质的差别，它的特点是采用了高压输液泵、高灵敏度检测器和高效微粒固定相，适于分析高沸点不易挥发、相对分子质量大、不同极性的有机化合物。

高效液相色谱系统主要由流动相贮液瓶、输液泵、进样器、色谱柱、检测器和记录仪组成，其整体组成类似于气相色谱，但是针对其流动相为液体的特点做出很多调整。高效液相色谱的输液泵要求输液量恒定平稳，进样系统要求进样便利、切换严密。同时，由于液体流动相黏度远远高于气体，为了减低柱压，高效液相色谱的色谱柱一般比较粗，长度也远小于气相色谱柱。

质谱法是通过将样品转化为运动的气态离子并按质荷比大小进行分离并记录其信息的分析方法。所得结果以图谱表达，即质谱图，根据质谱图提供的信息可以进行多种有机物及无机物的定性和定量分析、复杂化合物的结构分析、样品中各种同位素比的测定及固体表面的结构和组成分析等。

质谱仪是以离子源、质量分析器和离子检测器为核心。离子源是使试样分子在高真空条件下离子化的装置。电离后的分子因接受了过多的能量会进一步碎裂成较小质量的多种碎片离子和中性粒子。它们在加速电场作用下获取具有相同能量的平均动能而进入质量分析器。质量分析器是将同时进入其中的不同质量的离子，按质荷比大小分离的装置。分离后的离子依次进入离子检测器，采集放大离子信号，经计算机处理，绘制成质谱图。

质谱法还可以进行有效的定性分析，但对复杂有机化合物分析就无能为力了，而且在进行有机物定量分析时要经过一系列分离纯化操作，十分麻烦。而色谱法对有机化合物是一种有效的分离和分析方法，特别适合进行有机化合物的定量分析，但定性分析则比较困难，因此两者的有效结合将提供一个进行复杂化合物高效的定性定量分析的工具。

【知识拓展】

百草枯，化学名称是 1-1-二甲基-4-4-联吡啶阳离子盐，对人毒性极大，且无特效解毒药，口服中毒死亡率可达 90% 以上。目前已被多个国家禁止或者严格限制使用。我国自 2014 年 7 月 1 日起，撤销百草枯水剂登记和生产许可、停止生产，但保留母药生产企业水剂出口境外登记、允许专供出口生产，2016 年 7 月 1 日停止水剂在国内销售和使用。

➤ 思考与练习

1. 研究性习题
掌握质谱仪工作原理。
2. 操作练习
在实训室内采用液相色谱-质谱/质谱法测定玉米中百草枯残留量。

任务二十四 玉米中黄曲霉毒素 B_1 含量的测定

能力目标

（1）了解黄曲霉毒素 B_1 的毒性及分布。
（2）掌握胶体金快速定量法测定粮食中黄曲霉毒素 B_1 的原理及操作方法。

课程导入

黄曲霉毒素是一种存在于花生、玉米、大豆、稻米、小麦等粮食和油类产品中毒性极高、对人类的健康和生命会造成严重威胁的物质，被列为三大致癌物质之一。一旦污染粮食和饲料，会严重危害人和动物健康，造成经济损失。

黄曲霉毒素是一类化学结构类似的化合物，均为二氢呋喃香豆素的衍生物，迄今为止已经发现的有 B_1、B_2、B_{2a}、G_1、G_2、M_1、M_2、Q_1、Q_{2a} 等 20 多种，在天然食物中以黄曲霉毒素 B_1 最为多见，危害性也最强，因此中华人民共和国国家质量监督检验检疫总局规定黄曲霉毒素 B_1 是大部分食品的必检项目之一。GB 2761—2017《食品安全国家标准　食品中真菌毒素限量》规定：玉米、玉米面（渣、片）及玉米制品中黄曲霉毒素 B_1 的限量为 20μg/kg，稻谷、糙米、大米中黄曲霉毒素 B_1 的限量为 10μg/kg，小麦、大麦、小麦粉、麦片、其他谷物中黄曲霉毒素 B_1 的限量为 5μg/kg。

根据 LS/T 6111—2015《粮油检验　粮食中黄曲霉毒素 B_1 测定　胶体金快速定量法》，采用胶体金快速定量法测定粮食中黄曲霉毒素 B_1 含量。

测定原理：试样提取液中黄曲霉毒素 B_1 与检测条中胶体金微粒发生呈色反应，颜色深浅与试样液中黄曲霉毒素 B_1 含量相关。用读数仪测定检测条上检测线和质控线颜色深浅，根据颜色深浅和读数仪内置曲线自动计算出试样中黄曲霉毒素 B_1 含量。

实　训

一、仪器用具

（1）天平：分度值 0.01g。

（2）粉碎机：可使试样粉碎后全部通过 20 目筛。

（3）离心机：转速不低于 4000r/min。

（4）旋涡振荡器。

（5）孵育器：可进行 45℃±1℃ 恒温孵育，具有时间调整功能。

（6）读数仪：可测定并显示胶体金定量检测条的测定结果。

（7）ROSA 黄曲霉毒素 B_1 胶体金快速定量检测条：需冷藏贮存，具体贮存条件参照使用说明。

（8）针头式过滤器：滤膜材质规格为 RC15，孔径 0.45μm。

（9）滤纸：Whhatman 滤纸或等效滤纸。

二、实践操作

（一）试剂

（1）稀释缓冲液：由胶体金检测条配套提供，或根据产品使用说明书配制。

（2）提取液：70%（体积分数）甲醇溶液。

（二）操作步骤

1. 样品处理

（1）取有代表性的样品 500g，用粉碎机粉碎至全部通过 20 目筛，混匀。

（2）准确称取 10.0g 试样于 100mL 具塞锥形瓶中，加入 20.0mL 提取液，密闭，用旋涡振荡器振荡 1~2min，静置后用滤纸过滤，或取 1.0~1.5mL 混合液于离心管中，用离心机（4000r/min）离心 1min，取滤液或离心后上清液 100μL 于另一离心管中，加入 1.0mL 稀释缓冲液，充分混匀待测。如样品为小麦，需将稀释后的混合提取液用针头式过滤器过滤，即为待测溶液。

2. 样品测定步骤

（1）将胶体金检测条从冷藏状态（2~8℃）取出放置至室温。将孵育器预热至 45℃。将检测条平放在孵育器凹槽中，打开加样孔。

（2）准确移取 $300\mu L$ 待测溶液加入检测条加样孔中，关闭加样孔及孵育器盖。

（3）孵育 5min 后，取出检测条，观察 C 线（质控线）和 T 线（检测线）显色情况。若出现下述情况，视为无效检测：

①C 线不出现。

②C 线出现，但弥散或严重不均匀。

③C 线出现，但 T_1 线或 T_2 线弥散或严重不均匀。

（4）选择读数仪的黄曲霉毒素 B_1 检测频道并设定基质为 00（MATRIX 00），开始样品测定，测定需在 2min 内完成，读数仪自动显示样品中黄曲霉毒素 B_1 的含量。

若读数仪显示"$+30^{ppb}$"，需移取 $300\mu L$ 待测溶液于离心管中，加入 1.0mL 稀释缓冲液混匀后，按照步骤（1）～步骤（4）进行测定，其中基质设定为 01（MATRIX 01）。

（5）不同厂家孵育器和读数仪的使用方法可能有所不同，应按照产品使用说明的规定进行操作。

三、 结果表述

试样中黄曲霉毒素 B_1 含量由读数仪自动计算并显示，单位为 $\mu g/kg$。

重复性：在同一实验室，由同一操作者使用相同仪器，按相同的测定方法，对同一被测试对象进行相互独立测试获得的两次独立测试结果的绝对差值大于其算术平均值 20% 的情况不超过 5%。

问题探究

胶体金是一种常用的标记技术，是以胶体金作为示踪标志物应用于抗原抗体的新型的免疫标记技术，有其独特的优点。近年已在各种生物学研究中广泛使用。胶体金快速检测试纸法检测黄曲霉毒素 B_1（aflatoxin B_1，AFB_1），应用胶体金法免疫层析技术，以条状纤维层析材料为固相，通过毛细作用使样品溶液到达指定位置反应、显色来检测样品中 AFB_1 的含量。检测时，样品中的 AFB_1 与胶体金标记的特异性抗体结合，抑制抗体与检测线（T 线）上的 AFB_1-BSA 偶联物之间的结合，导致 T 线颜色变化，通过 T 线颜色的有无来判断 AFB_1 是否超标。如果样品中 AFB_1 的含量等于或高于检测限，在规定的检测时间内，T 线不显色，结果为阳性；反之，T 线显色，则样品中 AFB_1 的含量低于检测限，结果为阴性。无论样品中 AFB_1 的含量高低，质控线（C 线）均显色，以示检测有效。

【知识拓展】

　　黄曲霉毒素（aflatoxins，AF）主要是由黄曲霉和寄生曲霉产生的次生代谢产物，均为二氢呋喃氧杂萘邻酮的衍生物，含有一个双呋喃环和一个氧杂萘邻酮。黄曲霉毒素 B_1 对人和若干动物具有强烈的毒性，其毒性作用主要是对肝脏的损害，体内黄曲霉素含量超过 1mg/kg，就可诱发癌症。它们存在于土壤和动植物中，特别是容易污染花生、玉米、稻米、大豆、小麦等粮油产品，是霉菌毒素中毒性最大、对人类健康危害极为突出的一类霉菌毒素。

　　黄曲霉毒素 B_1 的毒性要比呕吐毒素的毒性强 30 倍，比玉米赤霉烯酮的毒性强20 倍。黄曲霉毒素 B_1 的急性毒性是氰化钾的 10 倍，砒霜的 68 倍，慢性毒性可诱发癌变，致癌能力为二甲基亚硝胺的 75 倍，比二甲基偶氮苯高 900 倍，人的原发性肝癌也很可能与黄曲霉毒素有关。1993 年黄曲霉毒素被世界卫生组织的癌症研究机构划定为 1 类致癌物，它们在紫外线照射下能产生荧光，根据荧光颜色不同，将其分为 B 族和 G 族两大类及其衍生物。

➤ 思考与练习

　　1. 研究性习题
　　掌握胶体金标记技术的原理。
　　2. 思考题
　　黄曲霉毒素 B_1 测定方法还有哪些？
　　3. 操作练习
　　在实训室内采用胶体金快速定量法测定大米中黄曲霉毒素 B_1 的含量。

项目三

油料与油脂检验

任务一 主要油料作物及油脂介绍

能力目标

（1）掌握大豆、花生及油菜籽质量标准。

（2）掌握大豆油质量标准。

课程导入

一、大豆

（一）大豆种子的形态

大豆种子因品种不同有球形、扁圆形、椭圆形和长椭圆形等，一般大粒种多为球形，中粒种多为椭圆形，小粒种则多为长椭圆形。大豆种子的种皮表面光滑，有的则有蜡粉或泥膜，因此对种子具有一定的保护作用，种皮外侧面有明显的种脐，种脐的上端有一凹陷的小点，称为合点。种脐下端为发芽口，是水分进入种子的主要途径，发芽口下面有一个突起，称为胚根透视处。种脐区域为胚与外界之间空气交换的主要通道。大豆是无胚乳的种子，去皮即是胚，大豆种皮角质层下面的栅状组织中，含有各种不同的色素，使大豆种皮呈现黄、青褐、黑等颜色，目前国内外生产的大豆，以黄色最多。

（二）大豆种子的结构

与禾谷类籽粒大不相同，大豆是双子叶无胚乳的种子，子叶很发达，豆粒由种皮和胚两部分组成。

大豆种皮包括栅状表皮、下皮层及海绵组织。栅状表皮细胞壁较厚，排列紧密，外壁附角质层，故水分不易透过，细胞内含有各种不同的色素，使大豆呈现不同的颜色。下皮层仅为一列细胞，纵向排列。海绵组织由大小不同的几层扁形薄壁细胞组成，横向排列，种子未成熟以前，该层组织含有许多养分，种子成熟了，这些营养物质向胚或周围组织转移，细胞衰退或被挤扁。内胚乳残余层（蛋白质层）包括一层淀粉细胞和几层被压扁的细胞。糊粉层细胞含有小的糊粉粒，蛋白质含量很高，故又称蛋白质层。子叶细胞中充满糊粉粒和脂肪油滴，一般含淀粉较少，但也有某些品种的子叶中含有较多的淀粉。

（三）大豆的分类

大豆一般常根据其种皮的颜色和籽粒的大小进行分类。按大豆籽粒的颜色可分为黄大豆、黑大豆、青大豆、褐色大豆等。按大豆籽粒的大小可分为大粒、中粒和小粒三类，其大小可通过重量法或种粒大小指数来表示。重量法用百粒重来表示，百粒重在20g以上者为大粒，14～20g者为中粒，14g以下者为小粒。种粒大小指数是种子长（mm）、宽（mm）、厚（mm）之积，一般其值在300以上者为大粒，150～300为中粒，150以下者为小粒。

根据 GB 1352—2009《大豆》规定，大豆按其皮色分为以下五类。

（1）黄大豆　种皮为黄色、淡黄色，脐为黄褐、淡褐或深褐色的籽粒不低于95%的大豆。

（2）青大豆　种皮为绿色的籽粒不低于95%的大豆。按其子叶的颜色分为青皮青仁大豆和青皮黄仁大豆两种。

（3）黑大豆　种皮为黑色的籽粒不低于95%的大豆。按其子叶的颜色分为黑皮青仁大豆和黑皮黄仁大豆两种。

（4）其他大豆　种皮为褐色、棕色、赤色等单一颜色的大豆及双色大豆（种皮为两种颜色，其中一种为棕色或黑色，并且其覆盖粒面1/2以上）等。

（5）混合大豆　不符合上述规定的大豆。

（四）大豆的质量指标

根据 GB 1352—2009《大豆》，大豆按完整粒率分等级，等级指标及其他质量指标见表3-1。

表 3-1　　　　　　　　　　　　　大豆质量指标

等级	完整粒率/%	损伤粒率/%		杂质/%	水分/%	色泽、气味
		合计	其中的热损伤粒			
1	≥95.0	≤1.0	≤0.2	≤1.0	≤13.0	正常
2	≥90.0	≤2.0	≤0.2			

续表

等级	完整粒率/%	损伤粒率/%		杂质/%	水分/%	色泽、气味
		合计	其中的热损伤粒			
3	≥85.0	≤3.0	≤0.5			
4	≥80.0	≤5.0	≤1.0	≤1.0	≤13.0	正常
5	≥75.0	≤8.0	≤3.0			

二、花生

（一）花生的形态

花生属豆科作物，其种子通称花生仁。种子着生在荚果的腹缝线上，成熟的种子大体可分为椭圆形、圆锥形、桃形、三角形四种，含多枚种子的荚果，其种子因受挤压而形状改变。花生种子表面有一层光滑的种皮，其上面分布许多维管束，种皮很薄，包在种子的最外边，对种子的保护性能很差，在成熟及收获后的干燥过程中，不易形成硬实。种皮颜色大体可分为深红、红、红褐、淡红四种，以淡红色为最多，褐色次之。

（二）花生种子的结构

花生种子是由种皮、子叶、胚本部三部分构成。种皮最外边有一层表皮细胞，向内有较厚一层薄壁细胞，维管束就分布在这一层内，靠近薄壁细胞为一层内壁细胞，靠近子叶的一层为珠心层，花生的种皮结构与一般豆科植物不同，没有栅状细胞和柱状细胞，因此很易脆裂。花生种子也属于无胚乳的种子，两片子叶包在种皮里面，肥厚而具有光泽，呈淡黄白色或象牙色，子叶主要是由很多薄壁细胞构成，含脂肪、淀粉粒和其他内含物，外面是一层子叶表皮细胞层。胚本部着生在两片子叶之间的一端，分为胚根、胚芽、胚轴三部分。胚根突出于两片子叶之外，呈短喙状；胚芽白色，由主芽和两个侧芽组成；胚芽下端为粗壮的胚轴及胚根。

（三）花生的分类

根据花生品种的荚果形态、开花花型及其他性状，花生分为普通型、珍珠豆型、龙生型和多粒型。

（四）花生的质量指标

根据 GB/T 1532—2008《花生》，花生果按完整粒率分等级，等级指标及其他质量指标见表 3-2。

表 3-2   花生果质量指标

等级	完整粒率/%	杂质/%	水分/%	色泽、气味
1	≥71.0			
2	≥69.0			
3	≥67.0	≤1.5	≤10.0	正常
4	≥65.0			
5	≥63.0			
等外	<63.0			

三、 油菜籽

（一）油菜籽的形态

油菜为十字花科作物，主要产地是长江流域，油菜的种子称为油菜籽（又称菜籽），平均含油量为 35%～42%，是一种重要的油料。油菜籽一般呈球形或近似球形，也有的呈卵圆形或不规则的菱形，粒很小，芥菜型品种每千粒重 1～2g，白菜型品种每千粒重 2～3g，甘蓝型品种每千粒重 3～4g。种皮较为坚硬并具各种色泽，种皮色泽有淡黄、深黄、金黄、褐、紫黑、黑色等多种。种皮上有网纹，黑色种皮的网纹较明显，种皮上还可见种脐，与种脐相反的一面有一条沟纹。

（二）油菜籽的结构

油菜籽属双子无胚乳种子，成熟的种子由种皮、胚和胚乳遗迹三部分组成。种皮由珠被发育而成，油料籽脱去种皮即为胚。胚是种子的主要部分，包括两片肾形的子叶、胚根、胚茎、胚芽，均由薄壁组织细胞组成。种子的大部分为子叶所充满，子叶呈黄色，内部细胞富含颗粒状油滴。胚芽上有两个叶原基（出苗后长出第一片、第二片真叶）和一个茎生长点。胚根在种子萌发后长成主根。胚乳中的养分在发育过程中为胚所吸收利用，最后剩下一层遗迹包围于胚的周围。种子充实的状况与出苗好坏、幼苗的壮弱及菜籽的出油率有很大关系。

（三）油菜籽的分类

根据油菜籽硫苷（芥子苷）含量及菜籽油脂肪酸组成比例，将油菜籽分为普通型、单低型、双低型。

根据植物特征，油菜籽分为白菜型、芥菜型和甘蓝型。其中甘蓝型油菜籽中硫苷含量较低。

根据 GB/T 11762—2006《油菜籽》规定，根据芥酸和硫苷含量，将油菜籽分为普通油菜籽和双低油菜籽。双低油菜籽是指油菜籽的脂肪酸中芥酸含量不大于 3.0%、粕（饼）中的硫苷含量不大于 35.0μmol/g 的油菜籽。

（四）油菜籽的质量指标

根据 GB/T 11762—2006《油菜籽》，油菜籽按含油量分等级，等级指标及其他质量指标见表3-3、表3-4。

表3-3　　　　　　　　　　　　　　　　普通油菜籽质量指标

等级	含油量（以标准水分计）/%	未熟粒/%	热损伤粒/%	生芽粒/%	生霉粒/%	杂质/%	水分/%	色泽气味
1	≥42.0	≤2.0	≤0.5					
2	≥40.0							
3	≥38.0	≤6.0	≤1.0	≤2.0	≤2.0	≤3.0	≤8.0	正常
4	≥36.0							
5	≥34.0	≤15.0	≤2.0					

表3-4　　　　　　　　　　　　　　　　双低油菜籽质量指标

等级	含油量（以标准水分计）/%	未熟粒/%	热损伤粒/%	生芽粒/%	生霉粒/%	芥酸/%	硫苷/(μmol/g)	杂质/%	水分/%	色泽气味
1	≥42.0	≤2.0	≤0.5							
2	≥40.0									
3	≥38.0	≤6.0	≤1.0	≤2.0	≤2.0	≤3.0	≤35.0	≤3.0	≤8.0	正常
4	≥36.0									
5	≥34.0	≤15.0	≤2.0							

四、大豆油

（一）大豆油简介

大豆油是以大豆为原料经压榨或浸出后得到的毛油通过精炼（脱脂、脱胶、脱水、脱色、脱臭、脱酸）加工而成的食用油，是最常用的烹调油之一。豆油含有丰富的亚油酸等不饱和脂肪酸，具有降低血脂和血胆固醇的作用，在一定程度上可以预防心血管疾病；豆油不含致癌物质黄曲霉毒素和胆固醇，对机体有保护作用；豆油中的豆类磷脂，有益于神经、血管、大脑的发育生长，但是豆油食用过多对心脑血管还是会有一定影响，而且容易发胖。

（二）大豆油质量指标

根据 GB/T 1535—2017《大豆油》，成品大豆油质量指标见表3-5。

表 3-5   成品大豆油质量指标

项目	质量指标		
	一级	二级	三级
色泽	淡黄色至浅黄色	淡黄色至橙黄色	橙黄色至棕红色
透明度（20℃）	澄清、透明	澄清	允许微浊
气味、滋味	无异味，口感好	无异味，口感良好	具有大豆油固有气味和滋味，无异味
水分及挥发物含量/%	≤0.10	≤0.15	≤0.20
不溶性杂质含量/%	≤0.05	≤0.05	≤0.05
酸价（以 KOH 计）/（mg/g）	≤0.50	≤2.0	≤3.0
过氧化值/（mmol/kg）	≤5.0	≤6.0	≤10.0
加热实验（280℃）	—	无析出物，油色不变	允许微量析出物和油色变深
含皂量/%	—	≤0.03	
冷冻实验	澄清、透明	—	
烟点/℃	≥190	—	
溶剂残留量/（mg/kg）	不得检出	≤50	

> 思考与练习

1. 掌握 GB 1352—2009《大豆》内容。
2. 掌握 GB/T 1532—2008《花生》内容。
3. 掌握 GB/T 1535—2017《大豆油》内容。

◇ **任务二** 油料中蛋白质含量的测定

▇▇ **能力目标**

掌握凯氏定氮法测定蛋白质的原理及操作方法。

▇▇ **课程导入**

蛋白质是食品的重要组成成分之一，测定食品中蛋白质的含量，对于评价食品的营养价值、合理开发利用食品资源、提高产品质量、优化食品配方、指导经济核算及生产过程控制均具有极重要的意义。根据 GB 5009.5—2016《食品安全国家标准　食品中蛋白质的测定》，采用凯氏定氮法测定食品中蛋白质的含量。

测定原理：食品与硫酸、硫酸铜、硫酸钾一同加热消化，使蛋白质分解，分解生成的氨与硫酸结合生成硫酸铵。然后碱化蒸馏使氨游离，用硼酸吸收后以硫酸或盐酸标准溶液滴定，根据酸的消耗量，计算出含氮量，再乘以蛋白质换算系数，即为蛋白质的含量。

▌实 训

一、仪器用具

（1）粉碎机。

（2）分析天平：感量 0.001g。

（3）电炉。

（4）凯氏定氮瓶。

（5）凯氏蒸馏装置。

（6）酸式滴定管。

二、实践操作

（一）试剂

（1）硫酸铜（$CuSO_4 \cdot 5H_2O$）：分析纯。

（2）硫酸钾（K_2SO_4）：分析纯。

（3）硫酸：分析纯，密度为 1.8419g/L。

（4）氢氧化钠溶液：400g/L。

（5）硼酸溶液：20g/L。

（6）盐酸标准滴定溶液 c（HCl）= 0.0500mol/L。

（7）混合指示液：1 份甲基红乙醇溶液（1g/L）与 5 份溴甲酚绿乙醇溶液（1g/L）临用时混合。

（二）操作步骤

1. 试样制备

选取具有代表性的试样用四分法缩减至 200g，粉碎后全部通过 40 目筛，装于密封容器中，防止试样成分的变化。

2. 试样处理（消化）

称取试样 0.2~2g（含氮量 30~40mg）准确至 0.001g，于干燥的 250mL 凯氏定氮瓶中，加入 0.4g 硫酸铜、6g 硫酸钾及 20mL 浓硫酸，轻摇后于瓶口放一小漏斗，将瓶以 45°角斜支于有小孔的石棉网上。小心加热，待内容物全部炭化，泡沫完全停止后，加强火力，并保持瓶内液体微沸，至液体呈蓝绿色澄清透明后，再继续加热 0.5~1h。取下放冷，小心加入 20mL 水，放冷后，移入 100mL 容量瓶中，并用少量水洗定氮瓶，洗液并入容量瓶中，再加水至刻度，混匀备用。同时做空白实验。

3. 蒸馏与吸收

连接好凯氏定氮蒸馏装置，向水蒸气发生器内装水至其三分之二处，加入数粒玻璃珠，加甲基红指示液数滴及数毫升硫酸，以保持水呈酸性，加热煮沸水蒸气发生器内的水并保持沸腾。

向接收瓶内加入 10.0mL 硼酸溶液及 2 滴混合指示液，并使冷凝管的下端插入液面下，根据试样中氮含量，准确吸取 10.0mL 试样处理液由小玻杯注入反应室，以 10mL 水洗涤小玻杯并使洗液流入反应室内，随后塞紧棒状玻塞。将 10mL 氢氧化钠溶液倒入小玻杯，提起玻塞使其缓缓流入反应室，立即将玻塞盖紧，并水封。夹紧螺旋夹，开始蒸馏。蒸馏 10min 后，移动接收瓶，使液面离开冷凝管下端，再蒸馏 1min，然后用少量水冲洗冷凝管下端外部，取下接收瓶。

4. 滴定

以盐酸标准溶液滴定至浅灰红色终点。

5. 空白实验

不加试样，在与样品测定的同时，做空白实验。

三、 结果计算

试样中蛋白质含量如式（3-1）所示计算：

$$X = \frac{(V_1 - V_2) \times c \times 0.0140}{m \times \frac{10}{100}} \times F \times 100 \tag{3-1}$$

式中　X——试样中蛋白质的含量，g/100g

　　　V_1——试样消耗硫酸或盐酸标准滴定液的体积，mL

　　　V_2——空白试剂消耗硫酸或盐酸标准滴定液的体积，mL

　　　c——硫酸或盐酸标准滴定溶液的浓度，mol/L

　　　m——试样的质量或体积，g 或 mL

　　　F——氮换算为蛋白质的系数

在重复性条件下获得的两次独立测定结果的绝对差值不得超过算术平均值的 10%。蛋白质含量≥1g/100g 时，计算结果保留三位有效数字；蛋白质含量<1g/100g 时，计算结果保留两位有效数字。

▓▓▓ 问题探究

凯氏定氮法是测定蛋白质含量最常用的方法，它是测定总有机氮的最准确和操作较简便的方法之一，在国内外应用普遍。该法是通过测出样品中的总含氮量再乘以相应的蛋白质系数而求出蛋白质含量的，由于样品中常含有少量非蛋白质含氮化合物，故此法的结果称为粗蛋白质含量。消化过程中加浓硫酸的作用主要是消化，将食物中的有机氮转化成无机氮，加硫酸钾与硫酸铜主要是起催化剂的作用，用于加快消化的反应速率，同时硫酸铜还作为消化终点指示剂和蒸馏时的碱性指示剂。

蛋白质是复杂的含氮有机化合物，相对分子质量高达数万至数百万，通常由多种氨基酸通过酰胺键以一定的方式结合起来，并具有一定的空间结构。不同的蛋白质的组成结构不同，主要由碳、氢、氧、氮、硫等元素组成，其中各种蛋白质氮元素含量在16%左右，即1份氮素相当于6.25份蛋白质，此数值（6.25）称为蛋白质换算系数。不同种类食品的蛋白质系数有所不同，一般食品（如玉米、荞麦、青豆、肉、鸡蛋等）为6.25，乳制品为6.38，面粉为5.70，大豆及其制品为5.71，肉与肉制品为6.25，芝麻和葵花籽为5.30。

【知识拓展】

一、 分光光度法测定蛋白质含量

根据 GB 5009.5—2016《食品安全国家标准 食品中蛋白质的测定》，可以采用分光光度法测定食品中蛋白质的含量。测定原理：食品中的蛋白质在催化加热条件下被分解，分解产生的氨与硫酸结合生成硫酸铵，在 pH 4.8 的乙酸钠-乙酸缓冲溶液中与乙酰丙酮和甲醛反应生成黄色的 3，5-二乙酰-2，6-二甲基-1，4-二氢化吡啶化合物。在波长 400nm 下测定吸光度值，与系列标准溶液比较定量，结果乘以换算系数，即为蛋白质含量。

二、 近红外法测定蛋白质含量

GB/T 24870—2010《粮油检验 大豆粗蛋白质、粗脂肪含量的测定 近红外法》，测定原理：利用蛋白质分子中的 N—H、C—H、O—H、C＝O 等化学键的泛频振动或转动对近红外光的吸收特性，用化学计量学方法建立大豆近红外光谱与其粗蛋白质含量之间的相关关系，计算大豆样品的粗蛋白质含量。

➤ 思考与练习

1. 研究性习题
掌握全自动蛋白质测定仪的操作技术。

2. 思考题

凯氏定氮法有没有不足之处？

3. 操作练习

在实训室内采用凯氏定氮法测定大豆中蛋白质的含量。

任务三　油料中粗脂肪含量的测定

能力目标

掌握索氏抽提法测定油料中粗脂肪含量的原理及操作方法。

课程导入

脂类是食品的重要组成成分，在食品加工过程中，原料、半成品、成品的脂类含量对产品的风味、组织结构、品质、外观、口感等都有直接的影响。测定食品中的脂肪含量，可以用来评价食品的品质，衡量食品的营养价值，而且对实行工艺监督、生产过程的质量管理、研究食品的贮藏方式是否恰当等方面都有重要的意义。食品的种类不同，其中脂肪的含量及存在形式就不相同，测定脂肪的方法也就不同。根据 GB 5009.6—2016《食品安全国家标准　食品中脂肪的测定》，脂肪的测定方法有索氏提取法、酸水解法、碱水解法、盖勃法。此处采用索氏抽提法测定食品中脂肪含量。

测定原理：将经预处理而分散且干燥的样品用无水乙醚或石油醚等溶剂回流提取，使样品中的脂肪进入溶剂中，回收溶剂后所得到的残留物，即为脂肪。

本法提取的脂溶性物质为脂肪类物质的混合物，除含有脂肪外还含有磷脂、色素、树脂、蜡状物、挥发油、糖脂、固醇、芳香油等醚溶性物质。因此，用索氏提取法测得的脂肪也称为粗脂肪。

实　训

一、仪器用具

（1）分析天平：感量 0.001g 和 0.0001g。

（2）索氏抽提器。

（3）电热恒温水浴。

（4）鼓风干燥箱。

（5）干燥器。

二、 实践操作

（一）试剂

无水乙醚或石油醚（沸程 30~60℃）。

（二）操作步骤

1. 样品制备

净试样 30~50g，用碾磨机快速地磨碎成均匀的细颗粒状，粒度小于 1mm。

2. 样品称取与包扎

称取充分混匀后的试样 2~5g（准确至 0.001g），全部移入滤纸筒内包扎好。

3. 抽提

将滤纸筒放入索氏抽提器内，连接已干燥至恒重的接收瓶，加入无水乙醚或石油醚至瓶内容积的三分之二处，于水浴上加热，使无水乙醚或石油醚不断回流抽提（6~8 次/h），一般抽提 6~10h。提取结束时，用磨砂玻璃棒接取 1 滴提取液，磨砂玻璃棒上无油斑表示抽提完毕。

4. 烘干与称量

取下接收瓶，回收无水乙醚或石油醚，待接收瓶内溶剂剩余 1~2mL 时在水浴上蒸干，再于 100℃±5℃ 干燥 1h，放入干燥器内冷却 0.5h 后称量。重复以上操作直至恒重（前后两次称量的差不超过 2mg）。

三、 结果计算

试样中粗脂肪的含量如式（3-2）所示计算：

$$X = \frac{m_1 - m_0}{m_2} \times 100 \qquad (3-2)$$

式中　X——样品中粗脂肪的含量，g/100g

　　　m_1——脂肪和接收瓶的质量，g

　　　m_0——接收瓶的质量，g

　　　m_2——样品的质量，g

在重复性条件下获得的两次独立测定结果的绝对差值不得超过算术平均值的 10%。以重复性条件下获得的两次独立测定结果的算术平均值表示，结果精确到小数点后一位。

■■■■ 问题探究

索氏抽提法是普遍采用的经典方法，是国家标准规定的方法之一，适用于水果、蔬菜及其制品、粮食及粮食制品、肉及肉制品、蛋及蛋制品、水产及其制品、焙烤食品、糖果等食品中游离态脂肪含量的测定。随着科学技术的发展，该法也在不断改进和完善，目前已有改进的直滴式抽提法和脂肪自动测定仪法。

【知识拓展】

食品中的脂类主要包括脂肪（甘油三酯）和一些类脂质，如脂肪酸、磷脂、糖脂、甾醇、固醇等，大多数动物性食品及某些植物性食品都含有天然脂肪或类脂化合物。食品中脂肪的存在形式有游离态的，如动物性脂肪及植物性油脂；也有结合态的，如天然存在的磷脂、糖脂、脂蛋白及某些加工品（如焙烤食品及麦乳精等）中的脂肪，与蛋白质或碳水化合物形成结合态。对大多数食品来说，游离态脂肪是主要的，结合态脂肪含量较少。

脂类的共同特点是在水中的溶解度非常小，易溶于有机溶剂。测定脂类大多采用低沸点的有机溶剂萃取的方法。用于脂肪萃取浸提的有机溶剂又称为提取剂，常用的有机溶剂提取剂有无水乙醚、石油醚、氯仿–甲醇混合溶剂等。选择提取剂的原则是提取剂对样品有较强的溶解脂肪的能力，使用方便、安全，对操作人员伤害小，易与脂肪分离，获得提取液中干扰物质及杂质含量少。通常根据不同的脂肪类型及测定要求，合理选择提取剂。

➢ 思考与练习

1. 研究性习题

酸水解法、碱水解法适用于哪些食品中脂肪含量的测定？

2. 思考题

将花生果剥壳后测定的脂肪含量（即花生仁的脂肪含量），如何换算为花生果的脂肪含量？

3. 操作练习

在实训室内采用索氏提取法测定花生仁中脂肪的含量。

任务四　油脂样品扦样、制备方法

能力目标

（1）掌握油脂的扦样方法。

（2）掌握扦样器具的使用。

课程导入

油脂扦样和制备样品的目的是从一批待检油脂（可以有多个检验批）中获得

便于处理的样品量。样品的特性应尽可能地接近其所代表的油脂的特性。GB/T 5524—2008《动植物油脂 扦样》规定了原油、精制动植物油脂的扦样方法及扦样所需器具。

实 训

一、 仪器用具

（一）扦样器

（1）简易配重扦样罐。

（2）盛放扦样瓶的配重笼。

（3）带底阀的扦样筒（下沉采样器）。

（4）底部扦样器。

（5）扦样管。

（6）扦样铲。

（二）辅助器具

（1）测水标尺。

（2）测液尺。

（3）贴标机、粘贴机、打捆机及密封仪。

（4）温度计。

（5）测量尺和测量器。

（三）样品容器

采用能够满足接触食品要求的聚对苯二甲酸乙二醇酯（PET）容器，不应采用铜和铜合金以及任何有毒材料。

二、 实践操作

（一）扦样准备

（1）扦样员应洗净双手或戴手套（可以使用洁净的塑胶或棉制手套）来完成全部扦样过程。

（2）扦样器和样品容器在使用前应预先清洗和干燥。

（3）整个扦样过程都要避免样品、被扦样油脂、扦样仪器和扦样容器受到外来雨水、灰尘等的污染。

（4）扦样器排空之前，应去除其外表面的所有杂物。

（5）当需加热才能扦样时，要特别注意防止油脂过热。根据实践经验，建议贮存罐中的油脂温度每天升高不应超过5℃。加热环的加热面积应与油脂的体积相配，并且加热环应尽量保持低温以避免局部过热。当采用蒸汽加热时，其最大压力计读数为150kPa，相当于128℃蒸汽，或使用热水加热（当加热环是自动排水时才允许采用），要格外小心防止因蒸汽或水带来的污染。

扦样过程中油脂的温度变化应符合表3-6的规定（仅列举常见油脂，详细内容参见 GB/T 5524—2008 的附录 A。）

表3-6   扦样过程中油脂的温度变化范围

被扦油脂种类	最低值/℃	最高值/℃
大豆油、花生油	20	25
玉米油、芝麻油、葵花籽油	15	20
鱼油	25	30
棕榈油、猪脂、人造奶油	50	55

（二）扦样方法

1. 概述

（1）油脂的输送和贮存容器　从不同的容器中采集样品，需要采取不同的扦样方法。下面列举了各类容器：

①立式筒形陆地油罐。

②油船。

③油罐货车或汽车。

④包括贮油槽在内的卧式贮油罐。

⑤计量罐。

⑥输送管道。

⑦小包装：如桶、圆筒、箱、听、袋和瓶等。

（2）水　在（1）中所介绍的任何一种容器中都可能有水存在。水可能以游离水的形式存于底部，也可能以乳液层或悬浮物的形式存在于油脂中。但在正常的操作过程中，计量罐或管道中的油脂不可能长期保持静态而使水沉至底部。

水的测量大多数情况下是在立式贮油罐中进行的，但测量原理适用于所列举的除管道以外的容器。

是否含水可以通过底部采样器来检测，游离水则可以通过测水标尺、测水胶、测水纸或者电子工具测定。无论采取哪种方法，要想精确地测定含水量通常都是很困难的。因为在油脂的底层，游离水、乳液层以及悬浮水很难加以区分。

2. 立式筒形陆地油罐的扦样

（1）准备工作

①沉淀层、乳液层和游离水：采用底部采样器或测水标尺、测水胶、测水纸、

电子工具测定罐底是否有沉淀、乳液层或游离水。

小心加热并静置有助于水从悬浮层中澄清出来。

扦样前尽可能地除去游离水，并根据合同要求和有关各方的协议测量被除去的水量。

②均相化：扦样前，应保证整个样品是均相的，且尽可能为液相。

可以通过测定采自不同位置的检样，检测罐中的油脂是否均相。从不同高度采样，可以使用简易配重扦样罐、盛放扦样瓶的配重笼或带底阀的扦样筒，而从罐底采样，则使用底部采样器。

如果各层的相态组成有差异，在通常情况下可以通过加热将油脂均质。

如果油脂的性能不允许加热，或没必要加热，或因其他原因而不能加热，则可以向油脂中吹入氮气使其均质。

如果测得油脂是非均相的且没有氮气可用，可以在有关各方同意的前提下，向油脂中吹入干空气。但此方法可能会引起油脂的氧化酸败，将会遭到反对。上述操作应在呈交实验室的扦样报告中详细注明。

（2）扦样步骤

①基本要求：每罐分别扦样。

②非均相油脂：当罐中的油脂是非均相的且难以均相，通常要使用简易配重扦样罐、盛放扦样瓶的配重笼或带底阀的扦样筒加上底部扦样器来扦样。

从罐顶至罐底，每隔300mm的深度扦取检样，直到不同相态层。在这层上，扦取较多的检样（例如每隔100mm的深度扦样）。同时扦取罐底样品。

混合上述相同相态的检验样品并给出：清油样品和分层样品。

将清油样品和分层样品，依据在两层中各自的代表量按比例混合来制备原始样品，并仔细操作确保比例尽可能精确。

应制备的原始样品数见表3-7，每罐至少制备1个原始样品。

表3-7　　　　　　　从每艘油船或每个贮油罐中采集的原始样品数目

油船或油罐贮量/t	每罐制备的原始样品数目
≤500	1
>500 且 ≤1000	2
>1000	每500t 1 份，剩余部分 1 份

③均相油脂：如果罐中的油脂是均相的，可选用简易配重扦样罐、盛放扦样瓶的配重笼、带底阀的扦样筒或底部扦样器其中的一种进行扦样，但这时至少要在"顶部""中部"和"底部"采集3份检样。

"顶部"检样在总深度的十分之一处采集；"中部"检样在总深度的二分之一

处采集；"底部"检样在总深度的十分之九处采集。

从"顶部"和"底部"检样中各取 1 份，从"中部"检样中取 3 份，混合起来制备成原始样品。

3. 从包装（包括消费者购买的小包装产品）中扦样

（1）概述　如果某批油脂由大量的独立单元构成，例如桶、圆筒、箱、听（独立的或包装在硬纸箱中）、瓶或袋，对每个独立单元扦样几乎是不可能的。在这种情况下，应完全随机地从该批中抽取适当数量的独立单元，应尽可能地使这些独立单元作为整体能代表该批油脂的平均特性。对于不同规格的包装，采样数可按表 3-8 的推荐值。

表 3-8　　　　　　　　　　不同规格包装采样数的推荐值

规格包装规格	商品批的包装数/份	扦样包装数/份
≤5kg	1~20	全部
	21~1500	20
	1501~5000	25
	5001~15000	35
	15001~35000	45
	35001~60000	60
	60001~90000	72
	90001~130000	84
	130001~170000	96
	>170000	108
≥5kg 且≤20kg	1~20	全部
	21~200	20
	201~800	25
	801~1600	35
	1601~3200	45
	3201~8000	60
	8001~16000	72
	16001~24000	84
	24001~32000	96
	>32000	108

续表

规格包装规格	商品批的包装数/份	扦样包装数/份
	1~6	全部
	6~50	6
	51~75	8
≥20kg，最大为5t	76~100	10
	101~250	15
	251~500	20
	501~1000	25
	>1000	30

（2）小罐装、圆筒装、桶装以及其他小包装的批

①包装固体油脂或半液态油脂的扦样步骤：当油脂中含水时，可以穿过固体油脂或半液态油脂打一个孔直至包装物底部，再通过适当的方式除去水分。

对于圆筒装固体油脂，可以通过圆筒的开口插入一把扦样铲在多方位上探测油脂的整个深度。伴随着扭转将扦样铲抽出，这样就抽取到一管油脂检样样品。将从每个圆筒采集的检样样品在样品桶中完全混合，再将混合样品转移到样品容器中。

用扦样铲以同样的方式从圆筒中的软固体油脂和半液态油脂中扦样。将扦样铲插入油脂中抽出检样样品。按上述方法制备原始样品。

②包装液态油脂的扦样步骤：转动并翻转装满液态油脂的桶或罐，采用手工或机械的方式，用桨叶或搅拌器将油脂搅匀。从桶的封塞孔或其他容器的方便开口插入适当的扦样装置，从被扦样的每一容器中采集一份检样，从尽可能多的内容物部位采样。按等同分量充分混合这些检样样品形成原始样品。

③包装疏松固体油脂的扦样步骤：从油脂的不同部位采集足够的量形成具有代表性的样品，如果需要，将其破碎成小块。将得到的样品按四分法分至合适的大小。

揉和油脂块使其成为均匀的可塑性团。用一个大刮刀（如长 250 mm）将油脂团混合，使得所有尘粒或小水滴均匀地分布于其中。用刮刀采取四分法将得到的样品缩分成要求的大小。

如果原始油脂样品太硬，很难用手揉和，将其置于温暖的环境直至足够软化，不允许直接加热，因为加热会造成水分蒸发散失。

在一混合桌或工作台上混合并缩分检样制备成原始样品要求。该混合桌（或工作台）至少 750mm×750mm，上面铺有玻璃板、白瓷片或不锈钢板。

4. 其他贮存容器的扦样

其他贮存容器的扦样标准参见 GB/T 5524—2008《动植物油脂　扦样》。

三、 制备方法

当需要进行污染物分析时，试样要从每罐中采集。也可以按照有关各方的协议从原始样品中制备试样，具体方法如下。

（1）从原始样品中制备称量过的平均样品，或是采用方法（2）。

（2）从每份原始样品中制备（如果有关各方同意，实验室可从试样中制备一份称量过的平均样品）。

无论采用方法（1）或是方法（2），都需分割制备的原始样品以获得至少 4 份试样，每份至少 250g（当有特殊要求时，也可制备 500g 以上的试样），不断地搅动以避免沉淀物的沉积。

问题探究

GB/T 5524—2008《动植物油脂 扦样》中的名词术语如下。

（1）商品批 特定合同或运输单据中所涉及的一次性交付的油脂量。它可以由一个检验批或多个检验批组成。

（2）检验批 规定的油脂量。假定其具有相同的特性。

（3）检样 在一个检验批中从一个位置一次扦取的油脂样品。

（4）原始样品 从同一检验批扦取的检样，按其所代表的数量比例，经集中混合后得到的油脂样品。

（5）试样 将原始样品经充分混匀并缩分而取得的油脂样品。它代表了检验批，并用于实验室测试。

（6）单位体积样品的常规质量 每升样品在空气中的质量。

【知识拓展】

杭州精良智能科技有限公司技术人员成功研制出"一线牵油脂扦样器"，适用于食用油脂及水等液体的扦样。该扦样器最大的特点是解决了传统的用手拉扦绳一米一米计数扦取油脂样品，同时也克服了两根绳、三根绳扦样死缠乱绕的缺点和困难，具有自动计数、自由放线深度一步到位、手摇轮提升扦样筒，在线长范围内可任意准确地扦取不同深度的油脂样品等优点。

➢ 思考与练习

1. 研究性习题

其他贮存容器的扦样技术是什么？

2. 思考题

有一批大豆油，计 3000 桶（每桶 4.5L），确定其扞样方案。

3. 操作练习

在实训室内练习简易配重扞样罐、带底阀的扞样筒、扞样管的使用方法。

任务五　油脂水分及挥发物的测定

能力目标

掌握沙浴（电热板）法测定油脂水分及挥发物的原理及操作方法。

课程导入

油脂中的水分含量是油脂质量标准中的一项重要指标，当油脂中水分含量过多时，有利于解脂酶的活动和微生物的生长、繁殖，从而影响油脂的品质和贮藏的稳定性。测定油脂水分的含量，对评定油脂的品质和保证油脂安全贮藏都具有重要意义。根据 GB 5009.236—2016《食品安全国家标准　动植物油脂水分及挥发物的测定》，第一法采用沙浴（电热板）法测定动植物油脂水分及挥发物。

测定原理：在 103℃±2℃ 的条件下，对测试样品进行加热至水分及挥发物完全散尽，测定样品损失的质量。该法适用于干性油、半干性油、不干性油等所有动植物油脂。

实　训

一、基本内容

（1）样品测定。

（2）结果计算与数据处理。

二、仪器用具

（1）分析天平：感量 0.001g。

（2）碟子：陶瓷或玻璃的平底碟，直径 80~90mm，深约 30mm。

（3）温度计：刻度范围至少为 80~110℃，长约 100mm 水银球加固，上端具有膨胀室。

（4）沙浴或电热板：室温~150℃。

（5）干燥器。

三、 实践操作

在预先干燥并与温度计一起称量的碟子中，称取试样约 20g，精确至 0.001g。将装有测试样品的碟子在沙浴或电热板上加热至 90℃，升温速率控制在 10℃/min 左右，边加热边用温度计搅拌。降低加热速率观察碟子底部气泡的上升，控制温度上升至 103℃±2℃，确保不超过 105℃。继续搅拌至碟子底部无气泡放出。为确保水分完全散尽，重复数次加热至 103℃±2℃、冷却至 90℃ 的步骤。将碟子和温度计置于干燥器中，冷却至室温，称量，精确至 0.001g。重复上述操作，直至连续两次结果不超过 2mg。

同一测试样品进行两次测定。

四、 结果计算

油脂水分及挥发物测定结果计算见式（3-3）：

$$X = \frac{m_1 - m_2}{m_1 - m_0} \times 100\% \tag{3-3}$$

式中　X——水分及挥发物含量，%

　　m_1——加热前碟子、温度计和测试样品的质量，g

　　m_2——加热后碟子、温度计和测试样品的质量，g

　　m_0——碟子和温度计的质量，g

在重复性条件下获得的两次独立测定结果的绝对差值不得超过算术平均值的10%。以重复性条件下获得的两次独立测定结果的算术平均值表示，结果保留到小数点后两位。

▓▓▓▓ 问题探究

油脂是疏水性物质，在一般情况下油和水不易混溶。但油脂中常含有少量的磷脂、固醇和其他杂质，能吸收水分，并形成胶体物质悬浮于油脂中。所以，在精炼过程中，油脂虽经过脱水、脱杂处理，仍含有少量的水分和杂质。油脂中的水分和杂质含量过多，将有利于油脂中解脂酶的活动和微生物的生长、繁殖，从而加快油脂的水解和酸败，降低油脂品质，影响油品贮藏的稳定性。因此，测定油脂的水分及挥发物的含量，对评定油脂的品质和保障油脂的贮藏都具有重要的意义。油脂水分测定是加热挥发的方法，油脂在加热过程中除水分挥发外，低沸点的挥发性物质也被蒸发，所测得的结果称为油脂水分及挥发物含量。

【知识拓展】

油脂根据碘价分为干性油、半干性油和不干性油三类。

碘价是指在油脂上加成的卤素的质量（以碘计），又作碘值，即每100g油脂所能吸收碘的质量（g）。油脂中所包含的脂肪酸有不饱和脂肪酸与饱和脂肪酸之分，而其中的不饱和脂肪酸无论在游离状态或与甘油结合成甘油酯时，都能在双键处与卤素起加成反应，因而可以吸收一定数量的卤素。由于组成每种油脂的各种脂肪酸的含量都有一定的范围，因此，油脂吸收卤素的能力就成为它的特征常数之一。碘价的大小在一定范围内反映了油脂的不饱和程度，根据油脂的碘价，可以判定油脂的干性程度。例如，碘价大于130g/100g的属于干性油；碘价小于100g/100g的属不干性油；碘价在100g/100g~130g/100g的则为半干性油。

➤ 思考与练习

1. 研究性习题

烘箱法适用于哪类油脂的水分及挥发物的测定？

2. 思考题

水解酸败对油脂品质的影响有哪些？

3. 操作练习

在实训室内采用电热板法测定大豆油水分及挥发物含量。

◁ **任务六** 大豆油脂中磷脂的测定

▰▰ **能力目标**

（1）掌握钼蓝比色法测定植物油中磷脂含量的原理及操作方法。

（2）掌握分光光度计的使用。

▰▰ **课程导入**

磷脂广泛存在于油料作物的细胞组织中，油料种子中的磷脂随着制油过程进入油品中，尽管在炼油工艺中进行水化脱磷处理，但由于磷脂具有脂溶性和水溶性两种属性，故精炼过程中很难处理彻底。磷脂耐温性能差，高温时易炭化，使油脂溢沫变黑，影响油脂的食用品质，同时，油品中磷脂含量过高时，也影响油脂贮藏稳定性，而毛油中的磷脂含量则是确定油脂水化过程中加水量的依据，检验毛油和成品油中的磷脂含量，对于掌握生产操作和保证油脂质量都是不可缺少的。

根据 GB/T 5537—2008《粮油检验 磷脂含量的测定》，采用钼蓝比色法测定植物原油、脱胶油及成品油中磷脂的含量，测定原理：植物油中的磷脂经灼烧成为五氧化二磷，被热盐酸变成磷酸，遇钼酸钠生成磷钼酸钠，用硫酸联氨还原成钼蓝，用分光光度计在波长 650nm 测定钼蓝的吸光度，与标准曲线比较，计算其含量。

■ 实 训

一、 仪器用具

（1）分析天平：分度值 0.0001g。

（2）封闭电炉（可调温）。

（3）马弗炉。

（4）瓷坩埚或石英坩埚：50，100mL，能承受的最低温度 600℃。

（5）沸水浴。

（6）容量瓶：100，500，1000mL。

（7）移液管：1，2，5，10mL。

（8）比色皿：50mL。

（9）分光光度计（1cm 比色皿）。

二、 实践操作

（一）试剂

（1）氧化锌。

（2）盐酸溶液（1+1）：将盐酸溶解在等体积的水中。

（3）50%氢氧化钾溶液：将 50g 氢氧化钾溶解在 50mL 水中。

（4）0.015%硫酸联氨溶液：将 0.15g 硫酸联氨溶解在 1L 水中。

（5）磷酸盐标准贮备液：称取于 101℃ 干燥 2h 的磷酸二氢钾 0.4387g，用水溶解并稀释定容至 1000mL，此溶液含磷 0.1mg/mL。

（6）磷酸盐标准溶液：用移液管吸取磷酸盐标准贮备液 10mL 至 100mL 容量瓶中，加水稀释并定容，此溶液含磷 0.01mg/mL。

（7）钼酸钠稀硫酸溶液：量取 140mL 浓硫酸注入到 300mL 水中。冷却至室温，加入 12.5g 钼酸钠，溶解后用水定容至 500mL，充分摇匀，静置 24h 备用。

（二）操作步骤

1. 制备样液

根据试样的磷脂含量，用坩埚称取试样（成品油试样称量 10g，原油及脱胶油称量 3.0~3.2g，精确至 0.001g）加氧化锌 0.5g，先在电炉上缓慢加热至样品变稠，逐渐加热至全部炭化，将坩埚送至 550~600℃ 的马弗炉中灼烧至完全灰化（白色），时间约 2h。取出坩埚冷却至室温，用 10mL 盐酸溶液溶解灰分并加热至微沸，5min 后停止加热，待溶解液温度降至室温，将溶解液过滤注入 100mL 容量瓶中，每次用大约 5mL 热水冲洗坩埚和滤纸共 3~4 次，待滤液冷却到室温后，用氢氧化钾溶液中和至出现混浊，缓慢滴加盐酸溶液使氧化锌沉淀全部溶解，再加 2 滴。最后用水稀释定容至刻度，摇匀。

制备被测液时同时制备一份空白样品。

2. 绘制标准曲线

取 6 支比色皿分别加入磷酸盐标准溶液 0，1，2，4，6，8mL，再按顺序分别加水 10，9，8，6，4，2mL。接着向 6 支比色皿中分别加入硫酸联氨溶液 2mL，钼酸钠溶液 2mL。加塞，振摇 3~4 次，去塞，将比色皿放入沸水浴中加热 10min，取出，冷却至室温。用水稀释至刻度，充分摇匀，静置 10min。

移取该溶液至干燥、洁净的比色皿中，用分光光度计在 650nm 处，用空白试剂调整零点，分别测定吸光度。以吸光度为纵坐标，含磷量（0.01，0.02，0.04，0.06，0.08mg）为横坐标绘制标准曲线。

3. 样品液比色

用移液管吸取被测液 10mL，注入 50mL 比色皿中。加入硫酸联氨溶液 2mL，钼酸钠溶液 2mL 加塞，振摇 3~4 次，去塞，将比色皿放入沸水浴中加热 10min，取出，冷却至室温。用水稀释至刻度，充分摇匀，静置 10min。移取该溶液至干燥、洁净的比色皿中，用分光光度计在 650nm 下，用空白试样调整零点，测定其吸光度。

当被测液的吸光度大于 0.8 时，需适当减少吸取被测液的体积，以保证被测液的吸光度在 0.8 以下。每份样品应平行测试两次。

三、 结果计算

试样中磷脂含量如式（3-4）所示进行计算：

$$X = \frac{P}{m} \times \frac{V_1}{V_2} \times 26.31 \tag{3-4}$$

式中　X——磷脂含量，mg/g

　　　P——标准曲线查得的被测液的含磷量，mg

　　　V_1——样品灰化后稀释的体积，mL

　　　V_2——比色时所取的被测液的体积样，mL

　　　m——试样质量，g

　26.31——每毫克磷相当的磷脂的质量数值

在重复性条件下获得的两次独立测定结果的绝对差值不得超过算术平均值的10%。平行试样测定的结果符合精密度要求时，取其算术平均值作为结果，计算结果保留小数点后三位。

▨▨▨▨ 问题探究

硫酸联氨对呼吸道有强烈刺激性，吸入会引起咳嗽、头晕、恶心和呕吐。高浓度吸入则引起震颤和惊厥。对眼和皮肤有刺激性，可致灼伤。长期接触可引起肝、肾和皮肤损害。与皮肤接触时应立即脱去污染的衣着，用大量流动清水冲洗至少15min。视情况就医。

【知识拓展】

油脂工业中以压榨法、浸出法得到的未经精炼的植物油脂，称为粗脂肪，俗称毛油。毛油的主要成分是甘油三酯，俗称中性油。一般植物油脂的甘油三酯由4~10种脂肪酸组成。不同的脂肪酸及其不同的排列，组合成很多种分子，因此，油脂的主要成分是多种甘油三酯的混合物。此外，毛油中存在非甘油三酯的成分，这些成分统称为杂质。毛油属于胶体体系。其中的磷脂、蛋白质、黏液质和糖基甘油二酯等，因与甘油三酯组成溶胶体系而得名为油脂的胶溶性杂质（简称胶杂）。油脂胶溶性杂质不但影响油脂的稳定性，而且影响油脂精炼和深度加工的工艺效果。例如油脂在碱炼过程中，会促使乳化，增加操作困难，增大炼耗和辅助剂的耗用量，并使皂脚的质量降低；在脱色工艺过程中，会增大吸附剂的耗用量，降低脱色效果；未脱胶的油脂无法进行物理精炼和脱臭操作，也无法进行深加工。因此，毛油精制必须首先脱除胶溶性杂质。

生产大豆油脱胶时的副产品，经真空干燥、脱色所制得的产品称为液体磷脂，也称浓缩磷脂，为黄色黏稠状物质，是制油工业中一种重要的副产品。主要由非极性（甘油三酯）和极性（磷和糖）脂质及少量的碳水化合物组成。在水中可分散，在脂肪或油中可溶解，在酒精中部分溶解。大豆中含有1.2%~3.2%的磷脂，在大豆制油过程中，毛油脱胶时分离出来的水化磷脂，经过提取和精制等加工过程可得到大豆磷脂系列产品，分别是浓缩磷脂、精制磷脂（精制浓缩磷脂、粉末磷脂）、卵磷脂、肌醇磷脂等。在饲料工业中，经常使用的是浓缩磷脂或粉末磷脂。

➢ 思考与练习

1. 研究性习题
掌握重量法测定磷脂含量的原理。
2. 思考题
磷脂是对人体有益的物质，为什么油脂精炼时要将其除去？

3. 操作练习

在实训室内采用钼蓝比色法测定毛油中磷脂的含量。

◆ **任务七** 油脂酸价的测定

■ **能力目标**

掌握油脂酸价的测定意义、测定原理及测定方法。

■ **课程导入**

酸价：中和 1g 油脂中游离脂肪酸所需氢氧化钾的质量（mg）。酸价是脂肪中游离脂肪酸含量的标志，也是衡量脂肪质量的重要标志。脂肪在长期保藏过程中，由于微生物、酶和热的作用发生缓慢水解，产生游离脂肪酸。而脂肪的质量与其中游离脂肪酸的含量有关。一般常用酸价作为衡量标准之一。酸价越小，说明油脂质量越好，新鲜度和精炼程度越好。

■ **实 训**

一、仪器用具

（1）10mL 微量滴定管：最小刻度为 0.05mL。

（2）天平：感量 0.001g。

二、实践操作

（一）试剂

（1）氢氧化钾或氢氧化钠标准滴定水溶液，浓度为 0.1mol/L 或 0.5mol/L，按照 GB/T 601—2016 标准要求配制和标定，也可购买市售商品化试剂。

（2）中性乙醚–异丙醇混合液：乙醚+异丙醇＝1+1，用氢氧化钾或氢氧化钠标准滴定溶液调至中性，用时现配。

（3）酚酞指示剂：称取 1g 的酚酞，加入 100mL 的 95%乙醇并搅拌至完全溶解。

（4）百里香酚酞指示剂：称取 2g 的百里香酚酞，加入 100mL 的 95%乙醇并搅拌至完全溶解。

（5）碱性蓝 6B 指示剂：称取 2g 的碱性蓝 6B，加入 100mL 的 95%乙醇并搅拌至完全溶解。

（二）操作步骤

1. 冷溶剂指示剂法

（1）原理　试样溶解在乙醚和异丙醇的混合溶剂中，然后用氢氧化钾标准溶液滴定存在于油脂中的游离脂肪酸。本方法更适用于颜色不很深的油脂酸价测定。

（2）分析步骤

①试样制备：按 GB/T 15687—2008 进行。

②试样称取：见表 3-9。

表 3-9	试样称样表	
预计酸价（以 KOH 计）/（mg/g）	试样量/g	试样称量的准确值/g
<1	20	0.05
1~4	10	0.02
4~15	2.5	0.01
15~75	0.5	0.001
>75	0.1	0.0002

③取一个干净的 250mL 的锥形瓶，按照表中的要求用天平称取制备的油脂试样，其质量 m 单位为 g。加入中性乙醚-异丙醇混合液 50~100mL 和 3~4 滴的酚酞指示剂，充分振摇溶解试样。再用装有标准滴定溶液的刻度滴定管对试样溶液进行手工滴定，当试样溶液初现微红色，且 15s 内无明显褪色时，为滴定的终点。立刻停止滴定，记录下此滴定所消耗的标准滴定溶液的体积 V（mL）。

如果滴定所需 0.1mol/L 氢氧化钾溶液体积超过 10mL，可用浓度为 0.5mol/L 氢氧化钾溶液。

同一试样进行两次测定。

（3）结果计算见式（3-5）：

$$酸价（以 KOH 计）mg/g = \frac{V \times c \times 56.1}{m}$$ （3-5）

式中　V——所用氢氧化钾标准溶液的体积，mL

　　　c——所用氢氧化钾标准溶液的准确浓度，mol/L

　　　m——试样的质量，g

　56.1——氢氧化钾的摩尔质量，g/mol

2. 热乙醇测定法

（1）原理　将固体油脂试样同乙醇一起加热至 70℃ 以上（但不超过乙醇的沸点），使固体油脂试样熔化为液态，同时通过振摇形成油脂试样的热乙醇悬浊液，使油脂试样中的游离脂肪酸溶解于热乙醇，再趁热用氢氧化钾或氢氧化钠标准滴定溶液中和滴定热乙醇悬浊液中的游离脂肪酸，以指示剂相应的颜色变化来判定滴定终点，然后通过滴定终点消耗的标准溶液的体积计算样品油脂的酸价。本方法更适用于颜色不是很深的油脂酸价测定。

（2）分析步骤

①试样称取：根据样品的颜色和估计的酸值按表3-9称样，装入锥形瓶中。

②测定：取一个干净的250mL的锥形烧瓶，按照表3-9的要求用天平称取制备的油脂试样。

另取一个干净的250mL的锥形烧瓶，加入50~100mL的95%乙醇，再加入0.5~1mL的酚酞指示剂。然后，将此锥形烧瓶放入90~100℃的水浴中加热直到乙醇微沸。取出该锥形烧瓶，趁乙醇的温度还维持在70℃以上时，立即用装有标准滴定溶液的刻度滴定管对乙醇进行滴定。当乙醇初现微红色，且15s内无明显褪色时，立刻停止滴定，乙醇的酸性被中和。

将此中和乙醇溶液趁热立即倒入装有试样的锥形烧瓶中，然后放入90~100℃的水浴中加热直到乙醇微沸，其间剧烈振摇锥形烧瓶形成悬浊液。最后取出该锥形烧瓶，趁热，立即用装有标准滴定溶液的刻度滴定管对试样的热乙醇悬浊液进行滴定，当试样溶液初现微红色，且15s内无明显褪色时，为滴定的终点，立刻停止滴定，记录下此滴定所消耗的标准滴定溶液的体积 V（mL）。

问题探究

所谓酸价超标就是百姓常说的出现"哈喇"味。为了保障油脂的品质和食用安全，目前我国食用植物油标准中规定了油脂的酸价、过氧化值的限量。GB 2716—2018《食品安全国家标准　植物油》规定酸价不超过3（以 KOH 计）mg/g。

造成酸价超标的原因，一是制造工艺问题，二是在市面上摆放时间过长。因此购买食用油时必须注意生产日期和保质期。对于已经买回家的各种食用油，最好存放在阳光无法直射的地方。如发现食用油颜色不对、变浑浊或者变味了，不要食用。

【知识拓展】

（1）关于冷溶剂指示剂法对深色泽油脂样品酸价的测定　对于深色泽的油脂样品，可用百里香酚酞指示剂或碱性蓝6B指示剂取代酚酞指示剂，滴定时，当颜色变为蓝色即为百里香酚酞的滴定终点，碱性蓝6B指示剂的滴定终点为由蓝色变红色。米糠油（稻米油）的冷溶剂指示剂法测定酸价只能用碱性蓝6B指示剂。

（2）关于热乙醇测定法对深色泽油脂样品酸价的测定　对于深色泽的油脂样品，可适当加大乙醇和指示剂的用量，可用百里香酚酞指示剂（或碱性蓝6B指示剂）取代酚酞指示剂，滴定时，当其颜色变为蓝色即为百里香酚酞的滴定终点，碱性蓝6B指示剂的滴定终点为由蓝色变红色。热乙醇指示剂滴定法无须进行空白实验。

> ➤ 思考与练习

在实训室内采用冷溶剂指示剂法测定大豆油酸价。

◇ **任务八** 油脂过氧化值的测定

能力目标

掌握碘量法测定油脂过氧化值的原理，并掌握其测定的操作技术。

课程导入

过氧化值是表示油脂和脂肪酸等被氧化程度的一种指标，以每千克样品中活性氧的物质的量（mmol）表示，用于说明样品是否因已被氧化而变质。那些以油脂、脂肪为原料而制作的食品，可以通过检测其过氧化值判断其质量和变质程度。

测定原理：油脂试样在三氯甲烷和冰乙酸中溶解，其中的过氧化物与碘化钾反应生成碘，用硫代硫酸钠标准溶液滴定析出的碘。用过氧化物相当于碘的质量分数或1kg样品中活性氧的物质的量（mmol）表示过氧化值的量。

实 训

一、仪器用具

（1）碘量瓶：250mL。

（2）滴定管：10mL，最小刻度为0.05mL。

（3）天平：感量为1，0.01mg。

二、实践操作

（一）试剂

（1）三氯甲烷-冰乙酸混合液（体积比40+60）：量取40mL三氯甲烷，加60mL冰乙酸，混匀。

（2）碘化钾饱和溶液：称取20g碘化钾，加入10mL新煮沸冷却的水，摇匀后贮于棕色瓶中，存放于避光处备用。要确保溶液中有饱和碘化钾结晶存在。

使用前检查：在30mL三氯甲烷-冰乙酸混合液中添加1.00mL碘化钾饱和溶

液和 2 滴 1%淀粉指示剂，若出现蓝色，并需用 1 滴以上的 0.01mol/L 硫代硫酸钠溶液才能消除，此碘化钾溶液不能使用，应重新配制。

（3）1%淀粉指示剂：称取 0.5g 可溶性淀粉，加少量水调成糊状。边搅拌边倒入 50mL 沸水，再煮沸搅匀后，放冷备用。临用前配制。

（4）标准溶液配制：①0.1mol/L 硫代硫酸钠标准溶液。称取 26g 硫代硫酸钠（$Na_2S_2O_3 \cdot 5H_2O$），加 0.2g 无水碳酸钠，溶于 1000mL 水中，缓缓煮沸 10min，冷却。放置两周后过滤、标定。②0.01mol/L 硫代硫酸钠标准溶液。由 0.1mol/L 硫代硫酸钠标准溶液以新煮沸冷却的水稀释而成。临用前配制。

（二）试样制备

对液态样品，振摇装有试样的密闭容器，充分均匀后直接取样；对固态样品，选取有代表性的试样置于密闭容器中混匀后取样。试样制备过程应避免强光，并尽可能避免带入空气。

（三）试样的测定

应避免在阳光直射下进行试样测定。

称取制备的试样 2~3g（精确至 0.001g），置于 250mL 碘量瓶中，加入 30mL 三氯甲烷-冰乙酸混合液，轻轻振摇使试样完全溶解。准确加入 1.00mL 饱和碘化钾溶液，塞紧瓶盖，并轻轻振摇 0.5min，在暗处放置 3min。取出加 100mL 水，摇匀后立即用硫代硫酸钠标准溶液（过氧化值估计值在 0.15g/100g 及以下时，用 0.002mol/L 标准溶液；过氧化值估计值大于 0.15g/100g 时，用 0.01mol/L 标准溶液）滴定析出的碘，滴定至淡黄色时，加 1mL 淀粉指示剂，继续滴定并强烈振摇至溶液蓝色消失为终点。同时进行空白实验。空白实验所消耗 0.01mol/L 硫代硫酸钠溶液体积 V_0 不得超过 0.1mL。

三、结果计算

用 1kg 样品中活性氧的物质的量（mmol）表示过氧化值时，如式（3-6）所示计算：

$$X_2 = \frac{(V - V_0) \times c}{2 \times m} \times 1000 \qquad (3-6)$$

式中　X_2——过氧化值，mmol/kg

V——试样消耗的硫代硫酸钠标准溶液体积，mL

V_0——空白实验消耗的硫代硫酸钠标准溶液体积，mL

c——硫代硫酸钠标准溶液的浓度，mol/L

m——试样质量，g

2——过氧化值（meq/kg）换算为氧化值的系数

1000——换算系数

在重复性条件下获得的两次独立测定结果的绝对差值不得超过算术平均值的 10%。

计算结果以重复性条件下获得的两次独立测定结果的算术平均值表示，结果保留两位有效数字。

问题探究

酸价和过氧化值升高是反映油脂品质下降、油脂陈旧的指标。油脂在贮存运输过程中，如果密封不严、接触空气、光线照射，以及微生物及酶等作用，会导致酸价、过氧化值升高，超过卫生标准。严重时会产生臭气和异味，俗称"哈喇味"。一般情况下，酸价和过氧化值略有升高不会对人体的健康产生损害。但如发生严重的变质，所产生的醛、酮、酸会破坏脂溶性维生素，并可能对人体的健康产生不利影响。为了保障油脂的品质和食用安全，目前我国食用植物油标准中规定了油脂的酸价、过氧化值的限量。

【知识拓展】

过氧化值是油脂酸败的早期指标，过氧化值不合格说明这种食品刚开始酸败，但还远没有达到不可救药的程度。酸价是油脂酸败的晚期指标。酸价不合格了，说明这个食品油脂酸败程度已经很高了，不可用了。

➤ 思考与练习

在实训室内采用碘量法测定大豆油过氧化值。

任务九 植物油脂含皂量的测定

能力目标

掌握油脂含皂量测定意义、测定原理及测定方法。

课程导入

毛油中含有一定量的游离脂肪酸，脱除这些脂肪酸的过程叫脱酸（或碱炼）。经过碱炼的油脂，会有少量皂脚残留。皂脚的存在会影响油脂食味，同时还会影响油酸的透明度。含皂量是指油脂经过碱炼后，残留在油脂中的皂化物的量（以油酸钠计）。

测定原理：试样用有机溶剂溶解后，加入热水使肥皂水解生产游离脂肪酸及氢氧化钠，用盐酸标准溶液滴定生成的氢氧化钠。

实 训

一、仪器用具

（1）具塞锥形瓶：250mL。

（2）微量滴定管：5mL 或 10mL，分度值 0.02mL。

（3）量筒：50mL。

（4）移液管：1mL。

（5）天平：分度值 0.01g。

二、实践操作

（一）试剂

（1）指示剂：1%溴酚蓝溶液。

（2）盐酸标准溶液：c（HCl）= 0.01mol/L，按 GB/T 601—2016 规定的方法配制与标定。

（3）氢氧化钠溶液：c（NaOH）= 0.01mol/L，按 GB/T 601—2016 规定的方法配制与标定。

（4）丙酮水溶液：量取 20mL 水加入至 980mL 丙酮中，摇匀。临分析前，每100mL 中加入 0.5mL 1%溴酚蓝溶液，滴加盐酸溶液或氢氧化钠溶液调节至溶液呈黄色。

（二）操作步骤

（1）称取按 GB/T 15687—2008 制备的样品 40g（即 m），精确至 0.01g，置于具塞锥形瓶中，加入 1mL 水，将锥形瓶置于沸水浴中，充分摇匀。

（2）加入 50mL 丙酮水溶液（2+98），在水浴中加热后，充分振摇，静置后分为两层（如果油脂中含有皂化物，则上层将呈绿色至蓝色）。

（3）用微滴定管趁热逐滴滴加 0.01mol/L 的盐酸标准溶液，每滴 1 滴振摇数次，滴至溶液从蓝色变为黄色。

（4）重新加热、振摇、滴定至上层呈黄色不褪色，记下消耗盐酸标准溶液的总体积（V_1）。

（5）同时做空白实验，记下消耗盐酸标准溶液的总体积（V_0）。

三、结果计算

油脂含皂量如式（3-7）所示计算：

$$X = \frac{(V_1 - V_0) \times c \times 0.304}{m} \times 100\% \qquad (3-7)$$

式中　X——油脂中含皂量，%

　　　V_1——滴定试样溶液消耗盐酸标准溶液体积，mL

　　　V_0——滴定空白溶液消耗盐酸标准溶液体积，mL

　　　c——盐酸溶液的浓度，mol/L

　　　m——试样质量，g

　0.304——每毫摩尔油酸钠的质量，g/mmol

　　　双实验结果允许差不超过 0.01%，求其平均数，即为测定结果。测定结果取小数点后第二位。

问题探究

　　　油脂碱炼（精炼过程中的一个步骤）的目的是为了除去油脂中游离的脂肪酸。游离脂肪酸与碱反应生成脂肪酸盐。脂肪酸盐极性增大，与油的溶解性降低。如果油脂碱炼后水洗不彻底，含皂量大，则影响油脂的透明度、脱色和质量。

【知识拓展】

　　　脱酸常用方法为碱炼法，是通过在油中（毛油或水化脱胶油）添加碱性水溶液，进行中和化学反应而达到脱酸目的。碱炼脱酸工艺常用的化学中和剂是烧碱（NaOH），添加量视原料油品质而定，总耗碱量包括三个部分：一是用于中和游离脂肪酸的碱，通称为理论碱；二是用于中和酸反应过程添加的磷酸；另一部分则是为了满足工艺要求而额外增加的碱，称为超量碱。碱液浓度一般为 12~24°Bé。

> 思考与练习

　　　在实训室内测定大豆油含皂量。

项目四

蔬菜检验

能力目标

（1）了解蔬菜的特点、分类及其营养成分。

（2）掌握蔬菜主要检测任务及检测要点。

（3）了解取样程序、名词术语和新鲜蔬菜的取样要求。

（4）掌握新鲜蔬菜取样方法。

课程导入

蔬菜是人类日常生活不可或缺的食物之一，人们可从蔬菜中获取蛋白质、碳水化合物、维生素、矿物质等营养元素。随着社会经济的发展和人民生活水平的提高，人们对食品的追求已经从吃饱转变成享受美食、发展饮食文化，以及满足人体健康不同需求的功能性效果。

一、农药残留检验

农药残留问题是影响农产品质量的主要因素之一，做好农药残留的预防与控制工作对提高农产品质量安全水平、增强农产品市场竞争力、实现农业和农村经济可持续发展等方面均具有重要的意义。

从事检验工作的人员必须掌握农药残留分析的各种方法和技术。农药残留分析是农药研制和开发过程中必不可少的监控方式，在保障农药安全生产和合理使用等方面具有重要的意义。目前，农药残留问题是我国农产品出口的主要障碍，也是消费者关注的主要问题。国家采取了对高毒农药的限制使用办法，同时鼓励研发新型高效低毒农药品种。近年来，农药新品种、新剂型不断出现，这对检验方法和技术也有了新的要求。为了能够对蔬菜中的有害、有毒物质进行快速鉴别，我国急需培养掌握农药残留检验技术的专门人才，来完成相关检验工作并采取具有针对性的预防措施保障蔬菜安全。

二、 蔬菜中的硝酸盐与亚硝酸盐

蔬菜残留的亚硝酸盐在人体内会产生不利作用，一方面人体长期摄入亚硝酸盐残留量超标的蔬菜会对健康造成不利影响，亚硝酸盐能降低血液的载氧量，导致人易患高铁血红蛋白血症；另一方面，亚硝酸盐还能与人体内的仲胺、叔胺等胺类反应，在低 pH（pH 3）的胃中形成致癌物亚硝胺，增加消化系统患癌的风险。表 4-1 中给出了八种蔬菜的叶部和茎部的硝酸盐的平均含量。

表 4-1　　　　　　八种蔬菜中硝酸盐的平均含量　　　　单位：mg/kg

蔬菜名称	叶部	茎部	蔬菜名称	叶部	茎部
白菜	2259	3504	蒿子菜	354	2835
芹菜	3912	3921	小松菜	1209	572
荷兰芹	1218	1843	茄子	275	—
菠菜	2335	3593	卷心菜	180	—

三、 蔬菜检验取样的名词术语

（一）合同货物
合同货物指以指定合同或货运清单为准发送或接收的货物数量。可以由一批或多批货物组成。

（二）批量货物
批量货物指数量确定、品质均匀一致（同一品种或种类，成熟度相同，包装一致等）的货物。属于合同货物中的某一批。

（三）抽检货物
抽检货物指从批量货物中的不同位置和不同层次随机抽取的少量货物。多个抽检货物取样量应大致相同。

（四）混合样品
混合样品是将多个抽检货物混合后得到的样品。如果条件适宜，可以从一个特定的批量货物中抽取抽检货物混合获得。

（五）缩分样品

缩分样品即混合样品经缩分而获得对该批量货物具有代表性的样品。

（六）实验室样品

实验室样品是送往实验室分析或其他测试的、从混合样品或缩分样品中获得的一定量的能够代表批量货物的样品。

四、蔬菜检验取样要求

（一）带包装的蔬菜产品

针对带包装的蔬菜产品的随机取样可依据表 4-2 进行。

表 4-2   蔬菜检验的抽检件数

全部货物中同类包装货物件数	抽检货物件数	全部货物中同类包装货物件数	抽检货物件数
≤100	5	501~1000	10
101~300	7	≥1000	15（最低限度）
301~500	9		

（二）不带包装的蔬菜产品

不带包装的蔬菜产品抽检货物数量依据表 4-3。如果蔬菜个体体积相对较大（一般超过 2kg/个），抽检货物最低为 5 个个体。

表 4-3   抽检货物的取样量

全部货物总质量或总件数	抽检货物总质量或总件数	全部货物总质量或总件数	抽检货物总质量或总件数
≤200	10	1001~5000	60
201~500	20	>5000	100（最低限度）
501~1000	30		

（三）实验室蔬菜样品取样数量

实验室蔬菜样品最低取样数量参照表 4-4。

表 4-4   实验室蔬菜样品最低取样数量

蔬菜种类	取样质量或数量
甘蓝、卷心菜、茄子、甜菜、甜椒、番茄	3kg
大蒜、黄瓜、洋葱、萝卜和块根类蔬菜	3kg

续表

蔬菜种类	取样质量或数量
南瓜、西瓜、甜瓜	5 个
甜玉米	10 个
白菜、花椰菜、莴苣、红甘蓝	10 个
捆装蔬菜	10 捆

➢ 思考与练习

1. 蔬菜中的污染有哪些？一般检测的项目是什么？
2. 蔬菜检测的操作要点有哪些？
3. 蔬菜的取样方法有哪些？

◇ 任务二　白菜总灰分及水溶性灰分的测定

▊▊▊ **能力目标**

（1）了解蔬菜矿物质含量，为农产品的无机成分检验和重金属检验奠定基础。
（2）掌握蔬菜灰分测定方法。

▊▊▊ **课程导入**

食品经灼烧后所残留的无机物质称为灰分。总灰分数值系于灼烧、称重后计算得出。用热水提取总灰分，经无灰滤纸过滤、灼烧、称量残留物，测得水不溶性灰分，由总灰分和水不溶性灰分的质量之差计算水溶性灰分。

本任务以白菜为例按照 GB 5009.4—2016 测定蔬菜产品的总灰分和水溶性灰分。

除非另有说明，本任务所用试剂均为分析纯，水为 GB/T 6682—2008 规定的三级水。

▊▊▊ **实　训**

一、仪器用具

（1）高温炉：最高使用温度≥950℃。
（2）分析天平：感量分别为 0.1，1，0.1g。
（3）石英坩埚或瓷坩埚。

（4）干燥器（内有干燥剂）。

（5）电热板。

（6）恒温水浴锅：控温精度为±2℃。

（7）无灰滤纸。

（8）漏斗。

（9）表面皿：直径6cm。

（10）烧杯：高型容量100mL。

二、 实践操作

（一）试剂

（1）乙酸镁溶液（80g/L）：称取8.0g乙酸镁加水溶解并定容至100mL，混匀。

（2）乙酸镁溶液（240g/L）：称取24.0g乙酸镁加水溶解并定容至100mL，混匀。

（3）10%盐酸溶液：量取24mL分析纯浓盐酸用蒸馏水稀释至100mL。

（二）操作步骤

一定量的样品经炭化后放入高温炉内灼烧，其中的有机物质被氧化分解，以二氧化碳、氮的氧化物及水等形式逸出。而无机物质则以硫酸盐、磷酸盐、碳酸盐、氯化物等无机盐和金属氧化物的形式残留下来，这些残留物即为灰分。称量残留物的质量即可计算出样品中总灰分的含量。总灰分是在525℃±25℃下用灼烧重量法测定。

1. 坩埚预处理

取大小适宜的石英坩埚或瓷坩埚置于高温炉中，在550℃±25℃下灼烧30min，冷却至200℃左右，取出，放入干燥器中冷却30min，准确称量。重复灼烧至前后两次称量相差不超过0.5mg为恒重。

2. 称样

干样称取2~3g（精确至0.0001g）；鲜样称取3~10g（精确至0.0001g）。

3. 总灰分测定

称取试样加入1.00mL乙酸镁溶液（240g/L）或3.00mL乙酸镁溶液（80g/L），使试样完全润湿。放置10min后，用水浴将水分蒸干，在电热板上以小火加热使试样充分炭化至无烟，然后置于高温炉中，在550℃±25℃灼烧4h。冷却至200℃左右，取出，放入干燥器中冷却30min，称量前如发现灼烧残渣有炭粒时，应向试样中滴入少许水湿润，使结块松散，蒸干水分再次灼烧至无炭粒即表示灰化完全，方可称量。重复灼烧至前后两次称量相差不超过0.5mg为恒重。

吸取3份与上述相同浓度和体积的乙酸镁溶液，做3次空白实验。当3次实验结果的标准偏差小于 0.003g 时，取算术平均值作为空白值。若标准偏差大于或等于 0.003g 时，应重新做空白实验。

4. 水溶性灰分测定

用约 25mL 热蒸馏水分次将总灰分从坩埚中洗入 100mL 烧杯中，盖上表面皿，用小火加热至微沸，防止溶液溅出。趁热用无灰滤纸过滤，并用热蒸馏水分次洗涤杯中残渣，直至滤液和洗涤体积约达 150mL 为止，将滤纸连同残渣移入原坩埚内，放在沸水浴锅上小心地蒸去水分，然后将坩埚烘干并移入高温炉内，以 550℃±25℃灼烧至无炭粒（一般需 1h）。待炉温降至 200℃时，放入干燥器内，冷却至室温，称重（准确至 0.0001g）。再放入高温炉内，以 550℃±25℃灼烧 30min，同前述步骤一样冷却并称重。如此重复操作，直至连续两次称重之差不超过 0.5mg 为止，记下最低质量。

三、 结果计算及报告表述

1. 总灰分

加了乙酸镁溶液的试样中灰分的含量，如式（4-1）所示计算：

$$X_1 = \frac{m_1 - m_2 - m_0}{m_3 - m_2} \times 100 \tag{4-1}$$

式中　X_1——加了乙酸镁溶液的试样中灰分的含量，g/100g

　　　m_1——坩埚和灰分的质量，g

　　　m_2——坩埚的质量，g

　　　m_0——氧化镁（乙酸镁灼烧后生成物）的质量，g

　　　m_3——坩埚和试样的质量，g

　　　100——单位换算系数

2. 水不溶性灰分

试样中水不溶性灰分的含量，如式（4-2）所示计算：

$$X_2 = \frac{m_1 - m_2}{m_3 - m_2} \times 100 \tag{4-2}$$

式中　X_2——水不溶性灰分含量，g/100g

　　　m_1——坩埚和水不溶性灰分的质量，g

　　　m_2——坩埚的质量，g

　　　m_3——坩埚和试样的质量，g

　　　100——单位换算系数

3. 水溶性灰分

试样中水溶性灰分的含量，如式（4-3）所示计算：

$$X_3 = \frac{m_4 - m_5}{m_0} \times 100 \tag{4-3}$$

式中　X_3——水溶性灰分的质量，g/100g

　　　m_0——试样的质量，g

　　　m_4——总灰分的质量，g

　　　m_5——水不溶性灰分的质量，g

　　　100——单位换算系数

试样中灰分含量≥10g/100g 时，保留三位有效数字；试样中灰分含量<10g/100g 时，保留两位有效数字。在重复性条件下获得的两次独立测定结果的绝对差值不得超过算术平均值的 5%。

四、注意事项

（1）试样经预处理后，在放入高温炉灼烧前要先进行炭化处理。样品炭化时要注意热源强度，防止在灼烧时，因高温引起试样中的水分急剧蒸发，使试样飞溅；防止糖、蛋白质、淀粉等易发泡膨胀的物质在高温下发泡膨胀而溢出坩埚；不经炭化而直接灰化，炭粒易被包住，炭化不完全。

（2）把坩埚放入高温炉或从炉中取出时，要放在炉口停留片刻，使坩埚预热或冷却，防止因温度剧变而使坩埚破裂。

（3）灼烧后的坩埚应冷却到 200℃ 以下再移入干燥器中，否则热的对流作用，易造成残灰飞散，且冷却速度慢，冷却后干燥器内形成较大真空，盖子不易打开。从干燥器内取出坩埚时，因内部成真空，开盖恢复常压时，应该使空气缓缓流入，以防残灰飞散。

（4）如液体样品量过多，可分次在同一坩埚中蒸干，在测定蔬菜、水果这一类含水量高的样品时，应预先测定这些样品的水分，再将其干燥物继续加热灼烧，测定其灰分含量。

（5）灰化后所得残渣可留作 Ca、P、Fe 等无机成分的分析用。

（6）用过的坩埚经初步洗刷后，可用粗盐酸或废盐酸浸泡 10~20min，再用水冲刷干净。

（7）近年来炭化时常采用红外灯。

（8）加速灰化时，一定要沿坩埚壁加去离子水，不可直接将水洒在残灰上，以防残灰飞扬，造成损失和测定误差。

▊▊▊ 问题探究

有研究检测蔬菜中的磷含量，发现了蔬菜检测灰分含量与磷含量的关系。在含磷量较高的蔬菜样品（磷含量大于 0.4%）中，磷酸容易形成熔融的无机物包裹炭粒，使灰化不完全，影响检测结果。可以加入乙酸镁作灰化助剂，在灰化过程中，镁盐随着灰化的进行而分解，与过剩的磷酸结合，使试样达到疏松状态，避免残灰熔融，包裹炭粒，从而使检测结果更接近真实值。

【知识拓展】

在食品工业中，灰分是指食品经高温灼烧后残留下来的无机物，灰分指标可以评定食品是否污染，判断食品是否掺假。如果灰分含量超标，说明了食品原料中可能混有杂质或在加工过程中可能混入一些泥沙等机械污染物。灰分中的主要成分无机盐是六大营养素之一，因此灰分含量也是评价食品营养的重要参考指标之一。如黄豆营养价值较高，它的灰分含量也较高，灰分是我国面粉分等定级的主要指标之一，是面制品性能主要参考依据。因此，测定灰分具有十分重要的意义。

2017年3月1日实施的GB 5009.4—2016《食品安全国家标准　食品中灰分的测定》对食品中灰分的测定方法进行细分，除一般食品的测定方法外，还包含了含磷量较高的豆类制品、蛋制品、肉禽制品、水产品、乳及乳制品中灰分的测定方法。在实际操作中，很难经过一次检测就能得到正确的结果。因此，我们有必要对测定灰分的方法加以分析和实践，从而达到针对不同的样品都能够选择正确的方法进行测定。

➤ 思考与练习

1. 研究性习题
采用直接灰化法完成蔬菜中总灰分和水溶性灰分的测定。
2. 思考题
分析白菜灰分的检测中产生数据误差的原因。

任务三　芹菜中粗纤维的测定

▇▇ 能力目标

（1）利用酸碱处理法测定蔬菜中粗纤维的含量。
（2）对测定结果进行计算，测定结果的绝对差值不得超过算术平均值的10%。

▇▇ 课程导入

粗纤维主要为蔬菜细胞壁的组成成分，是蔬菜新鲜程度的评价指标。一般情况下，叶类蔬菜的种植时间较短，在水、肥条件相对较好的条件下，其粗纤维的生成量很低。如果叶类蔬菜生长在干旱、贫瘠的环境下，那么生长时间会延长，粗纤维的生成量会明显提高，导致蔬菜品质下降，具有菜叶枯黄、营养成分低、口感差等特点。

本任务的方法适用于水果、蔬菜及其产品粗纤维含量的测定。

一、仪器用具

（1）分析天平：感量为 0.1mg。

（2）组织捣碎机。

（3）电热鼓风干燥箱。

（4）电热板。

（5）高温炉。

（6）回流装置：500mL 锥形瓶及冷凝管。

（7）布氏漏斗：直径 80mm 或 10mm。

（8）短颈漏斗：直径 100mm 或 120mm。

（9）抽滤瓶：容积 500mL 或 1000mL。

（10）古氏坩埚：容积 30mL。

（11）干燥器：干燥剂为变色硅胶或氯化钙。

二、实践操作

（一）试剂

本任务所用试剂均为分析纯，水为 GB/T 6682—2008 规定的一级水。

（1）1.25%硫酸。

（2）1.25%氢氧化钾溶液。

（3）石棉：加5%氢氧化钠溶液浸泡石棉，在水浴上回流 8h 以上，再用热水充分洗涤。然后用 20%盐酸在沸水浴上回流 8h 以上，再用热水充分洗涤，干燥。在 600~700℃ 中灼烧后，加水使其成为混悬物，贮存于玻塞瓶中。

（二）操作步骤

1. 试样的预处理

称取 20~30g 捣碎的试样（或 5.0g 干试样），移入 500mL 锥形瓶中，加入 200mL 煮沸的 1.25%硫酸，加热使微沸，保持体积恒定，维持 30min，每隔 5min 摇动锥形瓶一次，以充分混合瓶内的物质。取下锥形瓶，立即用亚麻布过滤后，用沸水洗涤至洗液不呈酸性。

2. 提取

用 200mL 煮沸的 1.25%氢氧化钾溶液，将亚麻布上的存留物洗入原锥形瓶内加热微沸 30min 后，取下锥形瓶，立即以亚麻布过滤，以沸水洗涤 2~3 次后，移入已干燥称量的垂融坩埚或同型号的垂融漏斗中，抽滤，用热水充分洗涤后，抽干。再依次用乙醇和乙醚洗涤一次。将坩埚和内容物在 105℃ 烘箱中烘干后称量，重复操作，直至恒重。

3. 粗纤维的测定

如果试样中含有较多的不溶性杂质，则可将试样移入石棉坩埚，烘干称量后，再移入 550℃ 高温炉中灰化，使含碳的物质全部灰化，置于干燥器内，冷却至室温称量，所损失的量即为粗纤维量。

三、 结果计算

试样中粗纤维含量如式（4-4）所示进行计算：

$$X = \frac{G}{m} \times 100\% \tag{4-4}$$

式中　X——试样中粗纤维的含量

　　　　G——残余物的质量（或经高温炉损失的质量），g

　　　　m——试样的质量，g

计算结果精确到小数点后一位。在重复性条件下获得的两次独立测定结果的绝对差值不得超过算术平均值的 10%。

四、 注意事项

（1）在操作过程中，由于有部分半纤维素溶于酸溶液中，其测定结果偏低，存在系统误差。为了保证测定结果重现性好，必须满足下列条件：

①所用硫酸与氢氧化钠溶液的浓度必须准确；

②样品的粒度必须保证全部通过 20 目的标准筛；

③酸碱处理时，必须保证在 1~2min 开始沸腾，微沸时间准确保持在 30min±1min。

（2）酸碱处理过程中应注意随时加水，以保持酸碱浓度不变，并注意试样不能粘到瓶壁上。

问题探究

脆度是酱腌菜感官品质的重要指标之一，芹菜中粗纤维含量的多少，会直接导致其加工出的酱腌菜产品口感绵软或"发柴"，这会严重影响产品的品质。有蔬菜感官品质与营养品质相关性研究指出，对蔬菜感官品质起主要作用的因素是可溶性糖，其次是粗纤维，再次是可溶性蛋白质，可溶性糖和可溶性蛋白质对感官品质起正向作用，而粗纤维对感官品质起负向作用。目前关于芹菜粗纤维含量的测定及其对口感的影响研究鲜有报道，芹菜粗纤维的含量及其对蔬菜加工品质的影响对于蔬菜相关产品生产加工具有重要的指导意义。

【知识拓展】

芹菜，属伞形科植物，有水芹、旱芹、西芹三种，功能相近。旱芹香气较浓，常为药用，又称药芹。芹菜中富含蛋白质、碳水化合物、胡萝卜素、B 族维生素、钙、磷、铁、钠等元素，同时，具有平肝清热、祛风利湿、除烦消肿、凉血止血、解毒宣肺、健胃利血、清肠利便、润肺止咳、降低血压、健脑镇静的功效。

芹菜富含膳食纤维。膳食纤维在维持人体生理功能和改善消化道功能方面具有重要作用。多种常见慢性病如高血糖、高血脂、某些心脑血管疾病、肥胖症、便秘及某些癌症（如结肠癌）的发生都与膳食纤维摄入量不足有显著关联。因此，对蔬菜中粗纤维含量进行测定，是评价蔬菜营养性和功能性的重要指标。

➤ 思考与练习

1. 研究性习题

采用酸碱处理法完成芹菜中粗纤维含量的测定。

2. 思考题

分析蔬菜中粗纤维的检测中产生数据误差的原因。

◈ **任务四** 番茄中抗坏血酸含量的测定

▓▓ **能力目标**

掌握 2，6-二氯靛酚滴定法测定蔬菜中抗坏血酸含量的方法。

▓▓ **课程导入**

（1）抗坏血酸　一种具有抗氧化性质的有机化合物，又称为维生素 C，是人体必需的营养素之一。

（2）L（+）-抗坏血酸　左式右旋抗坏血酸。具有强还原性，对人体具有生物活性。

（3）D（+）-抗坏血酸　又称异抗坏血酸。具有强还原性，但对人体基本无生物活性。

（4）L（+）-脱氢抗坏血酸　L（+）-抗坏血酸极易被氧化为 L（+）-脱氢抗坏血酸，L（+）-脱氢抗坏血酸亦可被还原为 L（+）-抗坏血酸。通常称为脱氢抗坏血酸。

（5）L（+）-抗坏血酸总量　将试样中 L（+）-脱氢抗坏血酸还原成 L（+）-抗坏血酸或将试样中 L（+）-抗坏血酸氧化成 L（+）-脱氢抗坏血酸后

测得的 L（+）-抗坏血酸总量。

实 训

一、仪器用具

（1）组织捣碎机。
（2）分析天平。
（3）滴定管等。

二、实践操作

（一）试剂

本任务所用试剂均为分析纯，水为 GB/T 6682—2008 规定的三级水。

（1）偏磷酸溶液（20g/L）：称取 20g 偏磷酸，用水溶解并定容至 1L。

（2）草酸溶液（20g/L）：称取 20g 草酸，用水溶解并定容至 1L。

（3）2，6-二氯靛酚（2，6-二氯靛酚钠盐）溶液：称取碳酸氢钠 52mg 溶解在 200mL 热蒸馏水中，然后称取 2，6-二氯靛酚 50mg 溶解在上述碳酸氢钠溶液中。冷却并用水定容至 250mL，过滤至棕色瓶内，于 4~8℃ 环境中保存。每次使用前，用标准抗坏血酸溶液标定其滴定度。

（4）L（+）-抗坏血酸标准溶液（1.000mg/mL）：称取 100mg（精确至 0.1mg）L（+）-抗坏血酸标准品，溶于偏磷酸溶液或草酸溶液并定容至 100mL。该贮备液在 2~8℃ 避光条件下可保存一周。

（5）白陶土（或高岭土）：对抗坏血酸无吸附性。

（二）操作步骤

用蓝色的碱性染料 2，6-二氯靛酚标准溶液对含 L（+）-抗坏血酸的试样酸性浸出液进行氧化还原滴定，2，6-二氯靛酚被还原为无色，当到达滴定终点时，多余的 2，6-二氯靛酚在酸性介质中显浅红色，由 2，6-二氯靛酚的消耗量计算样品中 L（+）-抗坏血酸的含量。

抗坏血酸含量测定的整个检测过程应在避光条件下进行。

1. 样液制备

称取具有代表性样品的可食部分 100g，放入粉碎机中，加入 100g 偏磷酸溶液或草酸溶液，迅速捣成匀浆。准确称取 10~40g 匀浆样品（精确至 0.01g）于烧杯中，用偏磷酸溶液或草酸溶液将样品转移至 100mL 容量瓶，并稀释至刻度，摇匀后过滤。若滤液有颜色，可按每克样品加 0.4g 白陶土脱色后再过滤。

2. 滴定

准确吸取 10mL 滤液于 50mL 锥形瓶中，用标定过的 2，6-二氯靛酚溶液滴定，直至溶液呈粉红色 15s 不褪色为止。同时做空白实验。

三、 结果计算及报告表述

试样中 L（+）-抗坏血酸含量如式（4-5）所示计算：

$$X = \frac{(V - V_0) \times T \times A}{m} \times 100 \tag{4-5}$$

式中 X——试样中 L（+）-抗坏血酸含量，mg/100g

   V——滴定试样所消耗 2，6-氯靛酚溶液的体积，mL

   V_0——滴定空白所消耗 2，6-二氯靛酚溶液的体积，mL

   T——2，6-二氯靛酚溶液的滴定度，即每毫升 2，6-二氯靛酚溶液相当于抗坏血酸的质量，mg/mL

   A——稀释倍数

   m——试样质量，g

   100——换算系数

计算结果保留三位有效数字。在重复性条件下获得的两次独立测定结果的绝对差值，在 L（+）-抗坏血酸含量大于 20mg/100g 时不得超过算术平均值的 2%。在 L（+）-抗坏血酸含量小于或等于 20mg/100g 时不得超过算术平均值的 5%。

问题探究

维生素 C，又名抗坏血酸，是植物和动物体内合成的一种己糖内酯化合物。它在生物体内具有重要的抗氧化作用，是植物和动物生长、发育和繁殖过程中所必需的物质。抗坏血酸与植物的抗逆性密切相关，并影响植物细胞分裂、伸长和植株生长发育。人类和一些灵长类动物由于抗坏血酸合成途径最后一个关键酶（L-古洛糖醛酸-1，4-内酯氧化酶）基因的缺失，自身无法合成抗坏血酸，必须从食物特别是新鲜水果蔬菜中摄取。番茄果实含有多种维生素，其中维生素 C 含量一般为 200~250mg/kg，甚至可达 400mg/kg 以上。抗坏血酸有较强的还原性，极易受 pH、温度、光照等因素的影响，但在酸性条件下较稳定，番茄因富含柠檬酸和苹果酸所以呈酸性，故番茄中抗坏血酸含量比其他蔬菜要高。

【知识拓展】

2，6-二氯靛酚溶液滴定度标定方法：准确吸取 1mL 抗坏血酸标准溶液于 50mL 锥形瓶中，加入 10mL 偏磷酸溶液或草酸溶液，摇匀，用 2，6-二氯靛酚溶液滴定至粉红色，保持 15s 不褪色为止。同时另取 10mL 偏磷酸溶液或草酸溶液做空白实验。2，6-二氯靛酚溶液的滴定度如式（4-6）所示计算：

$$T = \frac{\rho \times V}{V_1 - V_0} \tag{4-6}$$

式中　T——2，6-二氯靛酚溶液的滴定度，即每毫升 2，6-二氯靛酚溶液相当于抗坏血酸的毫克数，mg/mL

　　　　ρ——抗坏血酸标准溶液的质量浓度，mg/mL

　　　　V——吸取抗坏血酸标准溶液的体积，mL

　　　　V_1——滴定抗坏血酸标准溶液所消耗 2，6-二氯靛酚溶液的体积，mL

　　　　V_0——滴定空白所消耗 2，6-二氯靛酚溶液的体积，mL

➤ 思考与练习

在实训室内采用 2，6-二氯靛酚滴定法测定蔬菜中抗坏血酸含量。

◁ 任务五　蔬菜中亚硝酸盐含量的测定

■■■■ 能力目标

（1）能利用分光光度计，采用标准曲线法测定蔬菜样品中亚硝酸盐的含量。

（2）对测定数据进行处理，要求测定结果相对误差小于 2%。

■■■■ 课程导入

亚硝酸盐检测是蔬菜安全检测的必检项目之一。亚硝酸盐分布于自然界的土壤、水体、植物和空气中，尤其是在蔬菜种植中农药的广泛使用，使大量含有硝酸盐的农药污染了土壤、水源，进而增加了植物中硝酸盐富集，特别是马铃薯、白菜、香椿、莴苣、茄子和韭菜等均能从土壤中吸收大量的硝酸盐。

本任务按照 GB 5009.33—2016 分光光度法测定蔬菜产品中的亚硝酸盐的含量。测定原理：试样经沉淀蛋白质、除去脂肪后，在弱酸条件下亚硝酸盐与对氨基苯磺酸重氮化后，再与盐酸萘乙二胺偶合形成紫红色染料，与标准溶液比较定量，测得亚硝酸盐含量。

■■■■ 实　训

一、仪器用具

（1）天平：感量为 0.1mg 和 1mg。

（2）组织捣碎机。

（3）超声波清洗器。

（4）恒温干燥箱。

（5）分光光度计。

（6）镉柱。

二、实践操作

（一）试剂

本任务所用试剂均为分析纯，水为 GB/T 6682—2008 规定的一级水。

（1）亚铁氰化钾溶液（106g/L）：称取 106.0g 亚铁氰化钾，用水溶解，并稀释至 1000mL。

（2）乙酸锌溶液（220g/L）：称取 220.0g 乙酸锌，先加 30mL 冰乙酸溶解，用水稀释至 1000mL。

（3）饱和硼砂溶液（50g/L）：称取 5.0g 硼酸钠，溶于 100mL 热水中，冷却后备用。

（4）氨缓冲溶液（pH 9.6~9.7）：量取 30mL 盐酸（$\rho=1.19g/mL$），加 100mL 水，混匀后加 65mL 氨水（25%），再加水稀释至 1000mL，混匀。调节 pH 至 9.6~9.7。

（5）稀氨缓冲液：量取 50mL 氨缓冲溶液，加水稀释至 500mL，混匀。

（6）盐酸溶液（0.1mol/L）：吸取 5mL 盐酸，用水稀释至 600mL。

（7）对氨基苯磺酸溶液（4g/L）：称取 0.4g 对氨基苯磺酸，溶于 100mL 20% 盐酸中，置于棕色瓶中混匀，避光保存。

（8）盐酸萘乙二胺溶液（2g/L）：称取 0.2g 盐酸萘乙二胺，溶解于 100mL 水中，混匀后，置于棕色瓶中，避光保存。

（9）亚硝酸钠标准溶液：准确称取 0.1000g 于 110~120℃ 干燥恒重的亚硝酸钠，加水溶解，移入 500mL 容量瓶中，稀释至刻度，混匀。此溶液每毫升相当于 200μg 的亚硝酸钠。

（10）亚硝酸钠标准使用液：临用前，吸取亚硝酸钠标准溶液 5.00mL，置于 200mL 容量瓶中，加水稀释至刻度，此溶液每毫升相当于 5.0μg 亚硝酸钠。

（二）操作步骤

试样经沉淀蛋白质、除去脂肪后，在弱酸条件下亚硝酸盐与对氨基苯磺酸重氮化后，再与盐酸萘乙二胺偶合形成紫红色染料，与标准比较定量，测得亚硝酸盐含量。硝酸盐通过镉柱还原成亚硝酸盐，测得亚硝酸盐总量，由总量减去亚硝酸盐含量即得硝酸盐含量。

1. 试样的预处理

将白菜试样用去离子水洗净，晾干后，取可食部切碎混匀。将切碎的样品用四分法取适量，用组织捣碎机制成匀浆备用。如需加水应记录加水量。

2. 提取液制备

称取白菜试样匀浆5g（精确至0.001g），置于50mL烧杯中，加12.5mL硼砂饱和液，搅拌均匀，以70℃左右的水约300mL将试样洗入500mL容量瓶中，于沸水浴中加热15min，取出置于冷水浴中冷却，并放置至室温。

3. 提取液净化

在上述提取液中，一边转动，一边加入5mL亚铁氰化钾溶液，摇匀，再加入5mL乙酸锌溶液，以沉淀蛋白质。加水至刻度，摇匀，放置0.5h，除去上层脂肪，上清液用滤纸过滤，弃去初滤液30mL，滤液备用。

4. 亚硝酸盐的测定

吸取40.0mL上述滤液于50mL具塞比色皿中，另吸取0.00，0.20，0.40，0.60，0.80，1.00，1.50，2.00，2.50mL亚硝酸钠标准使用液V_1（5μg/mL）（相当于0.0，1.0，2.0，3.0，4.0，5.0，7.5，10.0，12.5μg亚硝酸钠），分别置于50mL具塞比色皿中。于标准管与试样管中分别加入2mL对氨基苯磺酸溶液V_2（4g/L），混匀，静置3~5min后各加入1mL盐酸萘乙二胺溶液V_3（2g/L），加水至刻度，混匀，静置15min，用2cm比色皿，以零管调节零点，于波长538nm处测吸光度，绘制标准曲线比较。同时做空白实验。数据记录表见表4-5。

表 4-5　　　　　标准曲线法测定蔬菜中亚硝酸盐数据记录表

比色皿号	0	1	2	3	4	5	6	7	8
V_1/mL	0.00	0.20	0.40	0.60	0.80	1.00	1.50	2.00	2.50
V_2/mL	2.00	2.00	2.00	2.00	2.00	2.00	2.00	2.00	2.00
				混匀，静置3~5min					
V_3/mL	1.00	1.00	1.00	1.00	1.00	1.00	1.00	1.00	1.00
				加水至刻度，混匀，静置15min					
计算亚硝酸钠的质量/μg	0.00	1.00	2.00	3.00	4.00	5.00	7.50	10.00	12.50
A									

三、 结果计算及报告表述

亚硝酸盐（以亚硝酸钠计）的含量如式（4-7）所示进行计算：

$$X_1 = \frac{A \times 1000}{m \times \dfrac{V_1}{V_0} \times 1000} \tag{4-7}$$

式中　X_1——试样中亚硝酸钠的含量，mg/kg

A——测定用样液中亚硝酸钠的质量，μg

　　m——试样质量，g

　　V_1——测定用样液体积，mL

　　V_0——试样处理液总体积，mL

　　计算结果保留两位有效数字。在重复性条件下获得的两次独立测定结果的绝对差值不得超过算术平均值的 10%。

四、 注意事项

　　（1）抽检取样，保证取样工具和容器洁净、干燥、无异味，取样过程无污染。

　　（2）测定用的水应为不含有亚硝酸盐的蒸馏水或去离子水。

　　（3）对氨基苯磺酸溶液、盐酸萘乙二胺溶液应少量配制，并低温密封避光保存，防止失效。

　　（4）显色过程中，加入每一种试剂的作用不同，其加入顺序不能颠倒，每加入一种试剂都必须摇匀，否则浓度不均匀，另外要准确定容操作及读数，以免引起较大的误差。

　　（5）仪器使用前需预热 30min，测定吸光度时须在 15min 内完成。

　　▨▨▨▨ **问题探究**

一、 操作关键点

　　（1）测定标样与试样的吸光度，应保证相同的显色条件、测量条件。

　　（2）为保证测定准确度，标样与试样溶液的组成应保持一致，待测样液的浓度应在标准曲线线性范围内，最好在标准曲线中部。

　　（3）标准曲线应定期校准。如果实验条件变动（如试剂重配、标液更换、仪器经过修理等），标准曲线应重新绘制。

　　（4）拿取比色皿时，只能用手指接触两侧的毛玻璃面，不可接触光学面。只能用擦镜纸按一个方向擦拭光学面。测定前用待测溶液润洗，并保证成套使用比色皿。

　　（5）绘制标准曲线要保证回归系数符合线性要求，否则计算误差较大。

二、 检测原理

　　1. 光吸收定律

　　光吸收定律（朗伯-比尔定律）：当一束平行单色光垂直入射通过均匀、透明的吸光物质的稀溶液时，溶液对光的吸收程度与溶液的浓度及液层厚度的乘积成正比，见式（4-8）：

$$A = \varepsilon bc \tag{4-8}$$

式中　A——吸光度

　　　ε——摩尔吸光系数

　　　b——液层的厚度

　　　c——溶液浓度

光吸收定律应用的条件：一是必须使用单色光；二是吸收发生在均匀介质中；三是吸收过程中，吸收物质互相不发生作用。

2. 标准曲线法

由公式 $A = \varepsilon bc$，在测量条件一致的情况下（λ、b 不变），吸光度 A 与浓度 c 呈正比关系，若以 A 为纵坐标，以 c 为横坐标，可得一条直线，设想如果横坐标 c 的浓度已知，则通过测量就可知道与 c 一一对应的纵坐标 A 值。

标准曲线法又称工作曲线法，它是实际工作中使用最多的一种定量方法。标准曲线的绘制方法是：配制 4 个以上浓度不同的待测组分的标准溶液，以空白溶液为参比溶液，在选定的波长下，分别测定各标准溶液的吸光度。以标准溶液浓度为横坐标，吸光度为纵坐标，用 EXCEL 绘制标准曲线，并得到回归方程。标准曲线上必须标明标准曲线的名称、所用标准溶液的名称和浓度、坐标分度和单位、测量条件（仪器型号、入射光波长、吸收池厚度、参比液名称）以及制作日期和制作者姓名。

3. 影响吸收定律的主要因素

根据光吸收定律，在理论上，吸光度对溶液浓度作图所得的直线的截距为零，斜率为 εb。实际上吸光度与浓度关系有时是非线性的，或者不通过零点，这种现象称为偏离光吸收定律。

引起偏离光吸收定律的原因主要有以下几个方面。

（1）入射光非单色性引起的偏差。

（2）溶液的化学因素引起偏差。

（3）朗伯-比尔定律的局限性引起的偏离。

【知识拓展】

一、　蔬菜中测定硝酸盐和亚硝酸盐的意义

蔬菜易富集硝酸盐，硝酸盐会转化为亚硝酸盐，蔬菜在腐烂时最易形成亚硝酸盐。硝酸盐可在人体内被硝酸还原酶还原为亚硝酸盐。所以，硝酸盐和亚硝酸盐是人们普遍公认的致癌物质，对人类健康危害极大，受到人们极度关注。

蔬菜是提供人们膳食纤维、维生素和矿物元素的主要来源。无公害蔬菜是集优质、安全、营养为一体的蔬菜总称。了解影响硝酸盐在蔬菜中积累的因素，采取有效措施控制蔬菜中硝酸盐含量，对发展无公害蔬菜生产和提高人民生活质量与健康有着重要意义。

二、 紫外分光光度法测定蔬菜、 水果中的硝酸盐

用 pH 9.6~9.7 的氨缓冲液提取样品中硝酸根离子，同时加活性炭去除色素类，加沉淀剂去除蛋白质及其他干扰物质，利用硝酸根离子在紫外区 219nm 处具有等吸收波长的特性，测定提取液的吸光度，其测得结果为硝酸盐的吸光度，可从标准曲线上查得相应的质量浓度，计算样品中硝酸盐的含量。

三、 分光光度计的维护和日常保养

（1）在使用仪器前，必须仔细阅读其使用说明书。

（2）若大幅度改变测试波长，需稍等片刻，重新调零后，再测量。

（3）比色皿使用时要注意其方向性，并应配套使用，以延长其使用寿命。新的比色皿使用前必须进行配对选择，测定其相对厚度，互相偏差不得超过 2% 透光度，否则影响测定结果。使用完毕后，请立即用蒸馏水冲洗干净［测定有色溶液后，应先用相应的溶剂或硝酸（1+3）进行浸泡，浸泡时间不宜过长，再用蒸馏水冲洗干净］，并用擦镜纸将水迹擦去，以防止表面光洁度被破坏，影响比色皿的透光率。

（4）比色皿架及比色皿在使用中的正确到位问题。首先，应保证比色皿不倾斜。因为稍许倾斜，就会使参比样品与待测样品的吸收光径长度不一致，还有可能使入射光不能全部通过样品池，导致测试准确度不符合要求。其次，应保证每次测试时，比色皿架推拉到位。若不到位，将影响到测试值的重复性或准确度。

（5）分光光度计的放置位置应远离水池等湿度大的地方，并且干燥剂应定期更换。

（6）分光光度计的放置位置应符合以下条件：避免阳光直射；避免强电场；避免与较大功率的电器设备共电；避开腐蚀性气体等。

➤ 思考与练习

1. 研究性习题

利用课余时间，采用紫外分光光度法完成蔬菜中硝酸盐的测定。

2. 思考题

在蔬菜中亚硝酸盐的检测中，分析可能引起数据误差的原因。

3. 操作练习

在实训室内熟练掌握分光光度计的基本操作。

任务六　蔬菜有机磷农药残留的测定——速测卡法

能力目标

能利用速测卡法测定蔬菜中有机磷农药残留，并进行定性和定量检测。

课程导入

有机磷农药指利用磷元素等制成的有机化合物，由于具有价格低廉、广谱高效等特点，是蔬菜种植中最常使用的农药。有机磷农药一般为磷酸酯类化合物或者硫代磷酸酯类化合物。有机磷农药分子结构式：

$$\begin{array}{c} R_2 \ \ Y \\ \quad \ \ \| \\ P{-}X \\ \quad \\ R_1 \end{array}$$

式中 X 表示卤基、烷氧基等取代基；Y 表示 S 或 O；R_1、R_2 表示甲氧基（$CH_3O{-}$）或乙氧基（$C_2H_5O{-}$）。根据分子结构中 Y 基团的不同，有机磷农药的类型也不相同，当 Y 为 S 时，为甲拌磷、嘧啶磷等；当 Y 为 O 时，为敌敌畏、氧化乐果等。一般情况下，有机磷农药分子结构中包含 P ＝S、C—S—P、P ＝O、C—O—P、C—N—P 等键，除敌百虫、乐果以外，一般有机磷农药不溶于水而溶于有机试剂，并且易在碱性条件下发生水解等，也易被一些酶类分解。

在蔬菜种植中，存在有机磷农药使用不规范的现象，导致种植的蔬菜表面残留有机磷农药，不仅如此，大量的有机磷农药会直接污染土壤、水源等。如果人体长期摄入含有超标有机磷农药的蔬菜，会对人体健康造成严重威胁，有毒物质主要通过肝脏代谢，利用水解、氧化、还原等反应参与人体生理、生化反应，并产生多种代谢物，经氧化、还原反应产生的代谢物比有机磷农药具有更强的毒性。一般情况下，人体摄入的有机磷农药，大部分能在 24~48h 时随尿液排出体外，还有少部分经大肠排泄物排出体外。除此之外，还可以经由汗液、乳汁等排出。有机磷农药的化学性质相对不稳定，分解较快，在农作物中的残留时间较短。水果、蔬菜等农产品易吸收农药的化学成分，且形成较高的残留量。不同分子结构的有机磷农药对有机体的毒性不同，表 4-6 中列出十二种有机磷农药对实验鼠半数致死的药物剂量（lethal dose 50%，LD_{50}）。

表 4-6 　　　　　　十二种有机磷农药对实验小鼠和实验大鼠的 LD_{50}

名称	LD_{50}/（mg/kg 小鼠体重）	LD_{50}/（mg/kg 大鼠体重）
对硫磷	5.0~10.4	—
甲拌磷	2.0~3.0	1.0~4.0
二嗪磷	18~60	86~270
倍硫磷	74~180	190~375
敌百虫	400~600	450~500
辛硫磷	—	1845~2170
敌敌畏	50~92	450~630
杀螟松	700~900	870
乐果	126~135	185~245
马拉硫磷	1190~1582	1634~1751
久效磷		8~23
磷胺	—	17~30

　　检测蔬菜中残留有机磷农药的方法包括定性测定和定量测定。常用的定性测定方法包括速测卡法（纸片法）和酶抑制率法（分光光度法）等，常用的定量测定方法是气相色谱法。

■ 实 训

一、仪器用具

（1）常量天平。
（2）恒温装置（37℃±2℃）。

二、实践操作

（一）试剂
本任务所用试剂均为分析纯，水为 GB/T 6682—2008 规定的一级水。
（1）固化有胆碱酯酶和靛酚乙酸酯试剂的纸片（速测卡）。
（2）pH 7.5 缓冲溶液：分别取 15.0g 磷酸氢二钠（$Na_2HPO_4 \cdot 12H_2O$）与 1.59g 无水磷酸二氢钾（KH_2PO_4），用 500mL 蒸馏水溶解。

（二）操作步骤

胆碱酯酶可催化靛酚乙酸酯（红色）水解为乙酸与靛酚（蓝色），有机磷或氨基甲酸酯类农药对胆碱酯酶有抑制作用，使催化、水解、变色的过程发生改变，由此可判断出样品中是否有高剂量有机磷或氨基甲酸酯类农药的存在。

1. 整体测定法

（1）选取有代表性的蔬菜样品，擦去表面泥土，剪成 1cm×1cm 碎片，取 5g 放入带盖瓶中，加入 10mL 缓冲溶液，振摇 50 次，静置 2min 以上。

（2）取一片速测卡，用白色药片蘸取提取液，放置 10min 以上进行预反应，有条件时在 37℃恒温装置中放置 10min，预反应后的药片表面必须保持湿润。

（3）将速测卡对折，用手捏 3min 或用恒温装置恒温 3min，使红色药片与白色药片叠合发生反应。

（4）每批测定应设一个缓冲液的空白对照卡。

2. 表面测定法（粗筛法）

（1）擦去蔬菜表面泥土，滴 2~3 滴缓冲溶液在蔬菜表面，用另一片蔬菜在滴液处轻轻摩擦。

（2）取一片速测卡，将蔬菜上的液滴滴在白色药片上。

（3）放置 10min 以上进行预反应，有条件时在 37℃恒温装置中放置 10min。预反应后的药片表面必须保持湿润。

（4）将速测卡对折，用手捏 3min 或用恒温装置恒温 3min，使红色药片与白色药片叠合发生反应。

（5）每批测定应设一个缓冲液的空白对照卡。

3. 结果判定

结果以酶被有机磷或氨基甲酸酯类农药抑制（为阳性）、未抑制（为阴性）表示。

与空白对照卡比较，白色药片不变色或略有浅蓝色均为阳性结果。白色药片变为天蓝色或与空白对照卡相同，为阴性结果。

对阳性结果的样品，可用其他分析方法进一步确定具体农药品种和含量。

4. 速测卡技术指标

灵敏度指标：速测卡对十三种农药的检出限见表 4-7。

表 4-7　　　　　　　　　　　　　　十三种农药的检出限

农药名称	检出限/（mg/kg）	农药名称	检出限/（mg/kg）	农药名称	检出限/（mg/kg）
甲胺磷	1.7	乙酰甲胺磷	3.5	久效磷	2.5
对硫磷	1.7	敌敌畏	0.3	甲萘威	2.5

续表

农药名称	检出限/(mg/kg)	农药名称	检出限/(mg/kg)	农药名称	检出限/(mg/kg)
水胺硫磷	3.1	敌百虫	0.3	好年冬	1.0
马拉硫磷	2.0	乐果	1.3	呋喃丹	0.5
氧化乐果	2.3				

三、 注意事项

（1）蒜、葱、芹菜、萝卜、韭菜、茭白、香菜、番茄和蘑菇中，含有影响酶的成分，容易导致检测结果呈假阳性。检测这类蔬菜样品时，可采用蔬菜整体（株）浸提法或蔬菜表面检测法。针对叶绿素含量较高的蔬菜样品，仍可采取蔬菜整体（株）浸提法，以减少色素对检测结果的干扰。

（2）当检测温度低于37℃时，酶反应速率降低，针对这种情况，反应时间应适当延长，记录具体延长时间，以空白样品检测卡为对照，用正常体温的手指拿捏3min，可使检测卡变蓝，然后逐步操作。严格保证所有样品的放置时间相同，包括作为对照的空白样品检测卡，这样检测结果才具有真实性和可比性。如果检测结果显示空白样品检测卡没有发生颜色的变化，那么可能存在反应物没有正常进行反应的情况，此时应主要检查反应物是否充分接触以及反应温度是否合适等问题。

（3）两种颜色的药片进行反应的时间规定为3min，反应3min之后，蓝色逐渐加深，反应24h后，颜色逐渐消失。

问题探究

蔬菜的根、茎、叶等不同部位的质量和含水量均不相同，对蔬菜进行杀虫处理的农药，一般通过喷洒的方式，蔬菜的叶的表面施加农药相对较多，同时蔬菜的叶的质量相对较轻，因此，可以认定蔬菜的叶、茎以及整菜等农药残留量均不相同，并且差异较大。在检查蔬菜中是否残留有机磷农药时，蔬菜叶是合适的待检样品。

在检测过程中应注意蔬菜的叶中含有大量叶绿素，如果把菜叶剪得过于细碎，叶绿素的存在会影响结果反应生成的蓝色，增加观察的难度，所以尽量避免叶绿素的洗出，防止影响结果准确性。采用有机磷农药速测卡法测定蔬菜样品，检测液的最适宜 pH 为7.5，若检测液 pH 过高或过低都会影响判断，以致产生不准确的结果。使用有机磷农药速测卡时，反应温度和反应时间对显色结果存在较大的影响，所以需要同时做空白实验和阳性实验。为了获得较高的检出率，可采用有机磷农药速测卡（纸片法）作初筛实验，其操作便捷，节约人力，节省时间，反应条件容易实现，尤其适用于餐前蔬菜检验，加快检测速度，提高工作效率。

【知识拓展】

有机磷农药残留具有基质复杂、对测定干扰严重的特点且待测组分种类多，含量低，多为微量、痕量等。

波普法是根据有机磷农药中某些官能团或水解、还原产物与特殊的显色剂在一定的条件下，发生氧化、磺酸化、酯化、络合等化学反应，产生特定波长的颜色反应来进行定性或定量测定。波谱法一次只能测定一种或相同基团的一类有机磷农药，且灵敏度不高，一般只能作为鉴别方法粗选，对含有各种不同有机磷农药残留的样品，呈阳性的样品还需用其他检测方法来进行确证实验。

色谱法是目前有机磷农药最主要的检测方法，根据检测过程中的物理化学特性又可分为薄层色谱法、气相色谱法和高效液相色谱法三类。

薄层色谱法是一种较为成熟的、应用也较广泛的微量快速检测方法，先用适宜的溶剂提取有机磷农药，经纯化浓缩后，在薄层硅胶板上分离展开，显色后再与标准有机磷农药比较其比移值进行定性测定，也可用薄层扫描仪进行定量测定。该方法的特点是经济、简便、快速，但精确度不是太高，检出限通常为 $0.01\sim0.1\mu g$。

气相色谱法是在柱层析的基础上发展起来的一种新型的仪器分析方法，已成为目前典型的、应用最广的仪器分析方法。该方法是利用经提取、纯化、浓缩后的有机磷农药注入气相色谱柱，程序升温汽化后，不同的有机磷农药在固定相中分离，经不同的检测器检测扫描绘出气相色谱图，通过保留时间来定性，通过峰高或峰面积与标准曲线对照来定量。

高效液相色谱法是在液相柱层析的基础上，引入气相色谱理论并加以改进而发展起来的色谱分析方法。与气相色谱法相比，不但分离效能好，灵敏度高，检测速度快，而且应用面广。

➤ 思考与练习

1. 研究性习题
采用速测卡法进行蔬菜有机磷农药残留的测定。
2. 思考题
分析蔬菜有机磷农药残留的检测中产生数据误差的原因。

◆ **任务七** 蔬菜有机磷农药残留的测定——酶抑制率法

能力目标

能利用分光光度计，采用酶抑制率法测定蔬菜样品中有机磷农药残留量，并对测定结果进行计算。

课程导入

有机磷等有机化合物农药能够抑制胆碱酯酶活性。在 pH 7~8 的溶液中，胆碱酯酶能水解碘化硫代乙酰胆碱产生硫代胆碱。硫代胆碱因其具有还原性，能使 2,6-二氯靛酚的蓝色消褪，褪色程度可采用分光光度计，在 600 nm 处进行比色测定，胆碱酯酶活性越高，检测吸光度越低。如果蔬菜样品浸提液中含有机磷农药，胆碱酯酶活性将受到抑制，检测吸光度则会表现出升高的趋势。因此，可通过胆碱酯酶活性和吸光度判断蔬菜样品中有机磷农药的残留情况。蔬菜样品浸提液可以用氧化剂加以氧化，以提高有机磷农药对胆碱酯酶的抑制率，进而可提高分光光度计测定的灵敏度，多余氧化剂可用还原剂加以还原，防止对测定造成干扰。

实 训

一、仪器用具

（1）分光光度计或相应测定仪。
（2）常量天平。
（3）恒温水浴或恒温箱。

二、实践操作

（一）试剂

本任务所用试剂均为分析纯，水为 GB/T 6682—2008 规定的一级水。

（1）pH 8.0 缓冲溶液：分别取 11.9g 无水磷酸氢二钾与 3.2g 磷酸二氢钾，用 1000mL 蒸馏水溶解。

（2）显色剂：分别取 160mg 二硫代二硝基苯甲酸（DTNB）和 15.6mg 碳酸氢钠，用 20mL 缓冲溶液溶解，在 4℃冰箱中保存。

（3）底物：取 25.0mg 硫代乙酰胆碱，加 3.0mL 蒸馏水溶解，摇匀后置于 4℃冰箱中保存备用。保存期不超过两周。

（4）乙酰胆碱酯酶：根据酶的活性情况，用缓冲溶液溶解，3min 的吸光度变化 ΔA_0 应控制在 0.3 以上。摇匀后置 4℃ 冰箱中保存备用，保存期不超过四天。

（5）可选用由以上试剂制备的试剂盒，乙酰胆碱酯酶的 ΔA_0 应控制在 0.3 以上。

（二）操作步骤

在一定条件下，有机磷和氨基甲酸酯类农药对胆碱酯酶正常功能有抑制作用，其抑制率与农药的浓度呈正相关。正常情况下，酶催化神经传导代谢产物（乙酰胆碱）水解，其水解产物与显色剂反应，产生黄色物质，用分光光度计在 412nm 处测定吸光度随时间的变化值，计算出抑制率，通过抑制率可以判断出样品中是否有高剂量有机磷或氨基甲酸酯类农药的存在。

1. 样品处理

选取有代表性的蔬菜样品，冲洗掉表面泥土，剪成 1cm×1cm 碎片，取样品 1g，放入烧杯或提取瓶中，加入 5mL 缓冲溶液，振荡 1~2min，倒出提取液，静置 3~5min，待用。

2. 对照溶液测试

先于试管中加入 2.5mL 缓冲溶液，再加入 0.1mL 酶液、0.1mL 显色剂，摇匀后于 37℃ 放置 15min 以上（每批样品的控制时间应一致）。加入 0.1mL 底物摇匀，此时检测液开始显色反应，应立即放入仪器比色皿中，记录反应 3min 的吸光度变化值 ΔA_0。

3. 样品溶液测试

先于试管中加入 2.5mL 样品提取液，其他操作与对照溶液测试相同，记录反应 3min 的吸光度变化值 ΔA_1。

三、结果计算

1. 结果计算

酶抑制率计算见式（4-9）：

$$抑制率(\%) = \left[(\Delta A_0 - \Delta A_1)/\Delta A_0 \right] \times 100 \tag{4-9}$$

式中　ΔA_0——对照溶液反应 3min 吸光度的变化值

　　　ΔA_1——样品溶液反应 3min 吸光度的变化值

2. 结果判定

结果以酶被抑制的程度（抑制率）表示。

当蔬菜样品提取液对酶的抑制率≥50%时，表示蔬菜中有高剂量有机磷或氨基甲酸酯类农药存在，样品为阳性结果。阳性结果的样品需要重复检验两次以上。

对阳性结果的样品，可用其他方法进一步确定具体农药品种和含量。

3. 酶抑制率法技术指标

灵敏度指标：酶抑制率法对十二种农药的检出限见表4-8。

表4-8 酶抑制率法对十二种农药的检出限

农药名称	检出限/（mg/kg）	农药名称	检出限/（mg/kg）
敌敌畏	0.1	氧化乐果	0.8
对硫磷	1.0	甲基异柳磷	5.0
辛硫磷	0.3	灭多威	0.1
甲胺磷	2.0	丁硫克百威	0.05
马拉硫磷	4.0	敌百虫	0.2
乐果	3.0	呋喃丹	0.05

四、 注意事项

（1）当检测温度低于37℃时，酶反应速率降低，针对这种情况，反应时间应适当延长，记录具体延长时间，应以胆碱酯酶作为空白样品进行对照检测，记录反映时间3min吸光度ΔA_0的数值变化，ΔA_0大于0.3，即可继续操作。检测样品与空白样品的放置时间保持一致，以保证检测的准确性和可比性。如果胆碱酯酶空白样品反应时间3min吸光度ΔA_0的数值小于0.3，那么主要是酶活性低或温度低等原因所致。

（2）酶是一种生物催化剂，属于特异性蛋白质，酶促反应有十分严格的条件，其反应速率受温度、酸碱度、环境中离子、酶抑制剂等因素的影响。另外，酶的固定与贮存、酶的浓度、反应底物剂量、显色剂的选配及稳定等都会影响测试结果，而这些条件的控制与掌握，不是一般速测环境所能确保的，所以测试结果就难有重现性，也会出现差错，况且有的方法配套设备多，测试时间长，步骤烦琐。因此，在测定过程中应尽量避免这些环境因素所带来的影响，以求测定结果准确。

（3）现有的酶抑制率法快速检测技术所测定样品和农药种类有限，一般只能针对有机磷和氨基甲酸酯类农药，应用面较窄，且无法用来定量分析，应用上受到一定限制。

问题探究

根据有机磷的化学特性和毒理学性质，检测有机磷的分析方法主要有波谱法、色谱法和酶抑制率法。酶抑制率法是利用有机磷农药的毒理特性建立的一种快速检测方法。由于有机磷农药可以抑制乙酰胆碱酯酶的活性。在无有机磷农药存在时，乙酰胆碱在乙酰胆碱酶作用下可以产生胆碱和乙酸；当有机磷农药存在时，乙酰胆碱酶的活性受到抑制，作为其分解产物的乙酸也相应减少。利用上述反应特性，根据指示剂颜色或反应液 pH 的变化，就可以达到检测有机磷农药的目的。酶抑制率法最大的优点是操作简便，速度快，不需昂贵的仪器，特别适合现场检测以及大批样品的筛选检测，易于推广普及，但是灵敏度比仪器法要差一些，重复性、回收率还有待提高。

【知识拓展】

目前，有机磷农药检测技术得到改进和发展，采用具有针对性先进技术进行预处理，如液相微萃取、离子性液相分散萃取、液相套色版分离、顶空固体微萃取等，使农药残留检测更加准确、高效；与此同时，有关检验部门需要进行有机磷农药残留检测的农产品品种不断增加，例如：大豆油、芝麻油、花生油、白葡萄酒、红葡萄酒、蜂蜜、苹果汁、西瓜以及黄瓜等。近年来，政府和有关部门对包括农药残留在内的食品安全问题十分重视，同时，普通消费者的食品安全意识也在不断提高，但是，不可否认的是新型农药品种也在持续涌入市场，这些因素都对农药残留的检测要求不断提高，需要研发出更加准确、灵敏、高效、可靠的检测技术，在检测方法多、设备自动化、检测灵敏度高、响应时间短和可实现现场检测并获得结果等方面实现长足的进步。

➢ 思考与练习

1. 研究性习题
利用分光光度计采用酶抑制率法完成蔬菜中有机磷农药残留的测定。
2. 思考题
分析采用酶抑制率法完成蔬菜中有机磷农药残留的检测中产生数据误差的原因。
3. 操作练习
在实训室内熟练掌握分光光度计的基本操作。

◦ **任务八** 蔬菜有机磷农药残留的测定——气相色谱法

▨▨▨ **能力目标**

能利用气相色谱仪，采用气相色谱检测法测定蔬菜样品中有机磷农药残留的含量，并对测定结果进行计算。

▨▨▨ **课程导入**

本任务是将含有机磷农药的蔬菜样品置于富氢焰上燃烧，利用 HPO 碎片放射

526nm 特征光，再利用滤光片对特征光进行选择，采用光电倍增管接收光源再将其转变为电信号，通过微电流放大器进行放大处理后，利用记录仪采集色谱图，将蔬菜样品的峰值和峰面积与标准样品进行对比和对照，并做定量和定性分析，计算出蔬菜样品中有机磷农药残留量。

实 训

一、仪器用具

(1) 旋转蒸发仪。

(2) 振荡器。

(3) 万能粉碎机。

(4) 组织捣碎机。

(5) 真空泵。

(6) 水浴锅。

(7) 气相色谱仪（带 NPD 检测器或 FPD 检测器）。

二、实践操作

(一) 试剂

本任务所用试剂均为分析纯，水为 GB/T 6682—2008 规定的一级水。

1. 载气和辅助气体

(1) 载气：氮气，纯度≥99. 99%。

(2) 燃气：氢气。

(3) 助燃气：空气。

2. 配制标准样品和试样分析的试剂和材料

(1) 农药标准溶液的制备：准确称取一定量的农药标准样品（准确到±0.0001g），用丙酮为溶剂，分别配制浓度为 0.5mg/mL 的速灭磷、甲拌磷、二嗪磷、水胺硫磷、甲基对硫磷、稻丰散；浓度为 0.7mg/mL 的杀螟硫磷、异稻瘟净、溴硫磷、杀扑磷贮备液，在冰箱中存放。

(2) 农药标准中间溶液的配制：用移液管准确量取一定量的上述 10 种贮备液于 50mL 容量瓶中，用丙酮定容至刻度，则配制成浓度为 50μg/mL 的速灭磷、甲拌磷、二嗪磷、水胺硫磷、甲基对硫磷、稻丰散和 100μg/mL 的杀螟硫磷、异稻瘟净、溴硫磷、杀扑磷标准中间溶液。

(3) 农药标准工作溶液的配制：分别用移液管吸取上述标准中间溶液每种 10mL 于 100mL 容量瓶中，用丙酮定容至刻度，得混合标准工作溶液。标准工作溶液在冰箱中存放。

（4）二氯甲烷（CH_2Cl_2）：重蒸。

（5）丙酮（CH_3COCH_3）：重蒸。

（6）石油醚：60~90℃沸程，重蒸。

（7）乙酸乙酯（$CH_3COOC_2H_5$）。

（8）85%磷酸（H_3PO_4）。

（9）氯化铵（NH_4Cl）。

（10）氯化钠（$NaCl$）。

（11）无水硫酸钠（Na_2SO_4）：在300℃下烘4h后放入干燥器备用。

（12）助滤剂：Celite545。

（13）凝结液：20g氯化铵和85%磷酸40mL，溶于400mL蒸馏水中，用蒸馏水定容至2000mL，备用。

（二）操作步骤

样品中有机磷农药残留量用有机溶剂提取，再经液液分配和凝结净化等步骤除去干扰物，用气相色谱氮磷检测器（NPD）或火焰光度检测器（FPD）检测，根据色谱峰的保留时间定性，外标法定量。

1. 试样采集

取具代表性的新鲜蔬菜的可食部位1000g，切碎，装入塑料袋，供实验用。试样在18℃冷冻箱中保存。

2. 提取及净化

准确称取蔬菜样品50g（±0.1 g）于组织捣碎缸中，加水，使加入的水量与50g样品中的水分含量之和为50mL，再加100mL丙酮，捣碎2min，浆液经铺有两层滤纸及一薄层助滤剂的布式漏斗减压抽滤，取100mL滤液（相当于三分之二样品），倒入500mL分液漏斗中，加入用c（KOH）= 0.5 mol/L的氢氧化钾（KOH）溶液调节pH为4.5~5.0的凝结液10~15mL和1g助滤剂，振摇20次，静置3min，过滤入另一500mL分液漏斗，按上述步骤再处理2~3次。在滤液中加3g氯化钠，用50，50，30mL二氯甲烷萃取三次，合并有机相，过一装有1g无水硫酸钠和1g助滤剂的筒行漏斗干燥，收集于250mL平底烧瓶中，加入0.5mL乙酸乙酯，先用旋转蒸发器浓缩至5mL，在室温下用氮气或空气吹至近干，用丙酮定容5mL，供气相色谱测定。

3. 气相色谱测定条件

（1）柱

①玻璃柱1.0m×2mm（内径），填充涂有5%OV-17的Chrom Q，80~100目的担体。

②玻璃柱1.0m×2mm（内径），填充涂有5%OV-101的Chromsorb W-HP，100~120目的担体。

③温度：柱箱 200℃，汽化室 230℃，检测器 250℃。

④气体流速：氮气（N_2）36～40mL/min；氢气（H_2）4.5～6mL/min；空气 60～80mL/min。

⑤检测器：氮磷检测器（NPD）。

（2）色谱中使用标准样品的条件　标准样品的进样体积与试样进样体积相同，标准样品的响应值接近试样的响应值。当一个标样连续注射两次，其峰高（或峰面积）相对偏差不大于7%，即认为仪器处于稳定状态。在实际测定时标准样品与试样应交叉进样分析。

（3）进样方式　注射器进样。

（4）进样量为 1～4μL。

三、结果分析与计算

（一）定性分析

（1）组分出峰次序　速灭磷、甲拌磷、二嗪磷、异稻瘟净、甲基对硫磷、杀螟硫磷、水胺硫磷、溴硫磷、稻丰散、杀扑磷。

（2）检验可能存在的干扰　用 5% OV-17 的 Chrom Q，80～100 目色谱柱测定后，再用 5%OV-101 的 Chromsorb W-HP，100～120 目色谱柱在相同条件下进行确证检验色谱分析，可确定各有机磷农药的组分及杂质干扰状况。

（3）定性结果　根据标准样品色谱图中各组分的保留时间来确定被测试样中各有机磷农药的组分名称。

（二）定量分析

1. 色谱峰的测量

吸收 1μL 混合标准溶液注入气相色谱仪，记录色谱峰的保留时间和峰高（或峰面积）。再吸取 1μL 试样，注入气相色谱仪，记录色谱峰的保留时间和峰高（或峰面积），根据色谱峰的保留时间和峰高（或峰面积）采用外标法定性和定量。

2. 结果计算

样本中农药残留量的计算见式（4-10）：

$$X = \frac{c_{is} \times V_{is} \times H_i(S_i) \times V}{V_i \times H_{is}(S_{is}) \times m} \tag{4-10}$$

式中　　X——样本中农药残留量，mg/kg

　　　　c_{is}——标准溶液中 i 组分农药浓度，μg/mL

　　　　V_{is}——标准溶液进样体积，μL

　　　　V——样本溶液最终定容体积，mL

　　　　V_i——样本溶液进样体积，μL

H_{is}（S_{is}）——标准溶液中 i 组分农药的峰高（或峰面积），mm（mm^2）

H_i（S_i）——样本溶液中 i 组分农药的峰高（或峰面积），mm（mm^2）

　　　　　 m——称样质量，g（这里只用提取液的 2/3，应乘 2/3）

3. 定量结果

（1）含量表示方法　根据计算出的各组分的含量，结果以 mg/kg 为单位。

（2）精密度　变异系数（%）为 2.50%~12.24%。

（3）准确度　加标回收率（%）为 86.4%~96.9%。

（4）检测限　最小检出浓度为 $0.17 \times 10^{-4} \sim 0.85 \times 10^{-2}$ mg/kg。

四、 注意事项

（一）选择合适的柱温

当初始柱温偏低时，需要适当增加检测时间；当初始柱温偏高时，则会导致农药敌百虫发生分解，并导致农药敌敌畏与甲胺磷的分离效果差。为了符合多种农药检测要求，初始柱温应进行相对偏低的温度设置，再按梯度进行程序升温，以符合多种有机磷农药分离的检测要求。

（二）气体纯度

气相色谱要求气源纯度高于 99.99%。目前，存在不重视气源纯度的问题，没有根据检测器的类型进行气源纯度调整的设置，导致在具体操作中，存在因气源纯度不达标而使检测器基线不稳定且检测限高的问题。

（三）选择合适的气流比例

针对氢火焰离子化型检测器，需要使用 N_2-H_2-空气焰，点燃后为富氧焰，应保证空气过量、氢气完全燃烧，N_2 与 H_2 最适宜比例为 1∶0.85~1∶1；空气与 H_2 最适宜比例为 6∶1~8∶1，空气可以更大。在 N_2 与 H_2 流量为 3~5mL/min 时，空气流量应高于 50mL/min。在此条件下，可以保证检测器较高的灵敏度和稳定性，得出可靠的校正因子。然而，由于操作经验不足，有操作者对检测工序进行机械操作，不理解原理机械点火，没有考虑充分燃烧重要性，对气流的比例和火焰的性质重视度不够，导致校正因子没有重复性，检测结果误差较大。

（四）气路的检漏、清洗与维护

（1）在仪器验收时，应该对仪器进行气路检漏，但是，如果在使用过程中，发现仪器存在异常情况，比如基线呈波动状、保留时间延长、灵敏度降低等，那么应重新对气路进行检漏。

（2）样品中含有高沸点组分，其易附着于气路管壁上，对气路造成污染，这就需要经常清洗气路。汽化室、色谱柱及检测器之间连接管道，需用丙酮或无水乙醇清洗，并且通气吹干。

（3）钢瓶气体通常含有水分和杂气，对检测器和色谱柱都会产生不利影响，应在气路中加装脱氧管（捕集井）。

（五）进样技术

进样应采用自动进样器，如果手动进样，则必须确保进样量准确（$1\sim10\mu L$），进样迅速，要求 1s 内完成，进样不能带入空气。

问题探究

气相色谱仪是使用气相色谱法的工具，它是以气体为流动相，采取冲洗法实现柱色谱技术的装置。其中的载气从高压钢瓶经过减压阀流出，经过净化器除去杂质，由针形调节阀调节流量。之后通过进样装置，把注入的样品带入色谱柱。最后，把色谱柱中被分离开的组成成分带入检测器，进行最终的鉴定和记录。混合物中各组成成分的分离主要决定于色谱柱。色谱柱可分为两类：一类为开口管柱，又称为毛细管柱；另一类为填充柱。另外，还有用多孔固体填充毛细管内的填充毛细管。为保证各组成成分在色谱柱中达到最佳分离状态，通常情况下在恒温或者程序升温的环境中工作。分离的不同组成成分经过检测器的鉴定，测定组成成分的含量。流入检测器进行检测的是载气中混有的样品气，从原理上来讲，根据二元气体混合物的有关物理或化学性质可以制成对应的检测器，有热导检测器，有氢焰离子化检测器，有火焰光度检测器等。

气相色谱仪的检测原理见本教材项目二中"**任务二十一　谷物中甲胺磷和乙酰甲胺磷农药残留量的测定**"。

【知识拓展】

气相色谱分析是一种先分离后检测的分析方法。这里所指的分离过程是由色谱柱来完成的。特定分离的成败与否，很大程度上是取决于色谱柱的选择正确与否。所以，可以毫不夸张地说，色谱柱是气相色谱的心脏。气相色谱分析使用的色谱柱主要有气液填充柱、气固填充柱、毛细管柱以及最近才发展起来的填充毛细管柱等。

柱温是色谱柱分离效果的重要因素之一。柱温的选择通常是根据样品以及固定液所允许的温度范围。在进行选择时柱温一定要适中，既不能因为温度过高降低分离度，也不能因为温度过低延长分析时间。如果被分析物质沸点范围太大，则可采用程序升温的办法完成不同沸点的组成成分在它所需的柱温下的分离。

气相色谱检测器是一种测量载气中各分离组成成分及其浓度变化的装置。实际上它是把组成成分及浓度变化用不同方式变换成为易于测量的电信号，所以也称换能器。检测器性能的好坏会直接影响色谱分析定性定量分析的结果。

➢ 思考与练习

1. 研究性习题

利用气相色谱仪并采用气相色谱法完成蔬菜中有机磷农药残留的测定。

2. 思考题

分析蔬菜中有机磷农药残留的检测中产生数据误差的原因。

3. 操作练习

在实训室内熟练掌握气相色谱仪的基本操作。

◇ **任务九** 黄瓜中百菌清残留量的测定

▌▌▌ **能力目标**

（1）熟悉气相色谱仪的操作。

（2）能利用气相色谱仪完成黄瓜中百菌清残留量的测定，并对测定结果进行计算，测定结果的误差绝对值不超过10%。

▌▌▌ **课程导入**

百菌清（化学名称为2，4，5，6-四氯-1，3-苯二甲腈）是一种保护性广谱杀菌剂，能作用于真菌中的三磷酸甘油醛脱氢酶，通过该酶中含有半胱氨酸的蛋白质相结合而破坏酶活性，使真菌细胞的新陈代谢受破坏而失去生命力。百菌清不具有内吸传导性，喷到蔬菜表面后，具有良好的黏附性，不易被水冲洗掉，药效持续时间长，广泛用于黄瓜霜霉病、番茄疫病、韭菜灰霉病、芹菜斑枯病等六十余种农作物的霜霉病、炭疽病、白粉病、锈病等，兼有治疗和预防效果。

农用杀菌剂指能作用于病原菌发挥杀菌或抑菌作用，能治疗和预防农作物各种病害的药剂。虫害指有害昆虫对农作物生长造成的伤害，一般能够被人及早发现并加以防治；病害由细菌、真菌、病毒、藻类或不适宜的气候与土壤等因素造成农作物发育不良、枯萎或死亡等，不易及时发现，如果发生病害，不但会对农作物产量造成巨大损失，而且使农作物的质量变劣，无法实现应用价值。因此，为防治各种病虫害，农民会使用农用杀菌剂。

杀菌剂可分为内吸传导性和非内吸传导性。内吸传导性杀菌剂对侵入农作物体内以及种子胚乳的病虫害具有较强的防治效果，但易诱发形成抗性菌株，并且对藻菌纲的真菌不具有防治效果，成本较高。非内吸传导性杀菌剂几乎不能被作物吸收、传导，对农作物具有一定的保护作用，兼具一定的治疗效果。此类杀菌剂不易诱导农作物产生抗性，并且价格较低廉。

实　训

一、仪器用具

（1）气相色谱仪（具有[63]Ni ECD）。

（2）旋转蒸发器。

（3）组织捣碎机。

（4）层析柱：1cm（内径）×20cm。

（5）分液漏斗：250mL。

（6）圆底烧瓶：150mL。

二、实践操作

（一）试剂

本任务所用试剂均为分析纯，水为 GB/T 6682—2008 规定的一级水。

（1）弗罗里硅土：60~80 目。

（2）无水硫酸钠：分析纯。

（3）丙酮：分析纯。

（4）丁酮：分析纯。

（5）磷酸：分析纯。

（6）百菌清标准贮备溶液：精密称取百菌清（chlorothalonil）标准品，用环己烷配成标准贮备液，存放于冰箱中。

（7）百菌清标准溶液：将贮备液稀释到 0.1μg/mL，存放在冰箱中备用。

（二）操作步骤

试样中的百菌清经提取、净化后用具有电子捕获检测器的气相色谱仪测定，与标准比较定量。百菌清含有电负性较强的氯原子，采用电子捕获检测器定量测定，计算出百菌清的含量。

1. 试样的预处理

将黄瓜试样用去离子水洗净，晾干后，取可食部分切碎混匀。将切碎的样品用四分法取适量，用组织捣碎机制成匀浆备用。

2. 提取

称取 25g（精确至 0.001g）黄瓜匀浆，置于 250mL 锥形瓶中，加 60mL 丙酮及 50%磷酸 2mL，充分振摇 2min，过滤，用 20mL 丙酮洗涤锥形瓶 2 次，滤液全部移入 250mL 分液漏斗中，并加入 20g/L 硫酸钠溶液 100mL，摇匀后用环己烷 60mL，提取 3 次，静置分层后，提取液经无水硫酸钠漏斗干燥，减压浓缩至 5mL 待净化。

3、净化

将层析柱底部垫少许脱脂棉，依次装入2cm无水硫酸钠、7g弗罗里硅土、2cm无水硫酸钠，敲实并成一平面。然后用15mL环己烷预淋层析柱，弃去预淋液。将浓缩的试样提取液倒入柱中，用100mL环己烷-丁酮（20+1）混合液淋洗，收集全部淋洗液，浓缩后定容，进行气相色谱分析。

4. 色谱条件

（1）色谱柱：长1.5m、内径3mm的玻璃柱。填装涂有1.5% OV-17+2.5% OV-210的Chromsorb W-HP（80~100目）。

（2）柱箱温度：194℃。

（3）检测器温度：255℃。

（4）汽化室温：260℃。

（5）脉冲选择：1。

（6）输出衰减：4。

（7）输出高阻：10 Ω。

（8）高纯氮（99.99%）：流速30mL/min。

5. 百菌清含量测定

根据仪器灵敏度将百菌清标准溶液1~10μL注入气相色谱仪中，测得不同浓度百菌清标准溶液的峰高。同时取试样溶液2~5μL注入气相色谱仪中，将测得的峰高与标准溶液的峰高相比，计算相应的含量，具体计算见式（4-11）。

三、 结果计算及数据处理

试样中百菌清含量计算见式（4-11）：

$$c_x = \frac{h_x \times c_s \times Q_s \times V_x}{h_s \times m \times Q_x} \tag{4-11}$$

式中　c_x——试样中百菌清含量，mg/kg

h_x——试样溶液峰高，mm

c_s——标准溶液浓度，μg/mL

Q_s——标准溶液进样量，μL

V_x——试样的浓缩定容体积，mL

h_s——标准溶液峰高，mm

m——试样称样量，g

Q_x——试样溶液的进样量，μL

计算结果保留两位有效数字。在重复性条件下获得的两次独立测定结果的绝对差值不得超过算术平均值的10%。

四、 注意事项

（1）调整气相色谱仪时首先要按照顺序将气体发生器的开关或者是钢瓶总阀、减压阀、净化器的空气开关阀打开，然后开启连接设备的计算机设备。计算机设备启动后要进行约为 10min 的通气，在这 10min 的通气过程中使用者需要完成对各个压力表指示值是否在规定范围内的检查工作。一旦发现压力表存在压力不正常的现象，立刻检查设备的气路系统是否出现问题，如存在漏气的现象等。在压力经过检查一切正常之后才能打开电源的开关，然后仔细观察温度设定值和流量值是否正确。一切工作准备就绪后才能进行升温作业，当温度指示灯亮后，各路温控开始加热，然后可以进行相关软件的操作。

（2）当氢焰温度达到设定值后进行点火，如果按过点火键以后发现氢焰基线有跳动且迅速回到零点，并且是直线跳动，则说明没有点着火。这种情况需要立刻对不着火的原因进行检测。还可以在软件中打开"状态"窗口，用来检验氢焰是否点火成功。然后进入"热导"界面，进行对电流值的观察，如果电流值正确便可以继续下一步的运行，按"运行"按钮，此时如果看到桥流指示灯亮起，这就说明桥流已加上。

问题探究

一、 热导检测器工作原理

气体能够进行热传导并且不同的气体的热传导系数不同，研究专家根据不同气体的热传导系数设计出专门的热导检测器，在不破坏样品的同时对无机、有机样品都起作用，还可以应用于常量分析。常见的热导检测器是电阻式传感器组成的检测安装装置，它的设计原理就是气体的热传导现象。热导检测器是一种典型的惠思顿电桥电路，它使用铼钨丝制作的热导元件作为热电阻，安装在由不锈钢池体制作的气室当中。只有当热导池气室中的载气流处于稳定状态，热导池体温度也相对稳定的时候，铼钨丝热电阻组成的电桥电路才能达到相应的状态平衡。每当样品进入，根据样品热导率不同，导致热电阻发生了不同程度的变化，然后根据所产生的电压信号的大小来分析判断其成分的浓度。

二、 氢焰检测器工作原理

氢焰检测器是将氧气和氢气进行燃烧，以其燃烧后产生的火焰作为能源利用，当有机物质进入火焰后，火焰能产生激发离子的高热能量，在火焰的上端和下端分别设有一对电极，在火焰的两电极之间加电压后，有机物被激发产生的离子在直流电场的作用之下进行定向移动，从而形成了一种弱电流，随后流经高电阻放大器产生出电压信号，再送到记录装置记录下来。

【知识拓展】

人类的生存和发展都离不开对食品的需求，随着人民生活水平的提高和食品安全问题的屡屡曝光，人们对食品安全和其营养成分的关注度越来越高，因而食品分析也是一个非常重大的课题。

食品分析包括了食品添加剂和成分分析两个方面，在这两个方面中气相色谱均能发挥其优势，日常生活中的食品主要包括乳及乳制品、油脂制品、蔬菜水果、肉及肉制品、蛋及蛋制品、非酒精饮料、糖酒饮料等。气相色谱检测法可以对食品的营养成分进行检测，如脂肪酸、氨基酸、糖类等。还能够检测防腐剂、乳化剂、抗氧剂、稳定剂等千余种食品添加剂。

当今世界人类的生存环境问题逐渐成为一个大问题。对环境污染物进行检测分析从而有针对性地治理环境污染是当今世界面临的重要课题。对污染物分析研究和检测的有效手段之一就是气相色谱法。气相色谱法在对污染物的检测包括对室内外气体、水体和其他类型污染物的分析检测。如测定环境中的苯及其同系物、多环芳烃、杂环化合物、酚类化合物和一些有机挥发物。

气相色谱是在药物和临床分析中的一种广泛的应用方式。在实际检测中，气相色谱比其他检测方法更为简单，因此，利用气相色谱可以更容易满足分析需求，是各种检测方法之中的首选。现代技术将定性定量研究与样品处理结合使用，这种应用方式在临床分析中会起到更加有效的作用，提高分析的效率和可靠性。

➤ 思考与练习

1. 研究性习题
采用气相色谱法完成黄瓜中百菌清残留量的测定。
2. 思考题
分析黄瓜中百菌清残留量的检测中产生数据误差的原因。
3. 操作练习
在实训室内熟练掌握气相色谱仪的基本操作。

水果检验

能力目标

（1）熟悉水果的品质及其影响因素。

（2）掌握常见水果的品质规格及感官检验方法。

课程导入

一、水果的分类

我国是世界上果树资源极其丰富的国家之一。据初步统计，现有果树50多类、800余种。不同种类的水果富含各种维生素、无机盐及膳食纤维，具有较高的营养价值。早在古代，我国就对水果有"五果"的划分，如《黄帝内径·素问》"脏气法时论"记载，五果是指枣、李、杏、栗、桃五种果实。一般来说，按照水果中所含糖分及水果酸的含量，水果可分为：酸性、亚酸性、甜性三类。在植物学中，果实可以分为两大类，即肉果和干果。依据果皮变化的情况，肉果又分为核果、仁果、浆果；干果又分为裂果、荚果、蒴果、角果、闭果、翅果、坚果、双悬果、颖果。

而目前主要是按果实形态结构和利用特征并结合生长习性来分类，大致分为浆果类、柑果类、核果类、仁果类、坚果类、瓜果类及其他。

（一）浆果类

浆果类是由单心皮或多心皮合生雌蕊，上位或下位子房发育形成的果实，成

174

熟后果肉呈浆液状。外果皮薄，中果皮和内果皮肉质多浆，内有一枚或多枚种子。浆果类代表有草莓、蓝莓、黑莓、桑葚、覆盆子、葡萄、青提、红提等。

（二）柑果类

柑果类包括橘、柑、橙、柚、柠檬五大品种。此类果实是由若干枚子房联合发育而成的，其中果皮具有油胞，是其他果实所没有的特征。食用部分为若干枚内果皮发育而成的囊瓣（又称瓣囊或盆囊），内生汁囊或称砂囊（由单一细胞发育而成）。柑果类代表有蜜橘、砂糖橘、金橘、蜜柑、甜橙、脐橙、西柚、柚子、葡萄柚、柠檬、文旦、莱姆等。

（三）核果类

核果是由单心皮上位子房发育而成，外果皮薄，中果皮肉质化，内果皮坚硬，食用部分是中果皮。因其内果皮硬化而成为核，故称为核果。核果类代表有桃、杏、李、樱桃、橄榄、牛油果、椰枣、杧果、西梅、荔枝、龙眼（桂圆）等。

（四）仁果类

仁果类即梨果类，果实的食用部分主要由花托发育而成，果实中心有薄壁构成的若干种子室，室内含有种仁。可食部分为果皮、果肉，植物学上称为假果。仁果类代表有苹果、梨、蛇果、海棠果、沙果、柿子、山竹、黑布林、枇杷、山楂、圣女果、无花果、罗汉果、火龙果、猕猴桃等。

（五）坚果类

坚果果实、果皮坚硬，内含一粒种子。其外壳坚硬，含水分少、脂肪及蛋白质多，所以又称为壳果或干果。坚果类代表有核桃、山核桃、板栗、榛子、松子、腰果、开心果、巴旦木、夏威夷果等。其中板栗、榛子属于典型的坚果。

（六）瓜果类

瓜果类是一年生藤本植物，有瓤口，其果实的皮较厚。瓜果类代表有西瓜、美人瓜、甜瓜、香瓜、黄河蜜、哈密瓜、木瓜、乳瓜等。

（七）其他

除上述六类水果外，水果还包括一些热带及亚热带果类，如菠萝、椰子、番石榴、榴梿、香蕉、甘蔗、石榴、拐枣等。

二、水果质量品质及其影响因素

随着我国社会、经济的快速发展，水果已成为人们日常膳食的重要组成部分，对水果的要求已从量（买得到）到量质兼顾，更加强调水果的营养和安全。一般优良品质的果品应具有表皮色泽光亮、洁净，成熟度适宜，肉质鲜嫩，清脆，具有本品固有的清香味，已成熟的果品应具有水分饱满和其固有的一切特征，可以供食用和销售。次质果品一般都表皮较平，不够光泽丰满，肉质鲜嫩程度较差，清香味较淡，可略有烂斑小点或有少量的虫蛀现象，去除腐烂斑点和虫蛀部分，仍可供食用及销售，但必须限期售完。次质干果品亦可供给食用和销售。而劣质果品，无论干鲜，几乎都具有严重的腐烂、虫蛀、发苦等现象，不可供食用及销售，应该毁弃。

（一）水果质量品质的判断

水果的质量构成要素主要分为卫生质量、感官质量和营养质量。而其质量的好坏，一般依据产品的标准来判断。

1. 卫生质量

卫生质量是直接关系到人体健康的品质指标的总和。主要包括水果表面清洁度（尘土、杂质、微生物等）、重金属含量、农药残留量及其他限制性物质如亚硝酸盐等。卫生质量差的水果会影响到食用者的健康，甚至导致疾病。

2. 感官质量

感官质量是指通过人体的感觉器官能够感受到的品质指标的总和。主要包括产品的外观、质地、适口性等，如大小、形状、颜色、色泽、汁液、硬度、脆度、缺陷、新鲜度等。

3. 营养质量

营养质量是指水果中含有的各类营养素的总和。不同的水果组织中含有不同种类和数量的营养物质，如碳水化合物、脂类、蛋白质、维生素、矿物质、膳食纤维等。水果在贮藏过程中，其含有的各类化学物质都会发生量和质的变化。这些变化与水果本身品质及贮藏寿命密切相关。

（二）影响水果质量品质的因素

水果不耐贮存，易破损。因此水果在"从农田到餐桌"整条食品链过程中，需从以下两个方面考虑影响水果质量品质的因素。

1. 采前因素

水果质量与其生长的自然环境因素有关，包括温度、光照、降雨量、空气湿度及地理因素。水果在生长期内都要求一定的适温和积温。温度过高或过低都会对其生长发育、产量、品质、贮藏性产生影响。如柑橘类、瓜果类喜温暖气候，若温度过低会导致果实生长不良，成熟时品质差，不耐贮藏。光照时间、强度和质量直接影响植株的光合作用和理化性质。具备适宜的光照时间，植株生长发育快，营养状况良好，贮藏性提高。而适宜的降雨量和空气湿度有利于提高水果贮藏性。除此以外，农业技术要素如生长土壤、灌水、植株管理、病虫害防治、适量施肥及使用植物生长调节剂等也与水果品质密切相关。

2. 采后因素

水果采收后，影响果品质量品质的因素主要为贮运过程的温湿度、乙烯控制，温度管理是果品采购质量变化的关键技术。

高温高湿有利于微生物的繁殖。水果营养丰富，含有大量的水分（85%以上）及糖分，pH 一般在 4.5~7.0，贮藏性较差且易损伤。在贮运过程中，容易因外力作用导致果实产生机械损伤。暴露的果肉组织、适宜的温湿度恰好有利于微生物的快速生长繁殖。引起水果变质的微生物主要是霉菌和酵母菌，细菌只是极少数。这些微生物主要来自遭受植物病害，带有大量植物病原微生物的果树，或收获前后水果由于接触外界环境而被大量的微生物污染。

乙烯作为一种天然的植物生长调节剂，是水果的催熟剂。水果的过快成熟，大大缩短了果品的贮藏时间，减少了果品的食用价值。在贮运过程中可以采用低温、规避和移除乙烯来源及气调方式等有效控制果品的成熟速度，最大程度保证果品的质量品质。

三、 常见水果介绍

（一）苹果

1. 概述

苹果原产于欧洲中部、东南部、中亚细亚以及我国新疆，是世界上果树栽培面积较广、产量较多的树种之一。苹果在我国的栽培历史已有两千多年。苹果具有适应性强、品种多、分布地区广、高产、品质风味好、营养价值高等特点；苹果的成熟期自6月中旬开始直至11月。一些晚熟品种很耐贮运，市场上周年供应。苹果营养极其丰富，果肉甜酸适口。苹果除供鲜食外，还可以加工成脱水苹果，加工果酒、果汁、果脯、果干、果酱、蜜饯和罐头等。作为人们喜爱的食品，苹果含有丰富的维生素、粗纤维、铜、碘、钙、磷、锌、钾等多种人体所必需的营养物质，有增进食欲、促进消化和医疗功效。

2. 产销情况

我国是世界上最大的苹果生产国和消费国，苹果种植面积和产量均占世界总量的40%以上，在世界苹果产业中占有重要地位。中国苹果有黄土高原、渤海湾、黄河故道和西南冷凉高地四大产区，根据气候和生态适宜标准，西北黄土高原产区和渤海湾产区是中国最适苹果发展产区，两个区域苹果栽培面积分别占全国的44%和34%，产量分别占全国的49%和31%，出口量占全国的90%以上。我国苹果出口主要销往东南亚、北欧和非洲等地区。中国每年也要从国外购进优质苹果，以满足国内市场的不同需求。

3. 栽培品种和主要特征

世界苹果年产量约为3200万t。在欧洲大部分地区，很大部分苹果用于制苹果酒和白兰地。用于制苹果酒的苹果占世界产量的1/4。美国、中国、法国、意大利和土耳其是最大的生产国，法国、意大利、匈牙利、阿根廷、智利、南非和美国是最大的输出国。世界生产苹果的国家有80多个，年产量超过或接近100万t的主产国有12个，按产量排，依次为中国（46%）、美国（9%）、土耳其（6%）、意大利（5%）、法国（5%）、波兰（5%）、德国（3%）、俄罗斯（3%）等。红富士、元帅系列和金冠是世界三大主栽品种。部分苹果品种主要特征见表5-1。

表 5-1　　　　　　　　　　　部分苹果品种果实主要特征

品种	果实	果形	果面颜色	风味
红富士	大	圆锥	浓红色霞	甜酸
元帅	大	圆锥	浓红色霞	甜酸
红星	大	圆锥	鲜红条纹	甜酸
红冠	大	圆锥	全面鲜红色	甜酸适度
鸡冠	中	圆—扁圆	浓红条纹	甜酸
国光	中	扁圆	黄绿底暗红条纹	甜酸味浓
甜香蕉	大	斜长圆	绿色阳面成紫红晕	甘甜
倭锦	大	圆锥	黄绿底浓红条纹	甜酸

4. 品质规格

GB/T 10651—2008《鲜苹果》规定了各等级的质量要求、容许度、包装和外观及标识等内容。质量基本要求由以下五个方面构成：①具有本品种固有的特征和风味；②具有适于市场销售或贮存要求的成熟度；③果实保持完整良好；④新鲜洁净，无异味或非正常风味；⑤不带非正常的外来水分。鲜苹果质量分为三个等级，优等品，一等品和二等品，分别从果形、色泽、果梗、果面缺陷、果径、容许度等方面进行评价。

此外，鲜苹果中农药及污染物限量卫生指标、包装和外观都应符合相应国家标准要求。

5. 初级加工

鲜苹果加工流程：采摘→果分组→定量→包装。收购点或集体加工点流程：选果分级（组）→半成品检查→定量装→成品检验。采摘应根据苹果的不同特性和适宜的成熟度（可采成熟度）进行适时精心手采，防止减少人为损伤。选果分级要选出符合等级标准的苹果，并按果实横断面大小进行分组。国光等中型果从果实横断面直径60~79mm，每隔4~5mm为一组段；富士、元帅等大型果要果实横径65~90mm，每隔3~5mm为一组段，共分五个组别。

6. 化学成分

据有关研究单位分析，苹果每100g含水分8g左右，总含糖量10~14.2g，苹果酸0~0.68g，胡萝卜素0.06mg，硫胺素0.01mg，烟酸0.08mg，抗坏血酸4mg，脂肪8mg，蛋白质0.16g，灰分0.16g，钙9mg，磷7.4mg，铁0.24mg。

7. 检验

按照国家标准要求，对鲜苹果中农药和污染物限量卫生指标应符合 GB 2762—

2017 和 GB 2763—2019 及相关标准的规定。

（二）柑橘

1. 概述

柑橘在植物学分类上属芸香科，柑橘族中柑橘亚族的一群植物，它的果实称为"橘果"。柑橘在世界水果生产中占有极其重要的地位。据统计，其产量从 1962 年的 2400 万 t 增加到目前的 6000 余万 t，占世界十大水果产量的四分之一。主要分布在环绕地球赤道南北纬度 40° 内的地区中。生产柑橘的国家和地区有 120 多个，年产量在 10 万 t 以上的传统生产国有 25 个，其中十大主产国按产量的多少依次排列为巴西、美国、日本、中国、西班牙、意大利、墨西哥、以色列、埃及和阿根廷。

我国是柑橘原产中心之一，有四千多年的栽培历史。同时也是柑橘资源的宝库，许多柑橘都原产于我国。橘原产于长江上游，广泛分布于西南和中南以及陕西、甘肃和山东等省。宜昌橙广泛栽培于鄂、川、湘和云贵高原，并且有宜昌橙分布的地方，就有香橙伴生其间。甜橙在我国栽培历史悠久，据考证欧州的甜橙也是从我国引种的，首先在地中海沿岸的西班牙等国栽培，随后再传入巴西，继而扩展到美洲。目前占日本柑橘产量 80% 的温州蜜柑就是 500 多年前从浙江天台山传去的，后又传到澳大利亚、西班牙、俄罗斯、韩国和意大利等国。宽皮橘和其他各种变异类型遍及全国柑橘产区。金橘也原产于我国，于 150 年前由浙江宁波传到日本。由此看来，当今世界的各种夏橙、脐橙、温州蜜橘和金橘可能都源于我国。

我国柑橘分布较广，东起台湾，西至西藏的墨脱、瓦弄，北起秦岭南麓，南至海南岛。最高海拔 2600m。四川、浙江、广东、福建、湖南、广西、湖北、江西、贵州、江苏、陕西、安徽、上海、甘肃、河南、西藏和台湾等省、市及地区均有柑橘栽培。但是，我国柑橘经济栽培名产区，主要集中在北纬 20°~30°，海拔 700~1000m 的地区。

柑橘在世界水果贸易中占有重要地位，年贸易量达 1000 万 t，主要出口国有巴西、美国、日本、中国、西班牙、意大利、墨西哥、以色列等，主要进口国有法国、德国、英国、俄罗斯及加拿大等。目前世界人均年消费柑橘 12kg 左右，尤其以美国、以色列和阿根廷消费量为最多，每人每年平均在 45kg 以上。在西欧和加拿大等柑橘进口国，每人年平均消费水平也达 20kg 以上。

我国柑橘的主要品种：宽皮柑橘类有早橘、椪柑（芦柑）、木曼橘、温州蜜柑、红橘、南丰蜜橘、瓯柑和蕉柑（桶柑）等；橙类有化州橙、脐橙、血橙、雪橙、夏橙锦橙、柳橙、新会橙、红江橙和普通甜橙（广柑）等；柚类有沙田柚、四季抛、文旦和楚门文旦等。此外，柑果专供药用的有宜昌橙、香橙和香圆等。

鲜橘是我国出口大宗产品之一，出口品种有 20 多个，主要以温州蜜柑为主。从 1952 年开始主销苏联，之后又销往加拿大、新加坡、马来西亚、蒙古和朝鲜等国家和地区。年出口量达 5 万 t 以上，在国际市场上享有盛誉，深受国外客户的欢迎。

2. 柑橘果实的营养成分和用途

柑橘果肉多汁，富含碳水化合物、有机酸、矿物质、维生素、芳香油、苷和类脂等物质。果汁中以蔗糖为主的可溶性碳水化合物是构成果实风味的主要成分之一；柑橘果实中无机盐含量约为 0.5%，其中以钾为最多，其次为钙、磷；果肉中维生素 C 含量非常丰富，维生素 A 主要以胡萝卜素的形态存在，其次以玉米黄素的形态存在，维生素 B_1 含量比梨、桃和苹果多数倍，维生素 P 以橙皮苷的形态存在，在果皮中较为丰富（表 5-2）。

表 5-2　　　　柑橘果实的化学成分（在 100g 可食部分中）

成分		温州蜜柑	夏柑	脐橙	文旦	柠檬
热量/cal		40	39	42	41	32
水分/g		88.9	88.9	88.1	88.4	88.9
蛋白质/g		0.8	0.8	0.7	0.4	0.4
脂肪/g		0.3	0.3	0.2	0.2	0.6
碳水化合物	糖/g	9.3	9.1	10.2	10.2	8.5
	纤维素/g	0.3	0.3	0.3	0.4	0.6
灰分/g		0.4	0.6	0.5	0.4	0.7
无机盐	钙/mg	14	22	25	20	40
	磷/mg	12	17	19	22	24
	铁/mg	0.2	0.2	0.2	0.2	0.2
维生素 A/IU		120	120	200	120	—
维生素 B_1/mg		0.09	0.08	0.08	0.04	0.04
维生素 B_2/mg		0.02	0.03	0.03	0.03	0.02
维生素 C/mg		50	30	45	60	50
烟酸/mg		1.0	0.5	0.5	0.2	0.2

柑橘不仅营养丰富，鲜食深受人们的喜爱，还可广泛用作轻工业的重要原料。它在食品工业上可以加工制成罐头、蜜饯、果酱、果糕、果冻和果糖等多种食品，还可制成果汁和果酒等饮料；在加工过程中，可提取果胶、柠檬酸、橙皮苷和香精油等医药化工原料。此外，柑橘的花、叶也含有丰富的芳香油，可以提取高级香精。

3. 特征

鲜橘代谢旺盛，是易腐易烂食品，水分含量高达 80%～90%。柑橘在空气流通的情况下进行有氧呼吸；在通气不良的情况下，则进行厌氧呼吸，产生乙醇等物质，这些物质在果实内积累过多时，会引起细胞中毒导致果实生理受害。柑橘因呼吸作用而释放的热能使贮藏的温度升高，继而又促使呼吸强度随之增大，生理变化加剧。果实所含的水分和呼吸释放出的水分，通过果实表面蒸发，会增加库内湿度，也会使果实自然失重。

柑橘成熟期相对集中，采摘时间在 10～11 月上旬。多数柑橘果皮脆嫩，采摘不当容易受伤而降低贮运性能。由于熟期集中、采收量大、货源分散、运输环节多、在途时间长，加上秋冬气温多变等因素，如果运输过程中处理不当，会引起机械损伤而导致腐烂。

4. 加工

柑橘加工包装是将已采摘的鲜橘，按客户的质量要求进行商品化处理，其主要程序如下：采摘→吹风→挑选→分级→打蜡→精选→包装。采摘：按等级质量要求分批采摘，保证一致的成熟度，并轻拿轻放，防止损伤。吹风：将采下果实放置通风处 24～72h，降低果实表面水分，提高贮藏性。挑选：剔除残次果、腐烂果及不合格果。分级：按外销要求的直径大小进行分级。打蜡：用打蜡机或手工对果实进行涂蜡，抑制果实呼吸，减少水分蒸发。精选：按出口规格和质量要求再次进行挑选，剔除不合格果。

5. 检验

鲜柑橘鲜果按果形、果面及缺陷、色泽来分级，分为优等果、一等果及二等果。按照 GB/T 12947—2008 要求，鲜柑橘检验包括外观质量和分等分级检验、理化检验和卫生指标检测。其中理化指标包括可溶性固形物、总酸量、固酸比及可食率。污染物、农药残留量分别按 GB 2762—2017、GB 2763—2019 有关规定执行。

6. 贮藏和运输

影响柑橘贮运性能的主要因素有温湿度、品种和采收后的处理方法等。贮藏的温度和湿度对柑果的腐烂、干耗及品质变化影响很大。温度低于冰点以下会导致细胞间隙内形成冰晶体，使果实整个或局部坚硬失去弹性成为冻害果，但温度超过 5℃时柑橘呼吸强度会随着温度的升高而成倍增加，消耗养分、加快失重、降低贮藏性及抗病性能；湿度过高会促使微生物生长，增加烂果，风味也易变淡并产生较多的浮皮果和变色果。湿度偏低则会造成果皮干萎而硬化。因此，柑橘贮藏的适宜温度应控制在 3～4℃，湿度应保持 85%左右最为理想。一般早熟、果皮薄的柑橘品种不耐贮藏，而橙、柚类皮较厚实的果类，贮藏性较好些。另外采收后的处理，如浸泡防腐剂、包纸、套塑料袋及涂蜡等措施，都可以起到减少腐烂、提高贮藏性的作用。

（三）梨

1. 概述

梨为蔷薇科植物，是世界主要水果之一，各大洲均有分布，以亚洲、欧洲产量最多。中国梨资源丰富居世界之首，在我国水果中占有相当大比重，产量仅次于苹果，且易长期保存，所以被列为我国四大水果之一，同时也是我国主要出口水果。

2. 梨的品种

梨在世界上分为西洋梨和东方梨两大类，西洋梨原产欧洲，东方梨原产我国，又称中国梨，主要品种有秋子梨、白梨、沙梨和新疆梨四种。秋子梨分布在华北及东北各省，果实圆形或扁圆形。优良品种有北京的京白梨、辽宁的南果梨等。河北省保定、邯郸、石家庄、邢台一带，主产品种为鸭梨、雪花梨、圆黄梨、雪青梨、红梨；辽宁省绥中、北镇、义县、锦西、阜新等地主产秋白梨、鸭梨和秋子梨系统的一些品种；安徽省砀山及周围一带为酥梨产区；山西高平为大黄梨产区，原平则以黄梨和油梨为主产品种；甘肃兰州以出产冬果梨闻名；四川有金川雪梨和苍溪雪梨；新疆有库尔勒香梨和酥梨；烟台、大连的西洋梨果实瓢形或圆形，熟后果肉脆嫩多汁，石细胞少，香味浓。

3. 用途

梨果实供鲜食，肉脆多汁，酸甜可口，风味芳香优美，富含糖、蛋白质、脂肪、碳水化合物及多种维生素，对人体健康有重要作用。梨果还可以加工制作梨干、梨脯、梨膏、梨汁、梨罐头等，也可用来酿酒、制醋。

4. 营养价值

梨含有大量蛋白质、脂肪、钙、磷、铁和葡萄糖、果糖、苹果酸、胡萝卜素及多种维生素，也是治疗疾病的良药，民间常用冰糖蒸梨治疗喘咳。梨还有降血压、清热镇凉的作用，所以高血压及心脏病患者食梨大有益处。

5. 品质要求及检验

鲜梨从基本要求、果形、色泽、果梗、大小整齐度、果面缺陷等方面进行分级。在完成感官检验的基础上，理化常规检验项目包括硬度、可溶性固形物，卫生指标按 GB/T 5009.38—2003 规定执行。

（四）荔枝

1. 概述

荔枝为无患子科荔枝属常绿乔木，原产于我国南方，对气候条件的适应范围比较严，仅适于在热带、亚热带部分地区生长发育。荔枝为我国特产珍果，素以色、香、味、形俱佳而驰名中外，被誉为果中"皇后"。荔枝果实肉若凝脂，脆嫩多汁，甜香鲜爽，风味美极。

2. 品种

我国荔枝栽培品种，经普查已达 160 多个，其中广东约有 70 个，福建和广西各有 40 多个，四川、台湾、云南合计约 10 个。其中在生产上较重要的优良品种有三月红、妃子笑、黑叶、淮枝、桂味等。

3. 用途

荔枝果肉半透明，柔嫩清脆，香甜多汁，是鲜果中温补的上品。荔枝果肉含有糖分、蛋白质、脂肪、维生素等，常食可补脑健身。干荔枝是很好的滋补食品。荔枝除鲜食外，可制干、加工糖水罐头，以及酒、酱、膏、汁和蜜饯等。

4. 产地

广东省的荔枝产地遍及全省，以从化、增城、花都、新会、东莞、中山等地为主。福建省的荔枝主产地有漳州、泉州、南安、蒲田、福州。广西省的荔枝主产地在桂平、灵山、玉林、苍梧、隆安、平南、商宁等地。四川、云南、贵州和台湾也有栽培荔枝。

5. 采收

荔枝应在果皮全红、完全成熟而又不过熟时采，采时要求整穗采下，不带叶片。采摘后的果穗，应立即在树下或于阴凉处进行挑选，剔除破裂、机械伤和病虫害的果实，然后迅速装运。

6. 品质规格

（1）品质　需具有其品种应有的果型特征，果面洁净，不得沾染泥土或为不洁物污染。不得有荔枝本身的废弃部分及外来物质。腐烂、裂果、严重挤压伤、虫害果等严重缺陷不超过 3%，缺陷果不得超过 10%。

（2）规格　以其品种每千克果实数计，一般为 40~60 个/kg。要求果实大小均匀。

7. 检验

荔枝的检验包括感官检验和理化检验，感官检验项目如色泽、成熟度、形状、风味、可食部分含量等；理化项目如可溶性固形物、酸度、维生素 C 含量等。

（五）香蕉

1. 概述

香蕉属于芭蕉科芭蕉属，原产于热带，属于热带常绿果树，热带和亚热带地区均有栽培。世界上盛产香蕉的国家有厄瓜多尔、哥斯达黎加、哥伦比亚、巴拿马及菲律宾、越南、中国等。我国南部是香蕉原产地之一，汉武帝元鼎六年（公元前 111 年）栽培，古籍称为甘蕉。我国香蕉产区主要分布在广东、广西、福建、海南等省，云南、四川等地也有少量栽培。香蕉具有适应性强，产量高，果实营养丰富，品质风味好、投产快，周年可开花结果，果实供应期长，综合加工用途广泛等优点。

2. 用途

香蕉营养价值高，果大皮薄，果肉香甜软滑。香蕉以生食为主，还可加工成香蕉干、蜜饯、罐头等。

中医认为，香蕉性寒，味甘，无毒。果肉、果汁均有药用价值。香蕉有止烦渴、润脑肠、通血脉、填精髓的功能，适用于便秘、烦渴、酒醉、发热、热疗肿毒等症。香蕉是含钾最高的水果之一，钾离子能维持人体细胞的正常功能，维持体内的酸碱平衡，对保护、增强心肌功能有重要作用。香蕉还能缓和对胃黏膜的刺激，缓解药物等因素诱发的胃溃疡症状，对预防和治疗胃部病患有极佳效果。

3. 类型

依据果实和植株的形态、颜色、果型、风味，可划分为如下三个类型。

(1) 香蕉类型　香蕉蕉身黄绿色，有褐色斑点。果型弯曲，果皮薄，未成熟时呈绿色，成熟时黄色。果肉黄白色，肉质嫩滑，香甜适口。

(2) 大蕉类型　大蕉植株高大，生势强壮，蕉身绿色。果皮稍厚而具有韧性，果实棱角明显，呈 3~4 棱，中间肥大两端小。果肉杏黄色，味甜而带微酸，无香味，果实耐贮运。

(3) 龙牙蕉类型　龙牙蕉植株高瘦，假茎高一般在 3~4m，茎杆淡黄色。果实近圆形较细小，成熟后果皮鲜黄色，皮薄易裂。果肉乳白色，甜滑微香。

4. 质量规格

从特征色泽、成熟度、重量、梳数、长度、每千克指数及伤病害等方面对各类香蕉进行分级。香蕉分为三级，分别是优等品、一等品及合格品。

5. 营养成分

香蕉有较高的营养价值，香蕉每 100g 可食用部分含糖 20g，蛋白质 1.2g，脂肪 0.6g，粗纤维 0.4g，钙 10mg，磷 35mg，铁 0.8mg，并含多种维生素。

6. 检验

将供感官检验的样箱分批、分仓、分层逐箱打开，对样品整体进行感官判定。根据果实是否具有相似品种特征、形状、色泽等，并按照损伤、腐烂、不清洁、过熟和畸形果的特征，对样品果逐个观察，拣出有缺陷的果实，按项分类，分别称重，详细记录。其他检验项目按 GB 9827—1988 执行。

小技巧：感官检验是否成熟，可用以下六法。

(1) 目测　果实丰满，棱角明显，皮青绿而色亮，成熟度为七成左右；果实丰满但棱角消失，皮色泛白渐黄，成熟度则过七成左右。

(2) 看色泽　果皮青而显出黄色的为接近成熟果；皮色鲜黄，两端带青，香蕉果面略带少量芝麻点，为适度成熟果；果面密布黑点或黄而发暗的为过熟果。

(3) 手感　稍硬而有柔感的为接近成熟果，软陷而柔的为过熟果。

(4) 折果、品尝　将果实拦腰折断，若声音清脆，果肉断面色泽乳白，涩味很重，则成熟度为七成左右；若折断时果皮发韧，涩味较轻，则成熟度已过七成。

(5) 剥皮　果皮易剥，果肉稍黄而完整的为适度成熟果；果皮难剥易断的为过生果；果皮可剥，果肉稍硬的为接近成熟果；果皮易剥，果肉较软或呈腐状为过熟果。

（6）品尝　入口柔软糯滑，香甜适口的为适度成熟果；果肉硬，涩口的为过生果；果肉稍硬但不涩口，有香味较糯滑，为接近成熟果；果肉软烂的为过熟果。

（六）菠萝

1. 概述

菠萝又叫凤梨，为凤梨科凤梨属多年生草本植物，原产于巴西，于16世纪末传入我国。菠萝果实色泽黄艳、肉质柔嫩、风味特殊，是著名的热带水果。

2. 品种

目前世界上的菠萝品种可归纳为皇后种、卡因种、西班牙种、爪哇种和杂交种5大类。其中以美国的无刺卡因（又称沙捞越）为最佳，主要品种有无刺卡因、本地种、菲律宾、巴厘种等。

3. 用途

菠萝果实中除含有较多维生素C外，还含有菠萝朊酶，有帮助消化蛋白质的特殊功能。除鲜食外，还是制造罐头的极好原料。制罐头剩下的果皮、果心等，可用来加工果汁、果酒、果醋，或提制柠檬酸、乳酸、酒精等。

4. 营养价值

菠萝果实营养丰富，果肉中除含有还原糖、蔗糖、蛋白质、粗纤维和有机酸外，还含有人体必需的维生素C、胡萝卜素、硫胺素、烟酸等，以及易为人体吸收的钙、铁、镁等微量元素。菠萝果汁、果皮及茎所含有的蛋白酶，能帮助蛋白质的消化，增进食欲；有治疗多种炎症、消化不良、利尿、通经、驱寄生虫等作用，对神经和肠胃有一定的医疗作用。

5. 采收

在菠萝果肉由白转黄，组织开始软化而果身尚硬，果皮由青转黄绿，白粉脱落，果眼间隙的裂痕出现浅黄色时采收。采收后剔除病虫害、机械伤果，进行装运。

6. 品质规格

（1）品质　要求果实大小均匀适中，果型端正，芽眼数量少；外表皮呈淡黄色或亮黄色，两端略带绿青色，上顶的冠芽呈青褐色。用手轻轻按压菠萝体，感觉挺括而微软。果肉组织呈淡黄色，组织致密，果肉厚而果芯细小，汁多味美，酸甜适口。

（2）规格　按果实横径大小分级。如汕头地区一级、二级、三级果实横径分别为114mm以上、99~114m、99mm以下。

7. 检验

菠萝的检验项目主要有规格（等级）、特征色泽、成熟度、结实度、腐烂和损伤情况等。一般要求具有相似的品种特征，成熟、结实、干燥，没有腐烂、灼伤，没有因病虫害、鼠害或机械伤引起的严重损害。

（七）西瓜

1. 概述

西瓜又名水瓜、夏瓜、寒瓜，原产于非洲，为葫芦科西瓜属一年生草本蔓生植物。唐五代时从西域传入，故称"西瓜"。果瓤脆嫩，味甜多汁，含有丰富的矿物盐和多种维生素，是夏季主要的消暑果品。西瓜清热解暑，对治疗肾炎、糖尿病及膀胱炎等疾病有辅助疗效。果皮可腌渍、制蜜饯、果酱和饲料。果实有圆球、卵形、椭圆球、圆筒形等。果面平滑或具棱沟，表皮有绿白、绿、深绿、墨绿、黑等色，间有细网纹或条带。果肉有乳白、淡黄、深黄、淡红、大红等色。肉质分紧肉和沙瓤。西瓜是夏季的重要果品，在城市水果供应中占有重要地位。由于西瓜汁多味甜，在夏季高温季节，食之凉爽解渴，深为广大消费者所喜爱。

2. 品种

我国西瓜的主要品种有蜜宝、早花、郑州 3 号、新澄 1 号、苏蜜 1 号、大花棱、中号等。此外，优良的品种还有兴城红、喇嘛瓜、马铃瓜、浜瓜、湘蜜、琼酥、庆丰等。

3. 用途

西瓜含有果糖、蔗糖、葡萄糖以及维生素、苹果酸、钙、磷、铁等营养成分。西瓜具有止渴消烦、清热消暑、利尿解酒毒、治喉痹等功效。西瓜除鲜食外，还可以加工成西瓜条、西瓜酱等，西瓜籽还是风味佳美的干果。

4. 产地

西瓜在我国分布很广，北起黑龙江，南到海南岛，西从西北边疆，东到东南沿海，到处都有栽培。除海拔很高的青藏高原不作露天栽培外，各地基本上均有生产。以广东、海南、广西、福建、湖南、湖北、河南、江西、安徽、山东、江苏、浙江、陕西、甘肃、新疆、河北、山西、辽宁、北京等省、市、地区栽培最多。

5. 采收

同一品种的西瓜，选取八成熟以上、个大、形状圆整、饱满、皮薄、花纹清晰、有光泽的瓜，小心采摘，防止和减少人为损伤。采摘后的瓜，按不同规格质量分别装箱。

6. 品质规格

（1）品质　瓜体整齐、匀称；表面光滑，花纹清晰，用手指弹瓜发出"咚、咚"清脆声；两端均匀，脐部凹陷深，瓜柄呈褐色，茸毛脱落，近蒂处青鲜不枯干是成熟的标志。

（2）规格　西瓜的规格一般以质量衡量为主。选择成熟、无机械伤、无虫蛀及其他病虫害果，以个头大小、质量相近的西瓜装箱。

7. 挑选西瓜的技巧

（1）看　花皮瓜类，要纹路清楚，深淡分明；黑皮瓜类，要皮色乌黑，带有光泽。无论何种瓜，瓜蒂、瓜脐部位向里凹入，藤柄向下贴近瓜皮，近蒂部粗壮青绿，是成熟的标志。

（2）摸　用拇指摸瓜皮，感觉瓜皮滑而硬则为好瓜，瓜皮黏或发软为次品。

（3）掂　成熟度越高的西瓜，其分量就越轻。一般同样大小的西瓜，以轻者为好，过重者则是生瓜，"傻瓜"一词，可能由此而来。

（4）听　将西瓜托在手中，用手指轻轻弹拍，发出"咚、咚"的清脆声，托瓜的手感觉有些颤动，是熟瓜；发出"突、突"声，则成熟度比较高；发出"噗、噗"声，则为过熟；发出"嗒、嗒"声，是生瓜。

➤ 思考与练习

1. 常见水果的品质及其影响因素有哪些？
2. 掌握我国常见水果的品质规格及感官检验方法。

▸ 任务二　水果样品的采集和预处理

▐ 能力目标

（1）熟悉水果样品采集的基本要求及采集的步骤。
（2）掌握样品预处理的基本方法。

▐ 课程导入

一、样品的采集

农产品种类繁多、成分复杂。同一种类的农产品，其成分及其含量也会因为品种、产地、栽培措施、成熟期、加工或保藏条件的不同而存在很大的差异；同一分析对象的不同部位，其成分和含量也可能有较大差异。

采样是一种很困难且需要非常谨慎的操作过程。在抽样过程中必须遵守一定的规则，掌握适当的方法，并防止在采样过程中造成某种成分的损失或外来成分的污染，才能保证检验结果能代表总体特征，符合大量物料的真实成分。同时，采样除了要注意样品的代表性和均匀性外，还应该充分了解被测对象的来源、批次组成和运输贮存条件、外观、包装容器等情况，并要调查可能存在的成分逸散及污染情况，均衡地、不加选择地从全部批次的各部分按规定数量采样。

（一）采样的概念

采样是指从大量的分析对象中抽取有代表性的一部分作为分析材料（分析样品），这项工作也称为样品的采集。这是分析检验的第一步。

（二）采样的基本要求

（1）采集样品应具有代表性，以使对所取样品的测定能代表样品总体的特性；从样品中剔除损坏的部分（箱、袋等），损坏和未损坏部分的样品分别采集。

（2）采样方法应与检测目标保持一致。

（3）采样量应满足检测精度要求，能足够供分析、复查或确证、留样用。

（4）采样过程应设法保持原有的理化指标，防止待测组分发生化学变化及损失，避免样品受到污染。

（5）采样应由专业技术人员进行。采样人员不应少于2人，采样人员应随身携带有效证件，包括身份证、工作证、抽样通知单（抽样委托单或抽样任务单）和抽样单等。

（6）采样过程中，应及时、准确记录采样相关信息。

（7）采集的样品应经被抽检单位或个人确认。生产基地抽样时，应调查农产品生产、管理情况，市场抽样应调查农产品来源或产地。

（三）采样的步骤

采集样品的步骤一般分五步，依次如下。

1. 获得检样

检样是指由组批或货批中所抽取的样品。检样的多少，按该产品标准中检验规则所规定的抽样方法和数量执行。

2. 形成原始样品

将许多份检样综合在一起称为原始样品。原始样品的数量是根据受检物品的特点、数量和满足检验的要求而定，且只能把质量相同的检样混在一起，做成若干份原始样品。

3. 得到平均样品

将原始样品按照规定方法经混合平均，均匀地分出一部分，称为平均样品。采取苹果、梨、桃、柑橘等水果的平均样品时，一般选1~3株果树为代表，从植株的全部收获物中选取大、中、小果实以及向阳、背阳部分的果实混合成平均样品。葡萄等浆果类采样时可在不同地方的5~10株植物上的各个部位包括向阳、背阳以及上、下各部分采样。

4. 平均样品3份

从平均样品中分出3份，一份用于全部项目检验，一份用于在对检验结果有争议或分歧时做复检用，称作复检样品。另一份作为保留样品，但水果易变质，不作保留。

5. 填写采样记录

采样记录要求详细填写采样的单位、地址、日期、样品的批号、采样的条件、采样时的包装情况、采样的数量、要求检验的项目以及采样人等资料。

（四）采样方法

样品的采集一般分为随机抽样和代表性取样两种。随机抽样是指按照随机原则，从大批物料中抽取部分样品。操作时，应使所有物料的各个部分都有被抽到的机会。代表性取样是指用系统抽样法进行采样，根据样品随空间（位置）、时间变化的规律，采集能代表其相应部分的组成和质量的样品，如分层取样、随生产过程流动定时抽样、按组批取样、定期抽取货架商品等。随机抽样可以避免人为倾向。但是对不均匀样品，仅用随机抽样法是不够的，必须结合代表性取样，从有代表性的各个部分分别取样，才能保证样品的代表性。

采集新鲜水果样品不论进行现场常规鉴定还是送实验室做品质鉴定，一般要求采用随机取样。在某些特殊情况下，例如为了查明混入的其他品种或任意类型的混杂，允许进行选择取样。取样之前要明确取样的目的，即明确样品鉴定性质。

1. 批量货物的取样准备

批量货物取样，要求及时，每批货物要单独取样。如果由于运输过程发生损坏，其损坏部分（盒子、袋子等）必须与完整部分隔离，并进行单独取样。如果认为货物不均匀，除贸易双方另行磋商外，应当把正常部分单独分出来，并从每一批中取样鉴定。

2. 抽检货物的取样准备

抽检货物要从批量货物的不同位置和不同层次进行随机抽样。

（1）包装产品　对有包装的产品（木箱、纸箱、袋装等），如表5-3所示进行随机抽样。

表 5-3　　　　　　　　　　　　水果抽检货物的取样件数

批量货物中同类包装货物件数	抽检货物取样件数
≤100	5
101～300	7
301～500	9
501～1000	10
≥1000	15（最低限度）

（2）散装产品　与货物的总量相适应，每批货物至少取5个抽检货物。散装产品抽检货物总质量或货物包装的总件数如表5-4所示抽取。在水果个体较大情况下（大于2kg/个），抽检货物至少应由5个个体组成。

表 5-4　　　　　　　　　　　　水果抽检货物的取样量

批量货物的总质量（kg）或总件数	抽检货物总质量（kg）或总件数
≤200	10
201～500	20
501～1000	30
1001～5000	60
>5000	100（最低限度）

（3）混合样品或缩分样品的制备　混合样品必须集合所有抽检货样品，尽可能将样品混合均匀。缩分样品通过缩分混合样品获得。对混合货样或缩分样品，应当现场检测。为了避免受检样品的性状发生某种变化，取样之后应当尽快完成检验工作。

（4）实验室水果样品的数量　实验室水果样品的取样量根据实验室检测和合同要求执行，其最低取样量见表5-5。

表 5-5　　　　　　　　　　实验室水果样品取样量

产品种类	取样量
樱桃、黑樱桃、李子	2kg
杏、香蕉、木瓜、柑橘类水果、桃、苹果、梨、葡萄、鳄梨	3kg
西瓜、甜瓜、菠萝	5 个个体

（5）采样注意事项

①一切采样工具（如采样器、容器、包装纸等）都应清洁、干燥、无异味，不应将任何杂质带入样品中。例如，检测微量和超微量元素时，要对容器进行预处理；做锌测定的样品不能用含锌的橡皮膏封口；做汞测定的样品不能使用橡皮塞；供微生物检验用的样品，应严格遵守无菌操作规程。

②新鲜样品采集后，应立即装入聚乙烯塑料袋，扎紧袋口，以防水分蒸发。

③测定重金属的果蔬样品，尽量用不锈钢制品直接采取样品。

④设法保持样品原有微生物状况和理化指标，在进行检测之前样品不得被污染，不得发生变化。

⑤感官性质极不相同的样品，切不可混在一起，应另行包装，并注明其性质。

⑥样品采集完后，应在4h之内迅速送往检测室进行分析检测，以免发生变化。

⑦盛装样品的器具上要贴牢标签，注明样品名称、采样地点、采样日期、样品批号、采样方法、采样数量、分析项目及采样人。

⑧填写样品标签，防止样品混淆，最好填写2份，1份放入袋内，1份扎在袋口。采样结束应在现场逐项逐个检查，如采样记录表、样品登记表、样袋标签、样品、采样点位置图标记等有无缺项、漏项和错误，应及时补齐和修正。

二、样品的制备

样品制备是对数量过多、颗粒太大、组成不均匀的样品进行粉碎、混匀、缩分的过程。制备得到的是平均样品。

样品制备的目的是为了保证样品十分均匀，样品的任何部分都能代表全部样品的成分。常用的样品制备方法如下。

（1）对液体、浆体或悬浮液体采用搅拌方式。

（2）互不相容的液体，可分离后分别取样检测。

（3）对带核、带蒂的样品，先去核、去蒂再捣碎。

三、 样品的预处理

（一） 样品预处理的目的和要求

在食品分析中，由于食品或食品原料种类繁多，组成复杂，而且组分往往又以复杂的结合形式存在，常对直接分析带来干扰。因此，需要在检测前对样品进行适当处理，使被测组分同其他组分分离，或者将干扰物质除去。有些被测组分由于浓度太低或含量太少，直接测定有困难，这就需要将被测组分浓缩。这种过程称为样品的预处理。样品预处理的原则是：①消除干扰物质；②完整保留被测组分；③使被测组分浓缩。

（二） 样品预处理的一般工作流程

样品预处理的一般工作流程包括样品整理、粉碎、称量、提取、净化、浓缩等步骤。

1. 样品整理

水果去掉水果的蒂、凹处和核；香蕉切去两头；杧果去掉皮和核；甜瓜去掉皮、茎、籽，只分析食用部分；坚果类去掉壳；菠萝去掉蒂和外皮，只分析食用部分；杨梅去掉蒂等。

2. 粉碎

可视情况采用研钵、粉碎机、高速组织捣碎机等将块状的或颗粒较大的样品细化并混合均匀，并按规定要求进行筛分或者过滤。

3. 称量

称量过程要注意防止吸潮、挥发或者发生其他物理化学变化。

4. 提取

一般提取的原则是在保证提取效果的前提下，提取操作方法尽可能简单，提取时间尽可能短，提取成本尽可能低，损失尽可能少，提取的杂质在后续纯化过程中易于除去。常用的方法有浸渍法、回流提取法、超声波提取法、微波提取法、超临界流体提取法、升华法、压榨法等。

5. 净化

经过提取的提取物中通常含有与该组分结构相似的杂质，将待测组分与杂质分离的过程，称为净化。净化方法有液液萃取、固液萃取、固相微萃取、蒸馏、层析等。在净化过程中，需做到目标成分回收率高，杂质去除效果好，操作方法尽可能简单快速。

6. 浓缩

由于净化过程引入的溶剂可能会降低待测组分的浓度或不适宜直接进样，需要去除部分或全部溶剂及溶剂转换，此过程称为浓缩或富集。水果中农药残留、重金属残留等检测主要通过旋转蒸发器蒸干或惰性气体（如氮气）吹干除去溶剂后进行定容。

（三）样品预处理的方法

样品预处理的方法，应根据项目测定的需要和样品的组成及性质而定。在各项目的分析检验方法标准中都有相应的规定和介绍。

在测定食品或食品原料中金属元素和某些非金属元素，如硫、氮等的含量时常用这种方法。这些元素有的是构成食物中蛋白质等高分子有机化合物本身的成分，有的则是因受污染而引入的，并常常与蛋白质等有机物紧密结合在一起。在进行检验时，必须对样品进行处理，使有机物在高温或强氧化条件下被破坏，被测元素以简单的无机化合物形式出现，从而易被分析测定。

破坏有机物的方法，可分为干法灰化法和湿法消化法两大类，各类方法又因原料的组成及被测元素的性质不同可有许多不同的操作条件，选择的原则应是：①方法简便，使用试剂越少越好；②方法耗时间越短，有机物破坏越彻底越好；③被测元素不受损失，破坏后的溶液容易处理，不影响以后的测定步骤。

1. 干法灰化法

样品在坩埚中，先小心炭化，再高温灼烧（500~600℃），有机物被灼烧分解，最后只剩下无机物（无机灰分）的方法。为了缩短灰化时间，促进灰化完全，防止有些元素的挥发损失，常常向样品中加入硝酸、过氧化氢等灰化助剂，这些物质在灼烧后完全消失，不增加残灰的质量，可起到加速灰化的作用。有时可添加氧化镁、碳酸盐、硝酸盐等助剂，它们与灰分混杂在一起，使炭粒不被覆盖，但应做空白实验。

干法灰化法的优点是有机物破坏彻底，操作简便，使用试剂少，适用于除砷、汞、铅等以外的金属元素的测定，由于灼烧温度较高，这几种金属容易在高温下挥发损失。

2. 湿法消化法

在强酸、强氧化并加热的条件下，有机物被分解，其中 C、H、O 等元素以 CO_2、H_2 等形式挥发逸出，无机盐和金属离子则留在溶液中。湿法消化所用的试剂有：硫酸、硫酸-硝酸、高氯酸-硝酸-硫酸、高氯酸-硫酸、硝酸-高氯酸等。但在消化过程中，都在液体状态下加热进行，故称为湿法消化。

湿法消化的特点是加热温度较干法低，减少了金属挥发逸散的损失。但在消化过程中产生大量有毒气体，操作需在通风柜中进行。此外，在消化初期，产生大量泡沫易冲出瓶颈，造成损失，故需操作人员随时照管，操作中还应控制火力注意防爆。

3. 微波消解法（microwave-digestion）

微波消解法是一种利用微波为能量对样品进行消解的新技术，包括溶解、干燥、灰化、浸取等，该法适于处理大批量样品及萃取极性与热不稳定的化合物。微波消解法以其快速、溶解用量少、节省能源、易于实现自动化等优点而被广泛使用。

➢ 思考与练习

1. 水果样品采集的基本要求有哪些？
2. 说明水果样品的采集步骤。
3. 常用的样品预处理方法有哪些？

◆ **任务三** 水果质量的感官检验

■■■■ **能力目标**

掌握水果感官检验的方法。

■■■■ **课程导入**

一、 水果质量感官检验的概念

食品的感官检验是通过人的感觉——味觉、嗅觉、视觉、触觉，对食品的质量状况做出客观的评价。也就是通过眼观、鼻嗅、口尝、耳听以及手触等方式，对食品的色、香、味、组织状态和硬度等质量特性以及质量状况和卫生状况进行综合性鉴别分析，最后以文字、符号或数据的形式做出客观评价的方法。

二、 水果质量感官检验的特点

感官检验快速、灵敏、简便、易行，是农产品检验的重要方法之一。感官检验不仅能将农产品感官性状在宏观上出现的异常直接观察出来，尤其重要的是，当农产品的感官性状只发生微小变化，甚至这种变化轻微到用仪器的方法都难以发现时，通过人的感觉器官，如嗅觉、味觉等能给出应有的鉴别。因此，感官检验有着理化检验和微生物检验所不能替代的优越性。在水果产品标准及卫生标准中，感官检验常作为第一项检验内容。农产品质量的优劣最直接地表现在它的感官性状上，所以通过感观指标的鉴别，即可直接判断出食品品质的优劣。对于感官指标不合格的产品，如食品中混有杂质、异物或发生霉变、沉淀等不良变化，不需要再进行其他理化检验，可直接判定为不合格。当对食品品质的评价，在感官检验不能做出判断时，则需结合理化检验和微生物检验的结论做出判断。

质量感官检验可在专门的感官分析实验室进行，也可在评比、鉴定会现场甚至购物现场进行。由于它简单易行、可靠性高、实用性强，目前已被国际上普遍承认和采用，并已日益广泛地应用于食品质量检查、原材料选购、工艺条件改变、食品的贮藏和保鲜、新产品开发、市场调查等许多方面。

作为检验水果质量的有效方法，感官检验可以概括出以下三大优点：①通过对水果感官性状的综合性检查，可以及时、准确地鉴别出水果质量有无异常，便于早期发现问题，及时进行处理，可避免对人体健康和生命安全造成损害；②方法直观，手段简便，不需要借助任何仪器设备和专用、固定的检测场所以及专业人员；③感官检验方法常能够察觉其他检验方法所无法鉴别的水果质量特殊性污染或微量变化。

三、 水果质量感官检验的原理

当水果的感官性状发生轻微的异常变化时，常会使人体感觉器官也产生相应的异常感觉。因此，不论是评价还是选购水果时，感官检验方法都具有特别重要的实践性和应用性。水果质量感官检验指标主要是指色泽、气味、滋味和外观形态。有的国家或地区以色泽指标为主，有的以大小为主，有的以形态为主，有的以口味为主，属于约定俗成的方法。而职业的感官检验应该几者并重，同时又有所侧重，才能做出正确的检验结论。现将有关水果色、香、味的感官鉴别基本原理简述如下。

（一）视觉与水果的色泽检验

水果的色泽是人的感官评价果品品质的一个重要因素。不同的水果显现着各不相同的颜色，例如锦橙的橙红色、红富士苹果的红色、康可葡萄的黑紫色等，这些颜色是水果固有的。不同种水果中含有不同的色素，这些色素又吸收了不同波长的光。如果色素吸收的是可见光区域内的某些波长的光，那么这些色素就会呈现各自的颜色，这种颜色是由未被吸收的光波所反映出来的。一般来说自然光是由不同波长的光线组成的。肉眼能见到的光，其波长在400~800nm，在这个波长区域的光称为可见光；而小于400nm和大于800nm区域的光是肉眼看不到的光，称为不可见光。在可见光区域内，不同波长的光显示的颜色也不同。水果的颜色系因含有某种色素，色素本身并无色，但它能从太阳光线的白色光中进行选择性吸收，余下的则为反射光。在波长为800nm的红色至波长为400nm的紫色之间的可见光部分，亦即红、橙、黄、绿、青、蓝、紫中的某一色或某几色的光反射刺激视觉而显示其颜色。

色泽的基本属性，包括明度、色调、饱和度，是识别每一种色泽的三个指标。

判定水果的品质也要从这 3 个基本属性来全面地衡量和比较，才能准确地推断和鉴别出水果的质量优劣，以确保购买到优质水果。

1. 明度

明度即颜色的明暗程度。物体表面的光反射率越高，人眼的视觉就明亮，这就是说明它的明度也越高。人们常说的光泽好，也就是说明度较高。新鲜的水果常具有较高的明度，明度的降低往往意味着水果的不新鲜。例如因酶致褐变、非酶褐变或其他原因使水果变质时，水果的色泽常发暗甚至变黑。

2. 色调

色调系指水果表面显现的红、橙、黄、绿等各种不同的颜色，以及如黄绿、蓝绿等中间色，它们是由于水果分子结构中所含发色团对不同波长的光线进行选择性吸收而形成的。当物体表面将可见光谱中所有波长的光全部吸收时，物体表现为黑色；如果全部发射，则表现为白色。当对所有波长的光都能部分吸收时，则表现为不同的灰色。色调对于水果的颜色起着决定性的作用。由于人眼的视觉对色调的变化较为敏感，色调稍微改变对颜色的影响就会很大，有时可以说完全破坏了水果的商品价值和食用价值。色调的改变可以用语言或其他方式恰如其分地表达出来（如水果的褪色或变色等），这说明颜色在水果感官检验中有很重要的意义。

3. 饱和度

饱和度亦即颜色的深浅。如山西和陕西产的红富士苹果色泽深红，而山东、辽宁产的红富士苹果色泽就要稍浅一些，而套袋的则更浅一些。

（二）嗅觉与水果的气味检验

嗅觉是指水果中含有的挥发性物质浮游于空气之中，经鼻孔刺激嗅觉神经末梢，然后传达至中枢神经所引起的感觉。人的嗅觉比较复杂，亦很敏感。同样的气味，因各人的嗅觉反应不同与好恶不同，感受喜爱与厌恶的程度也不一样。同时嗅觉易受周围环境因素的影响，如温度、湿度、气压等对嗅觉的敏感度都具有一定的影响。人的嗅觉适应性特别强，即对一种气味较长时间的刺激很容易适应。但在适应了某种气味之后，对于其他气味仍很敏感，这是嗅觉的特点。

水果本身所固有的、独特的气味乃是水果的正常气味。水果的气味主要是通过生物合成形成的。水果本身在生长成熟过程中，直接通过生物合成的途径形成香味成分表现出香味。例如香蕉、苹果、梨等水果香味的形成，是典型的生物合成产生的，受生长环境条件变化的影响很小。水果在生长期不显现香味，成熟过程中体内一些化学物质发生变化，产生香味物质，使成熟后的水果逐渐显现出水果香。水果在贮藏、运输或加工过程中，会因发生腐败变质或受污染而产生一些不良的气味。这在进行感官鉴别时尤其重要，应认真仔细地加以分辨。

（三）味觉与水果的滋味

因为水果中的可溶性物质溶于唾液或果汁直接刺激舌面的味觉神经，才发生味觉。当对某种水果的滋味产生好感时，则各种消化液分泌旺盛而食欲增加。味觉神经在舌面的分布并不均匀。舌的两侧边缘是普通酸味的敏感区，舌根对于苦味较敏感，舌尖对于甜味和咸味较敏感，但这些都不是绝对的，在感官评价食品的品质时应通过舌的全面品尝方可决定。

味觉与温度有关，一般在 20~45℃ 较适宜，尤以 30℃ 时最为敏锐。随温度的降低，各种味觉都会减弱。味道与呈味物质的组合以及人的心理也有微妙的相互关系。味精的鲜味在有食盐时尤其显著，是咸味对味精的鲜味起增强作用的结果。另外还有与此相反的消减作用，食盐和砂糖以相当的浓度混合，则砂糖的甜味会明显减弱甚至消失。当尝过食盐后，随即饮用无味的水，也会感到有些甜味，这是味的变调现象。另外还有味的相乘作用，例如在味精中加入一些核苷酸时，会使鲜味有所增强。

在选购水果和感官检验其质量时，常将滋味分为甜、酸、咸、苦、辣、涩、味淡、碱味及不正常味等。

四、 水果质量感官检验的方法

按感官检验时需利用不同的感官器官，质量感官检验可分为视觉检验、嗅觉检验、味觉检验、触觉检验和听觉检验法。

(一) 视觉检验法

视觉检验法是用人的视觉器官对农产品的外观形态、色泽和透明度等进行观察，从而对农产品的新鲜度、成熟度及是否发生不良改变等做出评价的方法。

视觉检验是判断农产品质量的一个重要手段。视觉检验应在白昼的散射光线下进行，以免灯光隐色时发生错觉。检验时应注意对象整体外观、大小、形态、块形的完整度、清洁度、表面是否光泽、颜色的深浅、色调等。在检验液体食品时，要将其注入无色玻璃器皿中进行透光观察或颠倒瓶子，观察其中有无夹杂物下沉或絮状物悬浮。

(二) 嗅觉检验法

嗅觉检验法是用人的嗅觉器官对农产品的气味进行识别，评价农产品质量（如纯度、新鲜度或劣变程度）的方法。

人的嗅觉器官很敏感，很多情况下在用仪器分析方法不一定能检查出来的轻微变化，用嗅觉检验却能够发现。当农产品发生轻微的腐败变质时会产生不同的异味，如西瓜变质会产生馊味等。食品的气味是由一些具有挥发性的物质形成的，所以在进行嗅觉检验时常需要加热处理。检验前禁止吸烟，食品气味检验的顺序应按照气味由淡到浓的顺序依次识别，以免影响嗅觉的灵敏度。

(三) 味觉检验法

味觉检验法是用人的味觉器官品尝食品的滋味和风味来鉴别食品品质优劣的方法。味觉检验主要用来评价食品风味（风味由食品的香气、滋味、入口获得的香气和口感等综合构成），也是识别某些食品是否已发生酸败、发酵的重要手段。味觉检验是食品感官检验的重要内容，味觉器官可以很敏感地察觉食品中极微小的变化。味觉器官的敏感性与食品温度有关，食品滋味鉴别时最好使食品处于20~45℃，以免温度变化对味觉器官产生刺激。几种不同味道的食品进行感官评价时，应当按照刺激性由弱到强的顺序进行，在进行大量样品鉴定时，中间必须休息，每鉴别一种食品之后必须用温水漱口。

在感官检验食品质量时，常将滋味分类为酸、甜、苦、咸、辣、涩、浓、淡、碱味及不正常味等。

（四）触觉检验法

触觉检验法是凭借人的触觉器官（手、皮肤）所产生的反应来鉴别食品的脆性、软硬、弹性、干湿、凉热、黏度等，用于评价食品品质的优劣，也是一种常用的感官检验方法。

（五）听觉检验法

听觉检验法是凭借人的听觉器官对声音的反应来检验农产品品质的方法。听觉鉴定可以用于评判水果的成熟度、新鲜度及冷冻程度等。

➤ 思考与练习

水果感官检验有几种方式？具体过程为何？

任务四 水果检验技术

能力目标

（1）学会出口鲜梨的检验技术。
（2）掌握水果样品的灰化处理技术。

课程导入

一、出口鲜梨检验方法

（一）名词术语

1. 鲜梨
鲜梨为选用新鲜、洁净，经过一定加工或者保鲜处理的梨。

2. 缺陷果（不完善果）
缺陷果为与正常鲜梨有差异的果实，如任何的机械伤果（包括碰伤、碰伤、压伤、刺伤等果实）、病虫害果、冻伤果、黑心病果、腐烂果、灼伤果等。

（二）检验检疫器具

放大镜、毛笔、解剖刀、挑针、镊子、指形管、白瓷盘、台秤、样品袋、样品标识单、抽/采凭单、记号笔、检验检疫记录单等。

（三）现场检验检疫场所

检验检疫现场环境应清洁卫生、光线充足、具备一定的防控有害生物（如昆虫、苍蝇、老鼠等）的条件。

（四）抽样

输入国（或地区）有抽查数量要求的，按要求的比例（或数量）抽样；输入国（或地区）没有要求的，按表5-6进行。

表 5-6　　　　　　　　　　　输入国（地区）抽样比例

总件数/件	抽检比例/%	备注
100 以下	10	
101～300	5～10	
301～500	4～5	每批抽检件数不少于10件，10件以下的全部抽检，加工日期长、原料来源地多的货物或发现可疑疫情的，可增加3%～5%抽查比例
501～1000	3～4	
1000～2000	2～3	
2000～5000	1～2	
5000 以下	0.2～1	

（五）抽样方法

按报检单所列规格、数量、质量、批次与实际货物核对相符后，按表5-6的规定在堆垛的上、中、下各部位随机抽取样品，逐件开启。

（六）货物检验检疫

1. 货物检疫

打开包装将货物取出放在白瓷盘中，除逐个用肉眼或放大镜观察果实表面有无病斑、害虫、螨类及残体、土粒等外，还要重点检查梨柄、梨柄基部、梨萼洼等部位有无害虫隐藏，对可疑果实用小刀切开，检查果肉、果核内部有无病虫害存在，收集虫体装入指形管，收集有可疑病虫害症状样品装入样品袋，做好标识及记录。

2. 货物感官检验

按 SN/T 0228—1993 的规定进行外观、规格、缺陷果检验。

3. 重量鉴定

按 SN/T 0188—1993 中的规定执行重量鉴定。

（七）实验室内检验

1. 害虫检验

将样品摊放在白瓷盘中，逐一检查有无害虫，将检获的害虫置于解剖镜或电子显微镜下进行鉴定。将难以直接鉴定的幼虫、虫卵、蛹置于害虫饲养箱中进行饲养获得成虫，并进行鉴定。

2. 病害检验

对可疑样品进行病原菌检验与鉴定。

3. 螨类检验

在放大镜下，对果面及盘中落下物进行螨类检查与鉴定。

4. 安全卫生项目检测

按 GB/T 5009.38—2003 规定的方法进行安全卫生项目检测。感官检查要求外观正常，不能有腐烂霉变现象。理化检验检测项目包括六六六、滴滴涕、有机磷农药、汞、镉、氟、砷及甲基托布津、多菌灵。

二、 水果样品的灰化处理技术

(一) 样品处理的目的和适用范围

样品处理的目的是用有机物的分解来分析无机物。本任务中的方法适用于水果及其制品中矿物质元素分析，有机物分解后测定矿物质元素的含量。

(二) 引用标准

根据 GB 5009.13—2017《食品安全国家标准 食品中铜的测定》，水果及其制品有机物的分解有四种方法，分别为湿法消解、微波消解、压力罐消解和干法灰化。

(三) 湿法消解原理及方法

1. 消解原理

用酸溶解样品，使有机物分解。一般采用电热板准温控、非密闭方式加热消解。

2. 消解方法

准确称取固体试样 0.2~3.0g（精确至 0.001g）或准确移取液体试样 0.50~5.00mL 于带刻度消化管中，加入 10mL 硝酸、0.5mL 高氯酸，在可调式电热炉上消解（参考条件：120℃/0.5~1h、升至 180℃/2~4h、升至 200~220℃），若消化液呈棕褐色，再加少量硝酸，消解至冒白烟，消化液呈无色透明或略带黄色，取出消化管，冷却后用水定容至 25mL 或 50mL，混匀备用。同时做空白实验，亦可采用锥形瓶，置于可调式电热板上，按上述操作方法进行湿法消解。

(四) 微波消解原理及方法

1. 消解原理

用酸溶解样品，使用微波消解仪消解有机物，此法优点是温度控制较好，且是密闭消解，消解效果较好。

2. 消解方法

准确称取固体试样 0.2~0.8g（精确至 0.001g）或准确移取液体试样 0.50~

3.00mL 于微波消解罐中，加入 5mL 硝酸，按照微波消解的操作步骤消解试样，冷却后取出消解罐，在电热板上于 140~160℃ 赶酸至 1mL 左右。消解罐放冷后，将消化液转移至 25mL 或 50mL 容量瓶中，用少量水洗涤消解罐 2~3 次，合并洗涤液于容量瓶中，用水定容至刻度，混匀备用。同时做空白实验。

（五）压力罐消解原理及方法

1. 消解原理

在密闭的压力罐中施加一定压力和温度，对试样有机物进行分解。此法优点是可避免湿法或干法处理试样时离子的损失，同时消解时污染小，对人体造成危害少。但缺点是消化的样品量较少。

2. 消解方法

称取固体试样 0.2~1.0g（精确至 0.001g）或准确移取液体试样 0.50~5.00mL 于消解内罐中，加入 5mL 硝酸。盖好内盖，旋紧不锈钢外套，放入恒温干燥箱，于 140~160℃ 下保持 4~5h。冷却后缓慢旋松外罐，取出消解内罐，然后置于可调式电热板上，在 140~160℃ 条件下赶酸至 1mL 左右。冷却后将消化液转移至 10mL 容量瓶中，用少量水洗涤内罐和内盖 2~3 次，合并洗涤液于容量瓶中并用水定容至刻度，混匀备用。同时做空白实验。

（六）干法消解原理及方法

1. 消解原理

干法消解不使用酸进行有机物消解，而是在 525℃±25℃ 进行干法灰化，使有机物分解，酸溶解后矿物质元素变成可溶态，然后进行定量测定。

2. 消解方法

称取固体试样 0.5~5.0g（精确至 0.001g）或准确移取液体试样 0.50~10.00mL 于坩埚中，小火加热，炭化至无烟，转移至马弗炉中，于 550℃ 灰化 3~4h。冷却，取出，对于灰化不彻底的试样，加数滴硝酸，小火加热，小心蒸干，再转入 550℃ 马弗炉中，继续灰化 1~2h，至试样呈白灰状，冷却，取出，用适量硝酸溶液（1+1）溶解并用水定容至 10mL。同时做空白实验。

➤ 思考与练习

水果灰化处理技术有几种？具体过程为何？

◇ 任务五 水果中铜含量的测定

▊▊▊ 能力目标

能利用火焰原子吸收光谱仪，采用标准曲线法在 324.8nm 处测定水果中铜含量，并对测定数据进行处理，要求在重复条件下两次独立测定结果的绝对差不得超过算术平均值的 20%。

课程导入

铜是人体必需的微量元素，在人体内主要以铜酶的形式参与机体一系列复杂的生化过程，对人体血压、免疫系统和中枢神经、头发、皮肤和骨骼组织以及大脑、肝脏、心脏等内脏的发育发挥着非常重要的作用。铜可以帮助铁的吸收，促进血红素形成。铜也是酪氨酸酶的重要成分，因而缺铜可导致酪氨酸酶活性降低，抑制黑色素生成，从而使皮肤和毛发颜色变浅变白。

每天应适当摄入富含铜元素的水果，如杏干、猕猴桃、芝麻、杏仁、葡萄等。但铜离子也不宜摄入过多，肝脏吸收铜离子达到饱和后容易导致肝衰竭，出现肝硬化。

实 训

一、 仪器用具

（1）原子吸收光谱仪：配火焰原子化器，附铜空心阴极灯。
（2）分析天平：感量 0.1mg 和 1mg。
（3）可调式电热板。
（4）微波消解系统：配聚四氯乙烯消解内罐。
（5）恒温干燥箱。
（6）马弗炉。

所有玻璃器皿及聚四氯乙烯消解内罐均需硝酸（1+5）浸泡过夜，用自来水反复冲洗干净。

二、 实践操作

（一）试剂

除非另有说明，本任务所用试剂均为优级纯，水为 GB/T 6682—2008 规定的二级水。

（1）硝酸溶液（5+95）：量取 50mL 硝酸，缓慢加入到 950mL 水中，混匀。
（2）硝酸溶液（1+1）：量取 250mL 硝酸，缓慢加入到 250mL 水中，混匀。
（3）铜标准品：五水硫酸铜（$CuSO_4 \cdot 5H_2O$，CAS 号：7758-99-8），纯度大于 99.99%，或经过国家认证并授予标准物质证书的一定浓度的铜标准溶液。
（4）铜标准贮备液（1000mg/L）：准确称取 3.9289g（精确至 0.0001g）五水硫酸铜，用少量硝酸溶液（1+1）溶解，移入 1000mL 容量瓶，加水至刻度，摇匀。

（5）铜标准中间液（10.00mg/L）：准确吸取铜标准贮备液（1000mg/L）1.00mL 于 100mL 容量瓶中，加硝酸溶液（5+95）至刻度，混匀。

（6）铜系列标准溶液：分别吸取铜标准中间液（10.0mg/L）0.00，1.00，2.00，4.00，8.00，10.00mL 于 100mL 容量瓶中，加硝酸溶液（5+95）至刻度，混匀。此铜系列标准溶液的质量浓度分别为 0，0.10，0.20，0.40，0.80，1.0mg/L。

（二）操作步骤

食品中铜含量的测定采用 GB 5009.13—2017《食品安全国家标准　食品中铜的测定》中第二法火焰原子吸收光谱法。试样消解处理后，经火焰原子化，在 324.8nm 处测定吸光度。在一定浓度范围内铜的吸光度值与铜含量成正比，与标准曲线比较定量。本方法适用于各类食品中铜含量的测定。

1. 试样制备

样品用水洗净，晾干，取可食部分，制成匀浆，贮于塑料瓶中。

2. 试样预处理

准确移取液体试样 0.50~3.00mL 于微波消解罐中，加入 5mL 硝酸，按照微波消解的操作步骤消解试样，消解条件参考表 5-7。冷却后取出消解罐，在电热板上于 140~160℃赶酸至 1mL 左右。消解罐放冷后，将消化液转移至 10mL 容量瓶中，用少量水洗涤消解罐 2~3 次，合并洗涤液于容量瓶中，用水定容至刻度，混匀备用。同时做空白实验。

表 5-7　　　　　　　　　　测定水果中铜含量的微波消解升温程序

步骤	设定温度/℃	升温时间/min	恒温时间/min
1	120	5	5
2	160	5	10
3	180	5	10

3. 铜含量的测定

（1）将仪器调节至最佳状态　参考条件见表 5-8。

表 5-8　　　　　　　　　　火焰原子吸收光谱法仪器参考条件

元素	波长/nm	狭缝/nm	灯电流/mA	燃烧头高度/mm	空气流量/（L/min）	乙炔流量/（L/min）
铜	324.8	0.5	8~12	6	9	2

（2）绘制标准曲线　将铜系列标准溶液按照质量浓度由低到高的顺序分别导入火焰原子化器，原子化后测其吸光度值，以质量浓度为横坐标，吸光度值为纵

坐标，绘制标准曲线。

（3）试样测定　在与测定标准溶液相同的实验条件下，将空白溶液和试样溶液分别导入火焰原子化器，原子化后测其吸光度值，与系列标准溶液比较定量。

三、结果计算及报告表述

根据标准曲线得到回归方程，得到被测样品中铜的含量。试样中铜的含量如式（5-1）所示计算：

$$X = \frac{(\rho - \rho_0) \times V}{m} \tag{5-1}$$

式中　X——试样中铜的含量，mg/L

　　　ρ——试样溶液中铜的质量浓度，mg/L

　　　ρ_0——空白溶液中铜的质量浓度，mg/L

　　　V——试样消化液的定容体积，mL

　　　m——试样称样量移取体积，mL

当铜含量≥10.0mg/L时，计算结果保留三位有效数字；当铜含量<10.0mg/L时，计算结果保留两位有效数字。

在重复性条件下获得的两次独立测定结果的绝对差值不能超过算术平均值的10%。当称样量为0.5mL，定容体积为10mL时，方法的检出限为0.2mg/L，定量限为0.5mg/L。

四、注意事项

（1）点火时排风装置必须打开，操作人员应位于仪器正面左侧执行点火操作，且仪器右侧及后方不能有人。点火之后不得关闭空压机。

（2）火焰法关火时一定要首先关闭乙炔，待火焰自然熄灭后再关闭空压机。

（3）要做好日常维护工作，应经常检查雾化器和燃烧头是否存在堵塞现象。

（4）乙炔气瓶的温度需控制在40℃以下，同时3m内不得有明火。乙炔气瓶需放置在通风条件好、避光直射的地方，禁止气瓶与仪器处于同一地方。

（5）实验室要保持清洁卫生，尽可能做到无尘，无大磁场、电场，无阳光直射和强光照射，无腐蚀性气体，仪器抽风设备良好，室内空气相对湿度应低于70%，温度在15~30℃。

（6）实验室必须与化学处理室、发射光谱实验室分开，避免腐蚀性气体侵蚀和强电磁场干扰。

（7）离开实验室前，务必关闭所有的电源开关和水汽阀门。

（8）仪器较长时间不使用时，应保证每周 1~2 次打开仪器电源开关通电 30min 左右。

▇▇▇▇ 问题探究

一、 操作关键点

（1）根据不同被测元素的理化性质，准确选择样品预处理方法。高温干法灰化法、湿法消解法都不适于测定易挥发元素，如 Hg、As、Sn、Sb 等，并且灰化时间长。而微波消解法对于组成复杂的样品或被测元素含量特别低的样品测定不适用。

（2）空心阴极灯的发光强度、稳定性决定着火焰原子吸收光谱法测定的灵敏度。因此，每次使用前需提前通电点燃半小时以上，待其发光稳定后再进行分析。

（3）确保雾化器的灵敏度。在分析测试过程中，雾化室内雾化效率越高，雾粒越细，就越容易干燥、熔化、气化，也就能产生更多的自由原子蒸气，得到较大的吸光值，测定灵敏度也会随之升高。

（4）调节燃烧器喷射火焰的高度，保证被测元素能获得最大吸收值。

二、 检测原理

（一）原子吸收分光光度法的原理

原子吸收分光光度法，又称原子吸收光谱法，是一种基于待测基态原子对特征谱线的吸收而建立的定量分析方法。通常以测量峰值吸收来代替测量积分吸收。当原子蒸气中原子在一定密度范围内，被吸收的这部分入射光的吸收强度与原子蒸气中基态原子密度、原子蒸气光度的关系服从朗伯-比尔定律。常见的定量分析方法有标准曲线法和标准加入法。

（二）原子吸收法定量方法

1. 标准曲线法

配制一组浓度为合适梯度的标准溶液，将标准溶液按照浓度由低到高顺序，依次在同一条件下分别测定其吸光度 A，以测得的吸光度为纵坐标，待测元素的含量或浓度 C 为横坐标，绘制 $A-C$ 标准曲线。然后，在相同实验条件下测定试样的吸光度，由标准曲线求出试样中待测元素的含量。标准曲线法简便、快速，但仅适用于组成简单、组分间互不干扰的试样。

2. 标准加入法

对于试样组成复杂，且互相干扰明显的可采用标准加入法。

具体操作如下。取 4 份（或 4 份以上）体积相同的试样溶液，放入 4 个容积相同的容量瓶中，然后在容量瓶中加入 0、V、$2V$、$3V$ 浓度为 C_0 的标准溶液，定容，分别测定吸光度 A，对应加入的标准溶液体积或加入的标准物质质量作图（标准加入法校正曲线）。此时曲线的截距所反映的吸收值即是试样中所测元素引起的效应。如果外延此曲线使之与横坐标相交，交点与原点的距离即为试样溶液中待测元素相当于标准溶液的体积或待测元素的质量。

（三）火焰原子吸收光谱法检测范围

火焰原子吸收光谱法主要适用于样品中微量及痕量组分分析。其特点有：①灵敏度高。火焰法达到 10^{-6}，石墨炉法可达到 $10^{-14} \sim 10^{-9}$。②干扰少，选择性好，测定范围广。火焰法可测定锌、铜、铁、铝、镁、银、钴、镉、锰、砷等元素，石墨炉法可检测一些易生成难溶化合物的元素，如铅、硅、铊等，一共可检测大约 70 种元素，分析速度快。但缺点是需要配备与待测元素对应的空心阴极灯。

【知识拓展】

一、 原子吸收分光光度计的操作条件的选择原则

（一）灯电流的选择

小电流能得到较高的吸收灵敏度，但信噪比低，稳定性差。使用较大的电流可提高测定稳定性，但灵敏度低。可通过制作吸光度电流强度关系曲线来选定或根据灯标上数字确定，对大多数元素而言，日常分析的工作电流选择在额定（最大）电流的 40%～60% 比较合适。

（二）火焰种类

火焰主要采用的是乙炔空气（最高温度约为 2300℃）和乙炔-一氧化氮（最高温度约为 3000℃）。前者能测定大多数元素，后者温度较高，适用于一些易生成难溶化合物的元素。

（三）吸收线的选择

每种元素都有若干条可使用的吸收线，常选择最灵敏的吸收线作为分析谱线。但有时也选用次灵敏线作为分析谱线，这样可以克服某些干扰。

（四）吸收高度的选择

吸收高度是指光通过火焰的高度。火焰一般分三个部分，常使用上部分和中部分，因其为氧化焰部分，火焰稳定，干扰少，灵敏度较高，而下部分为还原焰部分，火焰稳定性差，干扰多，对紫外线吸收强。火焰高度的选择可喷入一定浓度的标准溶液，每次改变高度时需要重调零点，然后测定其吸光值，在获得最大吸收处即为合适的高度。

（五）狭缝宽度的选择

一般原子吸收分光光度计的光谱狭缝宽度可调节适当的范围，一般为 0.05～

2nm，而机械狭缝宽度为 0.01~1mm。所使用的狭缝宽度主要由各种仪器的性能、单色器的色散率以及被测元素的种类所决定。

（六）程序升温的条件选择

在石墨炉原子化法中，合理选择干燥、灰化、原子化条件及除残温度与时间。

二、原子吸收分光光度计的维护和日常保养

（1）开机前，检查各插头是否接触良好，调好狭缝位置，将仪器面板的所有旋钮归零后再通电。开机应先低压后高压，关机则相反。

（2）喷雾器的毛细管是用铂-铱合金制成，不能使用高浓度的含氟样液喷雾。工作中要避免毛细管折弯，如有堵塞，可使用细金属丝清除，但要注意不要损伤毛细管口或内壁。

（3）严禁用手触摸和擅自调节单色器中的光学元件。可用少量气体吹去其表面灰尘，不能使用擦镜纸擦拭。要防止光栅受潮发霉，要经常更换暗盒内的干燥剂，保持干燥。光电倍增管室需检修时，一定要在关掉负高压的情况下才可揭开屏蔽罩，防止强光直射，引起光电倍增管产生不可逆的"疲劳"效应。

（4）日常分析完毕，应在不灭火的情况下喷蒸馏水喷雾，对喷雾器、雾化室和燃烧器进行清洗。喷过高浓度酸、碱后，要用水彻底冲洗雾化室，防止腐蚀。吸喷有机溶液后，应先喷有机熔剂和丙酮各 5min，再喷 1% 硝酸和蒸馏水各 5min。燃烧器如有盐类结晶，火焰呈锯齿形，可用滤纸或硬纸片轻轻刮去，必要时卸下燃烧器，用 1:1 乙醇-丙酮清洗，用毛刷蘸水刷干净。如有熔珠，可用金相砂纸轻轻打磨，严禁用酸浸泡。

（5）点火时，先开助燃气后开燃气，关闭时反之。

（6）为减少误差，使用石墨炉时样品注入的位置应保持一致。工作时，冷却水的压力与惰性气流的流速应稳定。一定要在通有惰性气体的条件下接通电源，否则会烧毁石墨管。

➤ 思考与练习

1. 研究性习题

采用火焰原子吸收光谱法完成水果中铜含量的测定。

2. 思考题

在火焰原子吸收光谱法对水果中铜含量的检测中，分析可能引起数据误差的原因。

3. 操作练习

在实训室内熟练掌握火焰原子吸收光谱法的基本操作。

任务六　水果总酸度的测定

能力目标

（1）掌握水果样品的预处理方法。

（2）能利用酸碱滴定法测定水果样品中的总酸度，规范记录数据并进行数据处理。

课程导入

有机酸是决定水果味感的重要成分。食品中常见的有机酸包括柠檬酸、苹果酸、酒石酸、草酸、琥珀酸、醋酸及乳酸等。

不同果蔬中所含的有机酸种类不同。水果中可食组织中最丰富的酸是柠檬酸和苹果酸。这些有机酸大多具有爽快的酸味，对果实的风味影响很大。各种水果的酸感与酸根、pH、可滴定酸度以及其他物质，特别是糖，有密切关系。因此，它们形成了各种水果特有的酸味特征。测定水果中的总酸含量对判断水果的成熟度具有十分重要的意义。

实　训

一、仪器用具

（1）天平：感量为0.1mg和1mg。

（2）组织捣碎机。

（3）水浴锅。

（4）研钵。

（5）冷凝管。

二、实践操作

（一）试剂

本任务采用的所有试剂均使用分析纯试剂；分析用水应符合GB/T 6682—2008规定的二级水规格或蒸馏水，使用前应经煮沸、冷却。

1. 0.1mol/L氢氧化钠标准滴定溶液

（1）称取110g氢氧化钠，溶于100mL无二氧化碳的水中，摇匀，注入聚乙烯容器中，密闭放置至溶液清亮。用塑料管准确移取5.4mL上层清液，用无二氧化碳的水稀释至1000mL，摇匀。

（2）准确称取0.75g于105~110℃电烘箱中干燥至恒重的邻苯二甲酸氢钾工作基准试样，加50mL无二氧化碳的水溶解，加2滴酚酞指示液（10g/L），用配制的氢氧化钠标准滴定溶液滴定至溶液呈粉红色，并保持30s。同时做空白实验。

（3）氢氧化钠标准滴定溶液的浓度［c（NaOH）］，如式（5-2）所示计算：

$$c(\text{NaOH}) = \frac{m \times 1000}{(V_1 - V_2) \times M} \tag{5-2}$$

式中　m——邻苯二甲酸氢钾质量，g

　　　V_1——氢氧化钠标准滴定溶液体积，mL

　　　V_2——空白实验消耗氢氧化钠标准滴定溶液体积，mL

　　　M——邻苯二甲酸氢钾的摩尔质量，g/mol［M（$KHC_8H_4O_4$）=204.22］

2. 0.01mol/L 氢氧化钠标准滴定溶液

量取100mL 0.1mol/L 氢氧化钠标准滴定溶液稀释到1000mL（用时当天稀释）。

3. 0.05mol/L 氢氧化钠标准滴定溶液

量取100mL 0.1mol/L 氢氧化钠标准滴定溶液稀释到200mL（用时当天稀释）。

4. 酚酞溶液（1%）

称取1g酚酞，溶于60mL 95%乙醇中，用水稀释至100ml。

（二）操作步骤

根据酸碱滴定法的原理，用氢氧化钠标准滴定溶液滴定样液，以酚酞为指示剂确定滴定终点。按氢氧化钠标准滴定溶液的消耗量计算水果中的总酸含量。本方法适用于果蔬制品、饮料、乳制品、饮料酒、蜂产品、淀粉制品、谷物制品和调味品等食品中总酸的测定。

酸碱滴定法测定水果中总酸度数据记录表，见表5-9。

表5-9　　　　　　　　　酸碱滴定法测定水果中总酸度数据记录表

测定次数	空白实验消耗氢氧化钠标准滴定溶液体积/mL	滴定样液消耗氢氧化钠标准滴定溶液体积/mL	水果中总酸度/（g/kg）
1			
2			

1. 试样的预处理

取有代表性的样品至少200g，置于研钵或组织捣碎机中捣碎，混匀后置于密闭玻璃容器内。加入与样品等量的煮沸过的水，用研钵研细。

2. 样液的制备

称取10~50g试样，精确至0.001g，置于100mL烧杯中，用约80℃煮沸过的水将烧杯中的内容物转移到250mL容量瓶中（总体积约150mL）。置于沸水浴中煮沸30min（摇动2~3次，使试样中的有机酸全部溶解于溶液中），取出，冷却至室温（约20℃），用煮沸过的水定容至250mL。用快速滤纸过滤。收集滤液，用于测定。

3. 分析步骤

称取25.000~50.000g样液，使之含0.035~0.070g酸，置于250mL三角瓶中，加40~60mL水及0.2mL 1%酚酞指示剂，用0.1mol/L氢氧化钠标准滴定溶液（如样品酸度较低，可用0.01mol/L或0.05mol/L氢氧化钠标准滴定溶液）滴定至微红色且30s不褪色。记录消耗0.1mol/L氢氧化钠标准滴定溶液的体积的数值（V_1）。

同一被测样品测定两次。

空白实验：用水代替样液。按上述步骤操作，记录消耗0.1mol/L氢氧化钠标准滴定溶液的体积的数值（V_2）。

三、 结果计算及报告表达

水果中总酸的含量如式（5-3）所示计算：

$$X = \frac{c \times (V_1 - V_2) \times K \times F}{m} \times 1000 \tag{5-3}$$

式中　X——水果中总酸的含量，g/kg

c——氢氧化钠标准滴定溶液浓度的准确的数值，mol/L

V_1——滴定样液时消耗氢氧化钠标准滴定溶液的体积的数值，mL

V_2——空白实验时消耗氢氧化钠标准滴定溶液的体积的数值，mL

K——酸的换算系数：苹果酸，0.067；乙酸，0.060；酒石酸，0.075；柠檬酸，0.064；柠檬酸，0.070（含一分子结晶水）；乳酸，0.090；盐酸，0.036；磷酸，0.049

F——样液的稀释倍数

m——试样的质量的数值，g

计算结果精确到小数点后两位。

同一样品，两次测定结果之差，不得超过两次测定平均值的2%。

四、 注意事项

（1）样品浸渍、稀释所用蒸馏水不能含有CO_2，因为CO_2溶于水会生成酸性的H_2CO_3，影响滴定终点时酚酞颜色变化。无CO_2的蒸馏水的制备方法如下。将蒸馏水煮沸20min后用碱石灰保护冷却，或将蒸馏水在使用前煮沸15min并迅速冷却备用，必要时需经碱液抽真空处理。样品中CO_2对测定也存在干扰，因此，对于含有CO_2饮料、酒类等样品在测定之前需要去CO_2处理。

（2）样品浸渍、稀释的用水量应根据样品中总酸含量来慎重选择，为使误差不超过允许范围，一般要求滴定时消耗 0.1mol/L 氢氧化钠标准滴定溶液不得少于 5mL，最好控制在 10~15mL。

（3）若样液有颜色，则在滴定前用与样液同体积的不含 CO_2 蒸馏水稀释或采用实验滴定法，即对有色样液，用适量无 CO_2 蒸馏水稀释，并按 100mL 样液加入 0.3mL 酚酞的比例加入酚酞指示剂，用氢氧化钠标准滴定溶液滴定近终点时，取此溶液 2~3mL 移入盛有 20mL 无 CO_2 蒸馏水中，若实验还未达到终点，可将特别稀释的样液倒回原样液中，继续滴定直至终点出现为止。用这种在小烧杯中特别稀释的办法，能观察几滴 0.1mol/L 氢氧化钠标准滴定溶液所产生的酚酞颜色差别。

（4）由于食品中有机酸均为弱酸，在用强碱（NaOH）滴定时，其滴定终点偏碱，一般在 pH 8.2 左右，故可选用酚酞作终点指示剂。

（5）农产品中含有多种有机酸，总酸测定的结果一般以样品中含量最多的酸来表示。例如，柑橘类果实及其制品可以用柠檬酸表示；葡萄及其制品用酒石酸表示；苹果、核果类及其制品用苹果酸表示。

（6）若样液颜色过深或浑浊，则应选用电位滴定法为宜。

问题探究

一、操作关键点

（1）滴定摇瓶时，应微动腕关节，使溶液向一个方向做圆周运动，但是勿使瓶口接触滴定管，溶液不得溅出。

（2）滴定时左手不能离开旋塞让液体自行流下。

（3）注意观察液滴落点周围溶液颜色变化。滴定速度由快（每秒 3~4 滴为宜）至慢（每滴摇几下，最后每加半滴即摇动锥形瓶），直至溶液出现明显的颜色变化，而且半分钟内不褪色，准确到达终点为止。加半滴溶液的方法如下：微微转动活塞，使溶液悬挂在出口嘴上，形成半滴（有时不到半滴），用锥形瓶内壁将其刮落。

（4）每次滴定最好从 0.00mL 处开始（或者从 0.00mL 附近的某一段开始），也可以固定使用滴定管的某一段，以减小体积误差。

（5）锥形瓶应用待测溶液润洗。

（6）酸式滴定管若未用标准溶液润湿，会使结果偏高。

（7）滴定管读数切忌俯视或仰视，造成读数结果偏大或偏小。

二、检测原理

（一）酸碱滴定法的原理

酸碱滴定法是用已知物质的量浓度的酸（或碱）测定未知物质的量浓度的碱

（或酸）的方法。实验中使用甲基橙、甲基红、酚酞等为酸碱指示剂来判断是否完全中和。

（二）酸碱指示剂变色原理

酸碱指示剂一般使用有机弱酸或有机弱碱。它们的变色原理是因其分子和电离出来的离子的结构不同，故分子和离子的颜色也不同，在不同 pH 的溶液里，分子浓度和离子浓度的比值不同，显示出来的颜色就不同（表 5-10）。

表 5-10　　　　　　　　　实验中酸碱指示剂的变色范围

酸碱指示剂	颜色变化	变色范围（pH）
石蕊（一般不用）	红—蓝	5.0~8.0
	呈红色	<5.0
	呈紫色	5.0~8.0
	呈蓝色	>8.0
甲基橙（一般用于酸式滴定）	红—黄	3.1~4.4
	呈红色	<3.1
	呈橙色	3.1~4.4
	呈黄色	>4.4
酚酞 （酚酞遇浓硫酸变橙色， 一般用于碱性滴定）	无—红	8.2~10.0
	呈无色	<8.2
	呈浅红色	8.2~10.0
	呈深红色	>10.0

（三）影响酸碱滴定法结果的主要因素

（1）滴定前后读数俯视或仰视导致酸碱用量结果偏大或偏小。

（2）未用标准溶液润洗滴定管及未用待测溶液润洗锥形瓶，导致结果不准确。

（3）滴定前标准溶液滴定管未排气，有气泡影响结果。

（4）到指示剂颜色刚变化即判断到达滴定终点引起偏差。

【知识拓展】

食品中酸的种类很多，可分为有机酸和无机酸两类，但是主要为有机酸，而无机酸含量很少。食品中常见的有机酸有柠檬酸、苹果酸、酒石酸、草酸、琥珀酸、乳酸及醋酸等。

（1）有机酸影响食品的色、香、味及稳定性　果蔬中所含色素的色调，与其酸度密切相关。在一些变色反应中，酸是起很大作用的成分，如叶绿素在酸性下会变成黄褐色的脱镁叶绿素；花青素于不同酸度下，颜色亦不相同；果实及其制品口味取决于糖、酸的种类、含量及其比例，酸度降低则甜味增加，各种水果及其制品正是因为具有适宜的酸味和甜味才具有各自独特的风味。同时水果中的挥发酸含量也会使其具有特定的香气。

另外，食品中有机酸含量高，则 pH 低。降低 pH 能减弱微生物的抗热性并抑制其生长，所以 pH 是果蔬罐头杀菌条件的主要依据；在水果加工中，控制介质 pH 还可抑制水果褐变；有机酸能与 Fe、Sn 等金属反应，加快设备和容器的腐蚀作用，影响制品的风味和色泽；有机酸可提高维生素 C 的稳定性，防止其氧化。

（2）食品中有机酸的种类和含量是判断其质量好坏的一个重要指标 挥发酸的种类是判断某些制品腐败的标准，如水果发酵制品中含有 0.1% 以上的醋酸，则说明制品腐败；乳及乳制品中乳酸过高时亦说明其已由乳酸菌发酵而产生腐败。

➤ 思考与练习

1. 研究性习题

采用酸碱滴定法完成水果中总酸含量的测定。

2. 思考题

分析水果的总酸含量的检测中产生数据误差的原因。

3. 操作练习

在实训室内熟练掌握酸碱滴定法的基本操作。

◇ **任务七** 水果中总可溶性固形物含量测定

▨ **能力目标**

（1）掌握水果样品的预处理方法。

（2）掌握折射仪法测定可溶性固形物含量。

▨ **课程导入**

总固形物是指产品所有的固形物含量（包括不溶于水的或悬浮于溶液中的固形物及溶于水的固形物之和），而可溶性固形物是指能够完全溶解于水的固形物。一般果汁中可溶性固形物含量可以达到 9% 左右，主要包括单糖、双糖、多糖。测定可溶性固形物可以衡量水果成熟情况，以便确定采摘时间。

▨ **实 训**

一、 仪器用具

（1）折射仪：糖度（Brix）刻度为 0.1%。

（2）高速组织捣碎机：转速 10000~12000r/min。

（3）天平：感量 0.01g。

二、 实践操作

（一）取样

根据农产品质量安全抽样技术规范，每个样品抽取 1.8kg，每个样分成 3 份，每份样约 0.6kg，保持完整性送到检测机构，冷藏保存。

（二）样液制备

水果洗净擦干，取可食部分切碎、混匀，称取适量试样（含水量高的试样一般称取 250g；含水量低的试样一般称取 125g），加入适量蒸馏水，放入高速组织捣碎机中捣碎，用两层擦镜纸或四层纱布挤出匀浆汁液测定。

（三）仪器校准

在 20℃ 条件下，用蒸馏水校准折射仪，将可溶性固形物含量读数调整至 0。环境温度不在 20℃ 时按表 5-11 中的校正值进行校准。

表 5-11   可溶性固形物含量温度校正值

测定温度/℃	可溶性固形物含量读数/%									
	0	5	10	15	20	25	30	35	40	45
10	0.50	0.54	0.58	0.61	0.64	0.66	0.68	0.70	0.72	0.73
11	0.46	0.46	0.53	0.55	0.58	0.60	0.62	0.64	0.65	0.66
12	0.42	0.45	0.48	0.50	0.52	0.54	0.56	0.57	0.58	0.59
13	0.37	0.40	0.42	0.44	0.46	0.48	0.49	0.50	0.51	0.52
14	0.33	0.35	0.37	0.39	0.40	0.41	0.42	0.43	0.44	0.45
15	0.27	0.29	0.31	0.33	0.34	0.34	0.35	0.36	0.37	0.37
16	0.22	0.24	0.25	0.26	0.27	0.28	0.28	0.29	0.30	0.30
17	0.17	0.18	0.19	0.20	0.21	0.21	0.24	0.22	0.22	0.23
18	0.12	0.13	0.13	0.14	0.14	0.14	0.14	0.15	0.15	0.15
19	0.06	0.06	0.06	0.07	0.07	0.07	0.07	0.08	0.08	0.08
21	0.06	0.07	0.07	0.07	0.07	0.08	0.08	0.08	0.08	0.08
22	0.13	0.13	0.14	0.14	0.15	0.15	0.15	0.15	0.15	0.16
23	0.19	0.20	0.21	0.22	0.22	0.23	0.23	0.23	0.23	0.24
24	0.26	0.27	0.28	0.29	0.30	0.30	0.31	0.31	0.31	0.31
25	0.33	0.35	0.36	0.37	0.38	0.38	0.39	0.40	0.40	0.40

续表

测定温度/℃	可溶性固形物含量读数/%									
	0	5	10	15	20	25	30	35	40	45
26	0.40	0.42	0.43	0.44	0.45	0.46	0.47	0.48	0.48	0.48
27	0.48	0.50	0.52	0.53	0.54	0.55	0.55	0.56	0.56	0.56
28	0.56	0.57	0.60	0.61	0.62	0.63	0.63	0.64	0.64	0.64
29	0.64	0.66	0.68	0.69	0.71	0.72	0.72	0.73	0.73	0.73
30	0.72	0.74	0.77	0.78	0.79	0.80	0.80	0.81	0.81	0.81

注：测定温度低于20℃时，真实值等于读数减去校正值；测定温度高于20℃时，真实值等于读数加上校正值。

（四）样液测定

保持测定温度稳定，变幅不超过±0.5℃。用柔软绒布擦净棱镜表面，滴加2~3滴待测样液，使样液均匀分布于整个棱镜表面，对准光源（非数显折射仪应转动消色调节旋钮，使视野分成明暗两部分，再转动棱镜旋钮，使明暗分界线适在物镜的十字交叉点上），记录折射仪读数，无温度自动补偿功能的折射仪，记录测定温度。用蒸馏水和柔软绒布将棱镜表面擦净。测定时应避开强光干扰。

三、 结果计算

（一）有温度自动补偿功能的折射仪

未经稀释的试样，折射仪读数即为试样可溶性固形物含量。加蒸馏水稀释过的试样，其可溶性固形物含量如式（5-4）所示计算：

$$X = P \times \frac{m_0 + m_1}{m_0} \qquad (5-4)$$

式中　　X——样品可溶性固形物含量，%

　　　　P——样液可溶性固形物含量，%

　　　　m_0——试样质量，g

　　　　m_1——试样中加入蒸馏水的质量，g

常温下蒸馏水的密度按1g/mL计。

（二）无温度自动补偿功能的折射仪

根据记录的测定温度，从表5-11查出校正值。未经稀释过的试样，测定温度低于20℃时，折射仪读数减去校正值即为试样可溶性固形物含量；测定温度高于20℃时，折射仪读数加上校正值即为试样可溶性固形物含量。加蒸馏水稀释过的试样，其可溶性固形物含量如式（5-4）所示计算。

（三）结果表示

计算结果以两次平行测定结果的算术平均值表示，保留一位小数。

██████ 问题探究

一、 操作关键点

(1) 将折射仪置于有光线的平台上，勿使仪器置于直照的日光中，以免液体试样迅速蒸发。

(2) 取待测溶液于检测棱镜上后应轻轻合上盖板，以免气泡产生，引起光折射的误差。

(3) 读数时由于眼睛在判断临界线是否处于交点上，容易产生疲劳。同时试样组分因沾污或易挥发组分蒸发发生微小改变都会导致读数不准确。因此为减少偶然误差，应重复三次测定，三次读数相差不能大于 0.02%。

二、 检测原理

光线从一种介质进入另一种介质时会产生折射现象，由于两种介质的密度不同，光的行进方向发生变化，即发生折射现象（图 5-1）。根据折射定律，光线入射角的正弦与折射角的正弦的比值，恒为定值，此比值称为折射率，见式（5-5）：

$$n = \sin\alpha/\sin\beta \qquad (5-5)$$

图 5-1 光的折射

式中　n——折射率

　　$\sin\alpha$——光线入射角的正弦

　　$\sin\beta$——折射角的正弦

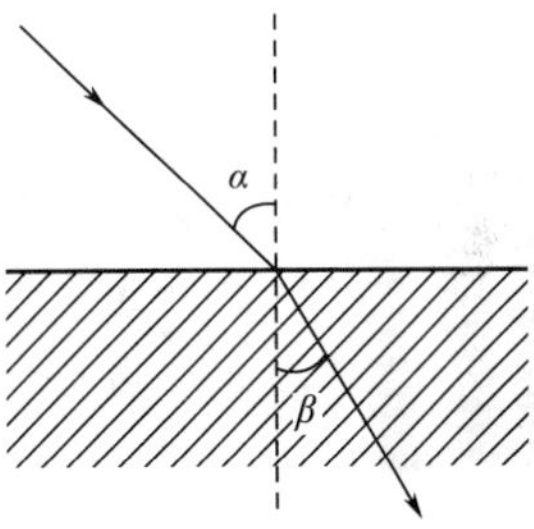

【知识拓展】

一、 折射仪法在果蔬质量检测中的应用

(一) 确定饮料、糖水罐头等食品的糖度

蔗糖溶液的折射率随浓度增加而升高。在食品检测中，可通过测定折射率确定糖液的浓度及糖度。

(二) 测定果汁等食品的可溶性固形物的含量

果蔬汁中可溶性固形物含量与折射率在一定条件下（同一温度、压力）成正比，故测定果蔬汁折射率可求得果蔬汁的浓度。

（三）鉴别油脂的组成和品质

油脂一般由甘油和不同的脂肪酸组成。油脂的折射率随组成中脂肪酸的碳数、双键数增加而增大。油脂在空气中暴露过久，其脂肪酸会受到空气中氧、水分、光、温度或微生物作用发生变化，从而引起油脂酸败。因此，折射率是鉴定油脂类别和新鲜度的指标之一。

（四）判断牛乳是否掺假

正常情况下，某些液态食品的折射率有一定的范围。如正常牛乳乳清的折射率在 1.34199~1.34275。当液态食品因掺杂、浓度改变或品种改变等原因而引起食品的品质发生变化时，折射率会随之变化。因此，测定折射率可以用于初步判断牛乳是否正常。

二、 常用的折射仪构造及使用

（一）手持式折射仪

手持式折射仪（图 5-2）使用方法：打开盖板，用软布仔细擦净检测棱镜。取待测溶液数滴，置于检测棱镜上，轻轻合上盖板，避免气泡产生，使溶液遍布棱镜表面。将仪器进光板对准光源或明亮处，眼睛通过目镜观察视场，转动视度调节环，使视场的蓝白分界线清晰。分界线的刻度值即为溶液的浓度。

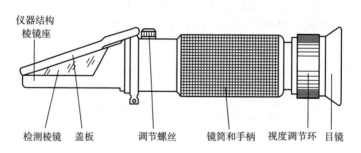

图 5-2　手持式折射仪的构造

（二）阿贝折射仪

阿贝折射仪是能测定透明、半透明液体或固体的折射率 n_D 和平均色散 n_F-n_C 的仪器（以测透明液体为主），如仪器上接恒温器，则可测定温度为 0~70℃的折射率 n_D。仪器的光学部分由望远镜系统两个部分组成，包括进光棱镜、折射棱镜、摆动反光镜、消色散棱镜组、望远物镜组、平行棱镜、分划板、目镜、读数物镜、反光镜、刻度板、聚光镜等。其构造见图 5-3。

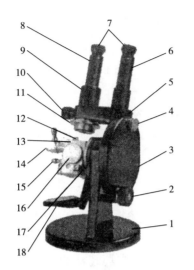

1–底座,立柱
2–棱镜转动手轮
3–圆盘组(内有刻度板)
4–小反光镜
5–支架
6–读数镜筒
7–目镜
8–望远镜筒
9–示值调节螺钉
10–阿米西棱镜手轮
11–色散值刻度圈
12–棱镜锁紧扳手
13–棱镜组
14–温度计座
15–恒温器接头
16–保护罩
17–主轴
18–反光镜

图 5-3　阿贝折射仪构造

三、　折射仪的日常维护与保养

（1）仪器应放置在干燥、空气流通的室内，以免使光学零件受潮后生霉。

（2）使用完毕后，严禁直接放入水中清洗，应用干净软布擦拭，对光学表面，不应碰伤划伤。

（3）经常保持仪器清洁，严禁油手或汗手触及光学零件，若光学零件表面有灰尘，可用脱脂棉轻擦；如光学零件表面沾上了油垢，应及时用酒精乙醚混合液擦拭干净。

（4）仪器应避免强烈震动或撞击，以防止光学零件损伤及影响精度。

➤ 思考与练习

1. 研究性习题
采用手持式折射仪完成水果中总可溶性固形物含量的测定。

2. 思考题
分析水果中总可溶性固形物含量的测定中产生数据误差的原因。

3. 操作练习
在实训室内熟练掌握折射仪的基本操作。

任务八　水果中有机磷农药残留的测定

能力目标

能利用气相色谱仪，采用标准曲线法（外标法）测定水果样品中有机磷农药残留的含量，并对测定数据进行处理。精密度数据按照国家相关规定确定，获得重复性和再现性的值以95%的可信度来计算。

课程导入

有机磷农药是一类应用在农产品中，杀虫效果好、分解快、残留少的广谱杀虫剂。此类化合物多数品种为油状液体，具有类似大蒜的特殊臭味，在偏碱环境中迅速分解破坏，不耐高温。长期食用有机磷农药超标的农产品，能够抑制人体内乙酰胆碱酯酶的生理活性，使神经传导受阻而引起神经麻痹乃至死亡。

实　训

一、仪器用具

（1）气相色谱仪：带有火焰光度检测器（FPD），毛细管进样口。

（2）分析实验室常用仪器设备。

（3）食品加工器。

（4）旋涡混合器。

（5）匀浆机。

（6）氮吹仪。

二、实践操作

（一）试剂

本任务在分析中仅使用确认为分析纯的试剂和 GB/T 6682—2008 中规定的二级及以上的水。

1. 试剂与配制

（1）乙腈。

（2）丙酮：重蒸。

（3）氯化钠：140℃烘烤 4h。

（4）滤膜：0.2μm，有机溶剂膜。

（5）铝箔。

（6）对应的农药标准品：纯度≥96%。

（7）农药标准溶液的配制

①单一农药标准溶液：准确称取一定量（精确至 0.1mg）某农药标准品，用丙酮作溶剂，逐一配制成 1000mg/L 的单一农药标准贮备液，贮存在 -18℃ 以下冰箱中，使用时根据各农药在对应检测器上的响应值，准确吸取适量的标准贮备液，用丙酮稀释配制成所需的标准溶液。

②农药混合标准溶液：将农药按 NY/T 761—2008 中组别要求分为 4 组，根据各农药在仪器上的响应值，逐一准确吸取一定体积的同组别的单个农药贮备液分别注入同一容量瓶中，用丙酮稀释至刻度，采用同样方法配制成 4 组农药混合标准贮备溶液。使用前用丙酮稀释成所需质量浓度的标准溶液。

（二）操作步骤

水果中有机磷农药经乙腈提取，提取溶液经过滤、浓缩后，用丙酮定容，注入气相色谱仪，农药组分经毛细管柱分离，用火焰光度检测器（FPD 磷滤光片）检测。保留时间定性、外标法定量。测定结果记录格式见表 5-12。

表 5-12　　　　　　　　　　水果中有机磷农药测量结果记录

测定次数	进样体积 V_2	标准溶液中农药的质量浓度 ρ/（mg/L）	农药标准溶液中被测农药的峰面积 A_s	样品溶液中被测农药峰面积 A	样品中有机磷农药含量 ω/（mg/kg）
1					
2					
3					

1. 试样制备

水果样品取可食部分切碎放入食品加工器粉碎，制成待测样。放入分装容器中，于 -20~-16℃ 条件下保存、备用。

2. 提取

准确称取 25.0g 试样放入匀浆机中，加入 50.0mL 乙腈在匀浆机中高速匀浆 2min 后用滤纸过滤，滤液收集到装有 5~7g 氯化钠的 100mL 具塞量筒中，收集滤液 40~50mL，盖上塞子，剧烈震荡 1min，在室温下静置 30min，使乙腈相和水相分层。

3. 净化

从具塞量筒中吸取 10.00mL 乙腈溶液，放入 150mL 烧杯中，将烧杯放在 80℃水浴锅上加热，杯内缓缓通入氮气或空气流，蒸发近干，加入 2.0mL 丙酮，盖上铝箔，备用。

将上述备用液完全转移至 15mL 刻度离心管中，再用约 3mL 丙酮分三次冲洗烧杯，并转移至离心管，最后定容至 5.0mL，在旋涡混合器上混匀，分别移入两个 2mL 自动进样器样品瓶中，供色谱测定。如定容后的样品溶液过于混浊，应用 0.2μm 滤膜过滤后再进行测定。

4. 测定

（1）色谱参考条件

①色谱柱：

预柱：1.0m（0.53nm 内径、脱活石英毛细管柱）；

色谱柱：50%聚苯基甲基硅氧烷（DB－17 或 HP－50＋）柱，30m×0.53nm× 1.0μm。

②温度：

进样口温度：220℃；

检测器温度：250℃；

柱温：150℃（保持 2min）$\xrightarrow{8℃/min}$250℃（保持 12min）。

③气体及流量：

载气：氮气，纯度≥99.999%，流速为 10mL/min；

燃气：氢气，纯度≥99.999%，流速为 75mL/min；

助燃气：空气，流速为 100mL/min。

④进样方式：不分流进样。

（2）色谱分析　分别吸取 1.0μL 标准混合溶液和净化后的样品注入色谱仪中，以保留时间定性，以样品溶液峰面积与标准溶液峰面积比较定量。

三、 结果计算及报告表述

1. 定性分析

双柱测得样品溶液中未知组分的保留时间（RT）分别与标准溶液在同一色谱柱上的保留时间（RT）相比较，如果样品溶液中某组分的两组保留时间与标准溶液中某一农药的两组保留时间相差都在±0.05min 内，可认定为该农药。

2. 定量结果计算

试样中被测农药残留量以质量分数 ω 计，单位为 mg/kg，如式（5-6）所示计算：

$$\omega = \frac{V_1 \times A \times V_3}{V_2 \times A_s \times m} \times \rho \tag{5-6}$$

式中　ω——试样中被测农药残留量，mg/kg

　　　ρ——标准溶液中农药的质量浓度，mg/L

　　　A——样品溶液中被测农药的峰面积

　　　A_s——农药标准溶液中被测农药的峰面积

V_1——提取溶剂总体积，mL

V_2——吸取出用于检测的提取溶液的体积，mL

V_3——样品溶液定容体积，mL

m——试样的质量，g

计算结果保留两位有效数字，当结果大于 1mg/kg 时保留三位有效数字。

精密度数据是按照国家相关规定确定，获得重复性和再现性的值以 95% 的可信度来计算。

问题探究

一、 气相色谱仪操作关键点

（1）气相色谱仪要遵守"先通气、后开电，先关电、后关气"的基本操作原则。

（2）严格设定调节载气流量、分流比流量、清洗气流量以及尾吹气流量，为了确保样品检测的重复性，各气路流量调节尽可能和前次一致。

（3）对新填充的色谱柱，一定要老化充分，避免固定液流失，产生噪声。

（4）注射器要经常用溶剂（如丙酮）清洗。实验结束后，立即清洗干净，以免被样品中的高沸点物质污染。

（5）要尽量用磨口玻璃瓶作试剂容器。避免使用橡皮塞，因其可能造成样品污染。如果使用橡皮塞，要包一层聚乙烯膜，以保护橡皮塞不被溶剂溶解。

（6）避免超负荷进样（否则会造成多方面的不良后果）。对不经稀释直接进样的液态样品，进样体积可先试 0.1μL（约 100μg），再做适当调整。

二、 检测原理

（一）气相色谱分离原理

气相色谱法是利用混合物中各组分在流动相和固定相两相间分配系数的差异，经过多次反复分配后得到分离的目的（图 5-4）。当载气携带试样进入色谱柱与固定相接触时，被固定相溶解或吸附。随着载气的不断通入，被溶解或吸附的组分又从固定相中挥发或解吸出来，在载体的携带下向前移动到下一个塔板时又再次被固定相溶解或吸附，经过多次反复分配后各组分得到分离，先后到达检测器，产生相应的信号，由记录仪记录得到相应的色谱柱。

（二）气相色谱法特点

1. 分离效能高

气相色谱法对物理化学性能很接近的复杂混合物质都能很好地分离，并进行

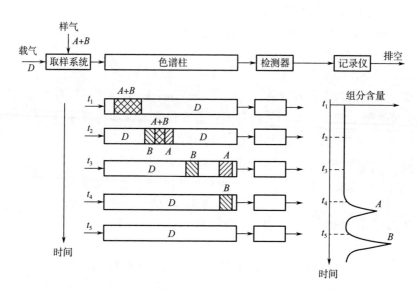

图 5-4 气相色谱分离原理示意图

定性、定量检测。

2. 灵敏度高

气相色谱法的检出限可达到 mg/kg 级甚至 μg/kg 级。

3. 分析速度快

气相色谱法一般在几分钟或几十分钟内可以完成一个样品的测定。

4. 应用范围广

气相色谱法可以分析气体、易挥发的液体和固体样品。就有机物分析而言，应用最为广泛，可以分析约 20% 的有机物。此外，某些无机物通过转化也可以进行分析。

【知识拓展】

一、 水果中有机磷农药残留的快速测定方法

测定水果中有机磷农药残留的方法分为定性检验和定量检测。定性检验最常用的方法有速测卡法（纸片法）、酶抑制剂法等，定量检测最常见的方法是气相色谱检测法。

速效卡法是利用水果中有机磷对胆碱酯酶的抑制作用，使靛酚乙酸酯（固化在红色药片上）水解为乙酸和靛酚（蓝色）的过程发生变化，由此判断样品中是否残留有过量有机磷农药。若白色药品变蓝，说明无农药残留或残留量低于检出

限；若白色药片不变蓝，说明试样中有超出检出限的农药残留。

二、 气相色谱仪的维护与日常保养

(一) 气体净化器的维护

在气相色谱仪载气流路控制系统中，接有过滤器，作用是过滤气路中的杂质。分子筛需要定期更换或活化。

(二) 进样器的清洗

进样器比较容易污染，特别是汽化管容易污染。进样器汽化管可用溶剂棉球直接穿洗，穿洗后用大气流吹（主要吹掉棉球纤维并吹干溶剂），然后装好汽化管衬垫和密封螺母。

(三) 更换进样垫

进样垫又称隔垫，常用的有圆形和帽形，其使用寿命仅取决于使用次数及针头质量：针头要尖、无毛刺、表面光滑。选择隔垫主要看其耐久性。

(四) 清洗或更换衬管或衬套

无论是进样器系统、进样器内衬管或衬套，必须保持洁净以保证最佳操作性能，尤其是内部，在有污染物进入柱子后会干扰样品组分。换下来的清洁的衬套或内衬管在必要时可以快速换上，衬套或内衬管清洗处理的难易程度，取决于它们的材质是玻璃的还是金属的。

(五) 清洗进样器内壁

运用一合适光源，从柱箱内部照明进样口内壁。如发现有明显的污染物或残留物，则应清洗进样器。用擦布和适合的溶剂将管内壁残留物清除。用一粗细合适的金属丝，小心地清除掉固体颗粒，用过滤的干燥压缩空气或氮气充分干燥。

(六) 色谱柱老化

各种气相色谱柱老化的目的是去除挥发性的污染物，以使柱子满足使用要求。

(七) 检测器的清洗

1. 氢火焰离子化检测器（FID）、热导检测器（TCD）的清洗

检测器使用氢气作燃气，如果氢气已通上，而柱子还没有与检测器及进样器相连，则氢气会流入柱箱导致爆炸，所以，在任何情况下，进样器及检测器必须有柱子相连或者盖好螺帽。

2. 喷嘴的更换和更新

由于更换喷嘴时需要从检测器基座卸下收集极组件，借此机会可检查检测器收集极和检测器基座有无污染物沉积。这些沉积物能降低仪器的灵敏度，使色谱有噪声和出杂峰。

➢ 思考与练习

1. 研究性习题

采用气相色谱法完成水果中有机磷农药残留的测定。

2. 思考题

分析水果中有机磷农药残留的检测中产生数据误差的原因。

3. 操作练习

在实训室内熟练掌握气相色谱仪的基本操作步骤。

项目六

肉品检测

◁ 任务一 ▷ 肉品的感官检测

▌▌▌ **能力目标**

（1）能根据肉品感官和理化检验的国家标准对肉品质量进行检测分析。

（2）能正确对肉品样品进行采集、制备和预处理。

（3）能分离检验禽流感、口蹄疫等传染性疾病病毒。

▌▌▌ **课程导入**

　　肉品质量检验人员的重要职责，一方面是通过肉类卫生检测，判断和鉴定肉类的卫生质量，提出书面报告，为生产和销售安全、卫生、符合标准的肉品提供可靠的科学依据，确保人体按正常数量和以正常方式摄入的肉品不会导致急、慢性中毒或感染疾病及摄入者自身及其后代健康无隐患。

　　另一方面，肉品质量检验可以确保不适合消费的肉及其制品由适当的管理机构予以查封、处理、回收或销毁。一些肉通过热处理或在很低的温度下经过一定时间使其变得安全后，可能作为次级肉出售，其他肉可作动物饲料或肥料。当有危险性感染或污染时，则必须销毁。这些操作应由指定人员严格监督。

████ 实 训

一、仪器用具

（1）天平：感量 0.1g。
（2）烧杯。
（3）表面皿。
（4）电炉。

二、实践操作

（一）猪肉

1. 感官要求

鲜、冻分割猪肉的感官要求应符合表 6-1 的规定。

表 6-1 鲜、冻分割猪肉的感官要求

项目	要求
色泽	肌肉色泽鲜红，有光泽；脂肪呈乳白色
组织状态	肉质紧密，有坚实感
气味	具有猪肉固有的气味，无异味

2. 感官检测方法

（1）色泽：目测。
（2）气味：嗅觉检验。
（3）组织检验：手触、目测。

（二）牛肉

1. 感官要求

鲜、冻分割牛肉的感官要求应符合表 6-2 的规定。

表 6-2 鲜、冻分割牛肉的感官要求

项目	鲜牛肉	冻牛肉（解冻后）
色泽	肌肉有光泽、色鲜红或深红；脂肪呈乳白或微黄色	肌肉色鲜红，有光泽；脂肪呈乳白色或微黄色
黏度	外表微干或有风干膜，不黏手	肌肉外表微干，或有风干膜，或外表湿润，不黏手

续表

项目	鲜牛肉	冻牛肉（解冻后）
弹性（组织状态）	指压后的凹陷可恢复	肌肉结构紧密，有坚实感，肌纤维韧性强
气味	具有鲜牛肉正常的气味	具有牛肉正常的气味
煮沸后肉汤	透明澄清，脂肪团聚于表面，具特有香味	澄清透明，脂肪团聚于表面，具有牛肉汤固有的香味和鲜味
肉眼可见异物	不得带伤斑、血瘀、碎骨、病变组织、淋巴结、脓包、浮毛或其他杂质	

2. 感官检测方法

（1）色泽、组织状态、黏性、肉眼可见异物：目测、手触鉴别。

（2）气味：嗅觉鉴别。

（3）煮沸后肉汤：将抽样样品切碎，称取20g，置于200mL烧杯中，加100mL水，用表面皿盖好加热50~60℃，开盖检查气味，继续加热煮沸20~30min，检查肉汤的气味、滋味和透明度，以及脂肪的气味和滋味。

（三）羊肉

1. 感官要求

鲜、冻胴体羊肉的感官要求应符合表6-3的规定。

表6-3　　　　　　　　　　　鲜、冻胴体羊肉的感官要求

项目	鲜羊肉	冷却羊肉	冻羊肉（解冻后）
色泽	肌肉色泽浅红、鲜红或深红，有光泽；脂肪呈乳白色、淡黄色或黄色	肌肉红色均匀，有光泽；脂肪呈乳白色、淡黄色或黄色	肌肉有光泽，色泽鲜艳；脂肪呈乳白色、淡黄色或黄色
组织状态	肌纤维致密，有韧性，富有弹性	肌纤维致密，坚实，有弹性，指压后凹陷立即恢复	肉质紧密，有坚实感，肌纤维有韧性
黏度	外表微干或有风干膜，切面湿润，不黏手	外表微干或有风干膜，切面湿润，不黏手	表面微湿润，不黏手
气味	具有新鲜羊肉固有气味，无异味	具有新鲜羊肉固有气味，无异味	具有羊肉正常气味，无异味
煮沸后肉汤	透明澄清，脂肪团聚于液面，具特有香味	透明澄清，脂肪团聚于液面，具特有香味	透明澄清，脂肪团聚于液面，无异味
肉眼可见杂质	不得检出		

2. 感官检测方法

同鲜、冻牛肉感官检验方法。

（四）禽肉

1. 感官要求

鲜、冻禽产品的感官要求应符合表6-4的规定。

表6-4　　　　　　　　　　　　鲜、冻禽产品的感官要求

项目		鲜禽产品	冻禽产品（解冻后）
组织状态		肌肉富有弹性，指压后凹陷部分立即恢复原状	肌肉指压后凹陷部分恢复较慢，不易完全恢复原状
色泽		表皮和肌肉切面有光泽，具有禽类品种应有的色泽	
气味		具有禽类品种应有的气味，无异味	
加热后肉汤		透明澄清，脂肪团聚于液面，具有禽类品种应有的滋味	
淤血〔以淤血面积（S）计〕/cm²	$S>1$	不得检出	
	$0.5<S\leqslant1$	片数不得超过抽样量的2%	
	$S\leqslant0.5$	忽略不计	
硬杆毛（长度超过12mm的羽毛，或直径超过2mm的羽毛根）/（根/10kg）		≤1	
异物		不得检出	

注：淤血面积指单一整禽，或单一分割禽的一片淤血面积。

2. 感官检测方法

冻肉产品应解冻后鉴别以下方面。

（1）色泽、组织状态、黏性、肉眼可见异物　将抽取微生物检验试样后的全部样品，置于自然光或相当于自然光的感官评定室，用触觉鉴别法鉴别组织状态；视觉鉴别法鉴别色泽；嗅觉鉴别法鉴别气味。

（2）加热后肉汤　将抽样样品切碎，称取20g，置于200mL烧杯中，加水100mL，盖上表面皿，加热至50~60℃。取下表面皿，用嗅觉鉴别法鉴别气味。煮沸后鉴别肉汤性状、脂肪凝聚状况。降至室温后品尝肉汤滋味。

（3）淤血　鉴别组织状态、色泽、气味后，用适当的方法测量淤血面积。

一个基本箱中0.5cm²<S≤1cm²的淤血片数占同一基本箱中产品总数的比例，如式（6-1）所示计算：

$$X = \frac{A_1}{A} \times 100 \qquad\qquad (6-1)$$

式中　X——一个基本箱中0.5cm²<S≤1cm²的淤血片数占同一基本箱中产品总数（整禽以只计，禽肉以块计，禽腿或禽翅以个计）的比例，%

A_1—— 一个基本箱中 $0.5\text{cm}^2 < S \leqslant 1\text{cm}^2$ 的淤血片数

A—— 一个基本箱中产品总数

（4）硬杆毛　与鉴别组织状态、色泽、气味同时进行。用精度为 0.05mm 的游标卡尺测量，一个基本箱中每 10kg 硬杆毛数量如式（6-2）所示计算：

$$X_1 = \frac{A_2}{m} \times 10 \tag{6-2}$$

式中　X_1—— 一个基本箱中每 10kg 硬杆毛数量，根/10kg

A_2—— 一个基本箱中硬杆毛实际数量，根

m—— 一个基本箱的实际质量，kg

（5）异物　用视觉鉴别法鉴别异物，与鉴别组织状态、色泽、气味同时进行。异物包括禽的黄色表皮、禽粪、胆汁、塑料、金属、残留塑料等。

【知识拓展】

识别注水肉的方法如下。

（1）观肉色　正常鲜肉外表微干，且富有弹性，经手按压很快能恢复原状，且无汁液渗出。而注水肉肌肉泛白，经手按压，切面有汁液渗出，且难恢复原状。

（2）观察肉的新切面　正常肉新切面光滑，很少或没有汁液渗出，注水肉切面呈水淋状，并有明显淡红色汁液渗出。

（3）吸水纸检验法　用干净吸水纸，贴在肉的新切面上，若是正常肉，吸水纸可完整揭下，且可点燃完全燃烧。而若是注水肉则不能完整揭下吸水纸，且揭下的吸水纸不能用火点燃或不能完全燃烧。

（4）把肉从案板上提起来看案板是否潮湿，也是判断是不是注水肉的有效方法。

➢　思考与练习

1. 鲜羊肉产品的感官检验方法有哪些？
2. 冻牛肉解冻后的感官要求是什么？

◀ 任务二 ▶　动物性食品中盐酸克伦特罗（瘦肉精）残留量的测定

能力目标

（1）能配制标准溶液，能使用液相色谱仪、学会识别色谱图。

（2）能阅读并正确理解、运用国家标准，准确检测食品中克伦特罗残留量，并评价其是否合格。

课程导入

盐酸克伦特罗不是兽药，早期仅在医学上用于急救、平喘，是肾上腺素类神经兴奋剂，属于非蛋白质激素，是严重危害畜牧业健康发展和畜产品安全的有毒药品。

盐酸克伦特罗的动物用剂量在人用剂量的 10 倍以上，才能达到提高瘦肉率的效果。盐酸克伦特罗，即"瘦肉精"的一种，在动物体内，有重新分配营养物质的作用，提高瘦肉率、促进动物肌肉生长。盐酸克伦特罗耐热，使用后会大量残留在体内，尤其是内脏中，食用后直接危害人体健康。其主要中毒症状是肌肉震颤、心慌、头疼、恶心、呕吐等，特别是对高血压、心脏病、甲亢和前列腺肥大等患者危害更大，严重的可致死。

原中华人民共和国农业部、原中华人民共和国卫生部、国家药品监督管理局在 2002 年 2 月 9 日发布的《禁止在饲料和动物饮用水中使用的药物品种目录》中，将盐酸克伦特罗等列为禁用药品。然而仍有极个别养殖户因重视程度不够或受经济利益驱使，在饲料里私自添加"瘦肉精"。因此，"瘦肉精"中毒事件频繁发生。

对动物性食品中克伦特罗残留量的测定，GB/T 5009.192—2003《动物性食品中克伦特罗残留量的测定》规定了三种方法：气相色谱-质谱法（GC-MS）、高效液相色谱法（HPLC）和酶联免疫法（ELISA 筛选法）。

本实训采用高效液相色谱法（HPLC），依据为 GB/T 5009.192—2003 第二法。

实 训

一、 仪器用具

（1）高效液相色谱仪。

（2）水浴超声波清洗器。

（3）磨口玻璃离心管：11.5cm（长）×3.5cm（内径），具塞。

（4）5mL 玻璃离心管。

（5）酸度计。

（6）离心机。

（7）振荡器。

（8）旋转蒸发器。

（9）旋涡混合器。

（10）针筒式微孔过滤膜（0.45μm，水相）。

（11）N_2-蒸发器。

（12）匀浆器。

（13）弱阳离子交换柱（LC-WCX）：3mL。

（14）天平。

（15）平头微量注射器。

二、 实践操作

（一）试剂

（1）超纯水。

（2）磷酸二氢钠（$NaH_2PO_4 \cdot 2H_2O$）：分析纯。

（3）氢氧化钠：分析纯。

（4）氯化钠：分析纯。

（5）高氯酸：分析纯，纯度70%。

（6）浓氨水：分析纯。

（7）异丙醇：HPLC级。

（8）乙酸乙酯：HPLC级。

（9）甲醇：HPLC级。

（10）乙醇：HPLC级。

（11）盐酸克伦特罗（clenbuterol hydrochloride）：纯度≥99.5%。

（12）甲醇+水（45+55）：取甲醇450mL、超纯水550mL，混合均匀，用0.45μm的微孔滤膜过滤后，装入流动相贮液器内，超声波振荡器脱气15~20min。

（13）异丙醇+乙酸乙酯（40+60）：取异丙醇40mL、乙酸乙酯60mL，混合均匀。

（14）乙醇+浓氨水（98+2）：取乙醇98mL、浓氨水2mL，混合均匀。

（15）高氯酸溶液（0.1mol/L）：准确称取14.35g高氯酸，用超纯水稀释并定容至1L，摇匀。

（16）氢氧化钠溶液（1mol/L）：准确称取40g氢氧化钠，用超纯水溶解并定容至1L摇匀。

（17）磷酸二氢钠缓冲液（0.1mol/L，pH 6.0）：准确称取15.6g磷酸二氢钠，用超纯水溶解并定容至1L，摇匀。

（18）克伦特罗标准溶液：准确称取克伦特罗标准品用甲醇配制成浓度为250mg/L的标准贮备溶液，贮存于冰箱内（0~4℃）。使用时用甲醇稀释成0.5mg/L的克伦特罗标准使用液，进一步用甲醇+水（45+55）适当稀释。

（二）操作步骤

固体试样剪碎，用高氯酸溶液匀浆，液体试样加入高氯酸溶液，进行超声波加热提取后，用异丙醇+乙酸乙酯（40+60）萃取，有机相浓缩，经弱阳离子交换柱进行分离，用乙醇+浓氨水（98+2）溶液洗脱，洗脱液浓缩，流动相定容后在高效液相色谱仪上进行测定，外标法定量。

1. 提取

称取肌肉、肝脏或肾脏试样 10g（精确到 0.01g），用 20mL 0.1mol/L 高氯酸溶液匀浆，置于磨口玻璃离心管中，然后置于超声波清洗器中清洗 20min，取出置于 80℃ 水浴中加热 30min，取出冷却后离心（4500r/min）15min。倾出上清液，沉淀用 5mL 0.1mol/L 高氯酸溶液洗涤，再离心，将两次的上清液合并，用 1mol 氢氧化钠溶液调 pH 至 9.5±0.1，若有沉淀产生，再离心（4500r/min）10min，将上清液转移至磨口玻璃离心管中，加入 8g 氯化钠，混匀。加入 25mL 异丙醇+乙酸乙酯（40+60），置于振荡器上振荡提取 20min。提取完毕，放置 5min（若有乳化层稍离心一下）。用吸管小心将上层有机相移至旋转蒸发瓶中，用 20mL 异丙醇+乙酸乙酯（40+60）再重复萃取一次，合并有机相，于 60℃ 在旋转蒸发器上浓缩近干。用 1mL 0.1mol/L 磷酸二氢钠缓冲液（pH 6.0）充分溶解残留物，经针筒式微孔过滤膜过滤，洗涤三次后完全转至 5mL 玻璃离心管中，并用 0.1mol/L 磷酸二氢钠缓冲液（pH 6.0）定容至刻度。

2. 净化

依次用 10mL 乙醇、3mL 水、3mL 0.1mol/L 磷酸二氢钠缓冲液（pH 6.0）、3mL 水冲洗弱阳离子交换柱，取适量的提取液至弱阳离子交换柱上，弃去流出液，分别用 4mL 水和 4mL 乙醇冲洗柱子，弃去流出液，用 6mL 乙醇+浓氨水（98+2）冲洗柱子，收集流出液，将流出液在 N_2-蒸发器上浓缩至干。

3. 试样测定前的准备

于净化、吹干的试样残渣中加入 100~500μL 流动相，在旋涡混合器上充分振摇，使残渣溶解，液体浑浊时用 0.45μm 的针筒式微孔过滤膜过滤，上清液待进行液相色谱测定。

4. 测定

（1）色谱柱的安装和流动相的更换　将色谱柱（BDS 或 ODS 柱，250mm×4.6mm，5μm）安装在色谱仪上，将流动相更换成甲醇+水（45+55）。

（2）高效液相色谱仪的开机　打开紫外检测器和高压输液泵的电源开关，分别设置检测器的检测波长为 244nm；设置高压输液泵的流速为 1mL/min；柱箱温度为 25℃。

按 "ON/OFF" 键，打开高压泵开关，逆时针旋开排气阀，按 "purge" 键，排尽管路中气泡及废液 3~5min，再按 "purge" 键，顺时针旋紧排气阀。

（3）进样分析　打开工作站，设置分析方法和相关信息。

仪器在设定的条件下平衡，基线平稳后，用平头微量注射器吸取 20~50μL 标准校正溶液及样液注入液相色谱仪，以保留时间定性，用外标法单点或多点校准法定量。记录样品名对应的文件名，同时对优化的色谱图进行分析。克伦特罗标准溶液（100μg/L）的高效液相色谱图见图 6-1。

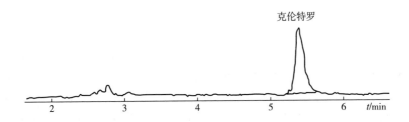

图 6-1　克伦特罗标准溶液（100μg/L）的高效液相色谱图

三、　结果计算及数据记录

外标法单点或多点校准法定量，计算得到进样的样液中克伦特罗的质量 m_1。样品中的克伦特罗的含量如式（6-3）所示计算：

$$X = \frac{m_1 \times f}{m_0} \tag{6-3}$$

式中　X——试样中克伦特罗的含量，μg/kg

　　　m_1——进样的样液中克伦特罗的质量，ng

　　　f——试样稀释倍数

　　　m_0——试样的质量，g

计算结果精确到小数点后两位；在重复条件下，两次独立测定结果的绝对差值不得超过算术平均值的 20%。

肉品中克伦特罗含量的数据记录见表 6-5。

表 6-5　　　　　　　　　　　　　　**肉品中克伦特罗含量检验报告**

样品名称		样品状态	
生产日期		检样日期	
检测方法		检测依据	
色谱柱		检测波长/nm	
进样体积/μL	柱温/℃	标样浓度	标样峰面积
m_0/g	试样峰面积	m_1/ng	$X/（μg/kg）$

审核员：　　　　　　　　复核员：　　　　　　　　检验员：

四、 注意事项

（1）所有的配制试剂都应贴有明显的标签，标明名称、浓度及配制日期，必要时用明显标识标明药品、试剂危险性质并按其贮存条件贮存。

（2）样品预处理过程中，涉及产生有害或有刺激性气体的试剂的使用，需注意实验安全，应在通风橱中进行，不可将头伸入通风橱内。实验室保持通风良好，戴口罩，接触有毒试剂时戴手套，避免用手直接接触。提前打开通风设施的开关，实验区域通风20min后，人员方可进入。

（3）操作过程中注意流动相的量，以免高压输液泵抽进空气，在管路中产生气泡。

（4）液相进样针为平头微量注射器。微量注射器吸液时，为防止吸入气泡，将注射器用待测样液润洗并插入液面下，反复吸推数次，再缓慢吸入略超过刻度，然后针尖竖直向上排液至所需刻度。

（5）熟悉液相色谱仪的使用规程，使用前由老师示范操作。进样前，应将样品进行必要的净化，以免进样后对色谱柱造成损伤。每次工作结束后，用流动相冲洗30min左右，再用纯甲醇或乙腈冲洗20min并保存。

（6）操作过程中产生的废液以及上机检测后的样液由实验室回收后统一处理。

（7）根据《食品动物中禁止使用的药品及其他化合物清单（中华人民共和国农业农村部公告 第250号）》规定，禁止使用克伦特罗，在动物性食品中不得检出。

【知识拓展（一）】

一、 兽药残留产生的原因

根据联合国粮食及农业组织（Food and Agriculture Organization of the United Nations，FAO）和世界卫生组织（World Health Organization，WHO）食品中兽药残留联合立法委员会的定义，兽药残留是指动物产品的任何可食部分所含兽药的母体化合物及（或）其代谢物，以及与兽药有关的杂质。所以，兽药残留既包括原药，也包括药物在动物体内的代谢产物和兽药生产中所伴生的杂质。

兽药残留可分为7类：①抗生素类；②驱肠虫药类；③生长促进剂类；④抗原虫药类；⑤灭锥虫药类；⑥镇静剂类；⑦β-肾上腺素能受体阻断剂。在动物源食品中较易引起兽药残留量超标的兽药主要有抗生素类、磺胺类、呋喃类、抗寄生虫类和激素类药物。

养殖环节用药不当是产生兽药残留的最主要原因。产生兽药残留的主要原因大致还有以下几个方面：一是非法使用违禁或淘汰药物；二是不遵守休药期规定；三是滥用药物；四是违背有关标签的规定；五是屠宰前用药。

二、 兽药残留的危害

兽药残留对人类及环境的危害主要是慢性、远期和累积性的。长期食用兽药残留超标的食品会对人体产生多种危害，主要有以下几个方面。

（一）产生毒性反应

长期食用兽药残留超标的食品，当体内蓄积的药物浓度达到一定量会使人体产生多种急慢性中毒。

（二）产生耐药菌株

动物机体长期反复接触某种抗菌药物后，其体内敏感菌株受到选择性的抑制，从而使耐药菌株大量繁殖，耐药性细菌的产生使得一些常用药物的疗效下降甚至失去疗效。

（三）产生"三致"作用

研究发现许多药物具有致癌、致畸、致突变作用。

（四）过敏反应

许多抗菌药物如青霉素、四环素类、磺胺类和氨基糖苷类等能使部分人群发生过敏反应甚至休克，并在短时间内出现血压下降、皮疹、喉头水肿、呼吸困难等严重症状。

（五）肠道菌群失调

有抗菌药物残留的动物源食品可对人类胃肠的正常菌群产生不良的影响，使一些非致病菌被抑制或死亡，造成人体内菌群的平衡失调，从而导致长期的腹泻或引起维生素的缺乏等反应。菌群失调还容易造成病原菌的交替感染，使得具有选择性作用的抗生素及其他化学药物失去疗效。

（六）对生态环境质量的影响

一些性质稳定的药物随动物粪便、尿液被排泄到环境中后仍能稳定存在，从而造成环境中的药物残留，对水环境、土壤、空气有潜在的不良作用。

（七）严重影响畜牧业发展

长期滥用药物严重制约着畜牧业的健康持续发展。如长期使用抗生素易造成畜禽机体免疫力下降，影响疫苗的接种效果；还可引起畜禽内源性感染和二重感染，使得以往较少发生的细菌（如大肠杆菌、葡萄球菌、沙门菌）导致的疾病转变成为家禽的主要传染病。此外，耐药菌株的增加，使有效控制细菌疫病变得越来越困难。

三、 兽药残留的测定方法

兽药残留的测定，目前按照检测仪器的不同，可分为酶联免疫法、高效液相色谱法、气相色谱法、气相色谱-质谱法、高效液相色谱-串联质谱法等。

【知识拓展（二）】

一、 液相色谱法分析流程

高压输液泵将贮液器中的流动相以稳定的流速（或压力）输送至分析体系，在色谱柱之前通过进样器将样品导入，流动相将样品依次带入预柱色谱柱，在色谱柱中各组分被分离，并依次随流动相流至检测器，检测到的信号送至工作站记录、处理和保存。

二、 液相色谱仪的结构

（一）高压输液系统

高压输液系统包括贮液器和高压泵。

1. 贮液器

贮液器主要用来提供足够数量的、符合要求的流动相以完成分析工作，一般是以不锈钢、玻璃、聚四氟乙烯或特种塑料聚醚醚酮（PEK）衬里为材料，容积一般以 0.5~2L 为宜。

2. 高压输液泵

高压输液泵是高效液相色谱仪的关键部件，一般可分为恒压泵和恒流泵两大类。其作用是将流动相以稳定的流速或压力输送到色谱分离系统。对于带有在线脱气装置的色谱仪，流动相先经过脱气装置后再输送到色谱柱。

3. 过滤器

高压输液泵的活塞和进样阀阀芯的机械加工精度非常高，微小的机械杂质进入流动相，会导致上述部件的损坏；同时，机械杂质在柱头的积累，会造成柱压升高，使色谱柱不能正常工作。因此，在高压输液泵的进口和它的出口与进样阀之间设置过滤器。若发现过滤器堵塞，如发生流量减小的现象，可将其浸入稀 HNO_3 溶液中，在超声波清洗器中用超声波振荡 10~15min，即可将堵塞的固体杂质洗出。若清洗后仍不能达到要求，则应更换滤芯。

（二）进样系统

液相色谱进样针类似于气相色谱进样针，只是其针头为平头，以免扎破六通阀管路，进样器是将样品溶液准确送入色谱柱的装置。

常用的进样器有以下两种：①六通阀进样器，常用的定量管体积是 10μL 和 20μL。②自动进样器，由计算机自动控制定量阀，按照预先编制的注射样品操作程序进行工作，一次可进行几十个甚至上百个样品的自动进样分析。

(三) 分离系统

分离系统主要部件是色谱柱，流动相的方向应与柱的填充方向一致。根据检测需要选择不同规格的色谱柱。一般在色谱柱前要安装保护柱，可以达到延长分析柱寿命的作用。

(四) 检测系统

用于连续监测被色谱系统分离后流出物的组成和含量变化的装置。将可检测的电信号转化为定性定量分析的依据。

常见检测器有：紫外可见检测器、二极管阵列检测器、荧光检测器、示差折光检测器、蒸发光散射检测器。

(五) 数据处理系统

色谱数据的处理需要记录和分析，由色谱工作站完成图谱的保存、积分、计算分析结果等。

➤ 思考与练习

1. 思考题
(1) 简述高效液相色谱仪的日常维护要求。
(2) 肉品中瘦肉精的定量检测方法有哪些?
2. 研究性习题
设计标准曲线法定量检测肉品中所含的盐酸克伦特罗的原始记录表。

◁ 任务三 ▷ 动物性食品中己烯雌酚残留量的测定

▌ 能力目标

(1) 了解高效液相色谱仪的工作原理及工作条件的选择方法。
(2) 掌握高效液相色谱法测定动物性食品中己烯雌酚的原理和方法。
(3) 掌握高效液相色谱仪正确操作，能够识别色谱图。

▌ 课程导入

己烯雌酚（diethylstilbestrol，DES），是一种人工合成的雌激素类药物，在医学上主要用于治疗雌激素缺乏症。由于其具有调节动物的生理功能、促进动物生长等作用，从 20 世纪 60 年代开始，DES 曾在猪、鸡、牛、羊的养殖业中作为生长激素被广泛应用。但是己烯雌酚及其代谢产物不能被完全消化吸收，会在动物肝脏、肌肉、蛋、乳中残留，并通过食物链被人体吸收。国内外研究表明，己烯雌酚具有很强的副作用，进入人体会导致体内遗传物质改变，可能引发基因突变及肿瘤。少儿食用残留己烯雌酚的食物，会导致性早熟；男性长期摄入，可产生女性化等一系列副作用。

在此依据 GB/T 5009.108—2003《畜禽肉中己烯雌酚的测定》中高效液相色谱法测定畜禽肉中己烯雌酚残留量。

实　训

一、仪器用具

（1）高效液相色谱仪（HPLC）：配紫外检测器。
（2）小型绞肉机。
（3）小型粉碎机。
（4）电动振荡机。
（5）离心机。
（6）酸度计。
（7）FH 滤膜。

二、实践操作

（一）试剂

（1）甲醇：HPLC 级。
（2）0.043mol/L 磷酸二氢钠（$NaH_2PO_4 \cdot 2H_2O$）：取 1g 磷酸二氢钠溶于水 500mL，用 0.45μm 的微孔滤膜过滤后，备用。
（3）磷酸。
（4）甲醇+0.043mol/L 磷酸二氢钠（70+30）：取甲醇 700mL、0.043mol/L 磷酸二氢钠 300mL，用磷酸调 pH 为 5，混合均匀，用 0.45μm 的微孔滤膜过滤后，装入流动相贮液器内，超声波振荡器脱气 15~20min。
（5）己烯雌酚标准贮备溶液：精密称取 100mg 己烯雌酚溶于甲醇，移入 100mL 容量瓶中，加甲醇至刻度，混匀，每毫升含己烯雌酚 1.0mg，贮于冰箱中。
（6）己烯雌酚标准液：吸取 10.00mL 己烯雌酚标准贮备溶液，移入 100mL 容量瓶中，加甲醇至刻度，混匀，每毫升含己烯雌酚 100μg。

（二）操作步骤

试样匀浆后，经甲醇提取过滤，注入 HPLC 柱中，经紫外检测器鉴定。于波长

230nm 处测定吸光度，同条件下绘制标准曲线，己烯雌酚含量与吸光度值在一定浓度范围内成正比，试样与标准曲线比较定量。

1. 试样的提取及净化

称取 5.0g±0.1g 绞碎（小于 5mm）的肉试样，放入 50mL 具塞离心管中，加 10.00mL 甲醇，充分搅拌，振荡 20min，于 3000r/min 离心 10min，将上清液移出，残渣中再加入 10.00mL 甲醇，混匀后振荡 20min，于 3000r/min 离心 10min，合并上清液，此时若出现浑浊，需再离心 10min，取上清液过 0.5μm FH 滤膜，备用。

2. 系列标准溶液的制备

称取 5 份（每份 5.0g）绞碎的肉试样，放入 50mL 具塞离心管中，分别加入不同浓度的标准溶液（6.0，12.0，18.0，24.0μg/mL）各 1.0mL，同时做空白试样。其中甲醇总量为 20.00mL，使其测定溶液浓度为 0.00，0.30，0.60，0.90，1.20μg/mL，按试样提取净化方法处理备用。

3. 测定

（1）色谱柱的安装和流动相的更换　将色谱柱（CLC-ODS-C$_{18}$ 不锈钢柱，6.2mm×150mm，5μm）安装在色谱仪上，将流动相更换成甲醇+0.043mol/L 磷酸二氢钠（70+30）。

（2）高效液相色谱仪的开机　打开紫外检测器和高压输液泵的电源开关，分别设置检测器的检测波长为 230nm；灵敏度为 0.04AUFS；设置高压输液泵的流速为 1mL/min；柱箱温度为室温。

按"ON/OFF"键，打开高压泵开关，逆时针旋开排气阀，按"purge"键，排尽管路中气泡及废液 3~5min，再按"purge"键，顺时针旋紧排气阀。

（3）进样分析　打开工作站，设置分析方法和相关信息。

仪器在设定的条件下平衡，基线平稳后，用平头微量注射器分别吸取 20μL 系列标准溶液，注入液相色谱仪，以保留时间定性，可测得不同浓度 DES 标准溶液峰高，以 DES 浓度对峰高绘制标准曲线，同时取样液 20μL，注入液相色谱仪，测得峰高，从标准曲线图中查相应 DES 含量，R_t=8.235。己烯雌酚色谱见图 6-2。

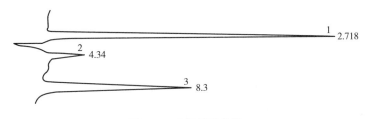

图 6-2　己烯雌酚色谱

1—溶剂峰　2—杂质峰　3—己烯雌酚标准峰

三、 结果计算及数据记录

通过标准曲线法定量计算得到进样的样液中己烯雌酚的质量 m_1。样品中的己烯雌酚的含量如式（6-4）所示计算：

$$X = \frac{m_1 \times 1000}{m_0 \times \frac{V_1}{V_0}} \times \frac{1000}{1000 \times 1000} \tag{6-4}$$

式中 X——试样中己烯雌酚含量，mg/kg

m_1——试样体积中己烯雌酚含量，ng

m_0——试样的质量，g

V_1——进样体积，μL

V_0——试样甲醇提取液总体积，mL

适合于猪、牛、羊、禽肉中己烯雌酚残留量的检测，检出限为 0.25mg/kg。

肉品中己烯雌酚含量数据记录表见表 6-6。

表 6-6 　　　　　　　　　　肉品中己烯雌酚含量检验报告

样品名称		样品状态	
生产日期		检样日期	
检测方法		检测依据	
色谱柱		检测波长/nm	
进样体积/μL	柱温/℃	标样浓度	标样峰面积
m_0/g	试样峰面积	m_1/ng	X/（mg/kg）

审核员：　　　　　　　　复核员：　　　　　　　　检验员：

四、 注意事项

（1）色谱柱应在要求的 pH 范围和柱温范围下使用，应使用不损坏柱的流动相。此法流动相需调整到 pH 为 5。

（2）熟悉液相色谱仪的使用规程，使用前由老师示范操作。进样前应将样品进行必要的过滤和脱气处理，以免进样后对色谱柱造成损伤。此法使用的流动相中含有盐溶液，因此，每次工作结束后，应先用水-甲醇（90：10）冲洗，然后用纯甲醇冲洗。

（3）根据《食品动物中禁止使用的药品及其他化合物清单（中华人民共和国农业农村部公告　第250号）》规定，禁止使用己烯雌酚，在动物性食品中不得检出。

（4）其他注意事项见项目六中"任务二　动物性食品中盐酸克伦特罗（瘦肉精）残留量的测定"。

【知识拓展】

液相色谱仪的日常操作要求如下。

1. 上机前流动相的处理要求

（1）水　超纯水，用于梯度洗脱的水，应进行二次蒸馏。

（2）有机溶剂　色谱纯。

（3）溶剂过滤和脱气　流动相在使用前必须先用0.45μm孔径的滤膜过滤。常用脱气的方法有：真空脱气和超声波脱气。

2. 上机时操作要求

（1）装有流动相的贮液瓶放置位置要高于泵体，以便保持一定的输液静压差。使用过程中贮液瓶应密闭，以防溶剂蒸发引起流动相组成的改变，防止空气中的O_2、CO_2重新溶解于已脱气的流动相中。

（2）排气　开进样器的"purge"阀，脱气完成后关上"purge"阀。

（3）设置实验所需色谱条件，平衡色谱柱，待基线稳定后开始进样。

3. 关机前操作要求

（1）上机完毕后，用流动相继续清洗仪器至少10倍色谱柱柱体积。

（2）换上水–甲醇溶液，清洗高效液相色谱至少10倍色谱柱柱体积。

（3）长期不使用时，应以纯甲醇饱和色谱柱。

（4）将流速逐步降低至0，然后按照关闭工作站仪器、退出工作站、关电脑、关仪器的顺序关机。

➤ 思考与练习

1. 思考题

液相色谱仪开机注意事项有哪些？

2. 操作练习

熟悉掌握液相色谱仪的基本操作。

◇**任务四** 畜禽肉中土霉素、 四环素、 金霉素残留量的测定

■■■■ **能力目标**

能够根据国家标准准备实验器材，了解液相色谱法测定土霉素、四环素、金霉素的原理、方法及操作流程和注意要点。

■■■■ **课程导入**

土霉素是一种广谱抗菌兽药，对革兰阳性菌、革兰阴性菌、立克次体、滤过性病毒、螺旋体属乃至原虫类都有很好的抑制作用。养殖环节超量使用或未严格执行休药期，可能导致残留量超标。

四环素类抗生素是 20 世纪 40 年代发现的一类广谱抗生素，该类抗生素广泛应用于革兰阳性和革兰阴性细菌、细胞内支原体、衣原体和立克次氏体引起的感染。此外，包括美国在内的一些国家，四环素还被大量用作生长促进剂投喂给动物。

金霉素对革兰阳性菌和革兰阴性菌均有抑制作用，可治疗畜禽的伤寒、白痢等病。同时也可作为促进生长剂，用于猪饲料。用于 10 周龄以下的肉鸡饲料，用量 20~50g/t，停药期 7d；用于 2 月龄以下的猪饲料，用量为 25~75g/t，停药期 7d。

少量的土霉素、四环素、金霉素残留于食物中不会导致急性中毒，但长期食用药物残留超标的食物可使人体中细菌产生耐药性，扰乱人体微生态，可能会引起恶心、呕吐、上腹不适等症状。

在此依据 GB/T 5009. 116—2003《畜、禽肉中土霉素、四环素、金霉素残留量的测定（高效液相色谱法）》介绍高效液相色谱法测定畜禽肉中土霉素、四环素、金霉素残留量。

■■■■ **实 训**

一、 仪器用具

（1）高效液相色谱仪：配紫外检测器。

（2）水浴超声波清洗器。

（3）组织捣碎机。

（4）电动振荡机。

（5）离心机。

（6）酸度计。

（7）真空抽滤装置。

（8）平头微量注射器。

（9）天平：感量为1mg。

（10）0.22μm水性滤膜针头滤器。

二、 实践操作

（一）试剂

（1）乙腈：分析纯。

（2）0.01mol/L磷酸二氢钠溶液：称取1.56g磷酸二氢钠（精确至0.01g），溶于水中，定容至100mL，微孔滤膜过滤，备用。

（3）乙腈+0.01mol/L磷酸二氢钠溶液：乙腈+0.01mol/L磷酸二氢钠溶液（用30%硝酸溶液调节pH2.5），按照35：65的比例混匀，用0.45μm的微孔滤膜过滤后，装入流动相贮液器内，超声波振荡器脱气15~20min。

（4）土霉素标准溶液：准确称取土霉素标准0.0100g（准确至0.0001g），用0.1mol/L盐酸溶液溶解，并定容10.00mL，此溶液每毫升含土霉素1mg。

（5）四环素标准溶液：准确称取四环素标准0.0100g（准确至0.0001g），用0.1mol/L盐酸溶液溶解，并定容10.00mL，此溶液每毫升含四环素1mg。

（6）金霉素标准溶液：准确称取金霉素标准0.0100g（准确至0.0001g），用水溶解，并定容10.00mL，此溶液每毫升含金霉素1mg。

以上标准品按照1000单位/mg计算，标准溶液于4℃冰箱中保存，可使用一周。

（7）混合标准溶液：取土霉素、四环素标准溶液各1.00mL，金霉素标准溶液2.00mL，置于10mL容量瓶，加水至刻度，此溶液每毫升含土霉素、四环素各0.1mg，金霉素0.2mg。临用时现配。

（8）5%高氯酸溶液。

（二）操作步骤

试样经提取、微孔滤膜过滤后直接进样，用反相色谱分离，紫外检测器检测，与标准比较定量，出峰顺序为土霉素、四环素、金霉素。用标准曲线法进行定量。

1. 试样的提取及净化

称取5.00g（精确至0.01g）经过组织捣碎机处理的肉样，置于50mL锥形瓶中，加入5%高氯酸溶液25.0mL，放于振荡器上振荡提取10min，移入离心管中，2000r/min离心3min，取上清液，0.45μm微孔滤膜过滤，备用。

2. 系列标准混合液的制备

称取5.00g（精确至0.01g）经过组织捣碎机处理的肉样7份，分别置于50mL锥形瓶中，分别加入混合标准溶液0，25，50，100，150，200，250μL，分别含土霉素、四环素各为 0，0.25，5.00，10.0，15.0，20.0，25.0μg，分别含金霉素为 0，0.50，10.0，20.0，30.0，40.0，50.0μg，按试样提取净化方法处理备用。

3. 测定

（1）色谱柱的安装和流动相的更换　将色谱柱（ODS-C$_{18}$柱，6.2mm×150mm，5μm）安装在色谱仪上，将流动相更换成乙腈+0.01mol/L 磷酸二氢钠溶液（35：65）。

（2）高效液相色谱仪的开机　打开紫外检测器和高压输液泵的电源开关，分别设置检测器的检测波长为 355nm；灵敏度为 0.002AUFS；设置高压输液泵的流速为 1mL/min；柱箱温度为室温。

按"ON/OFF"键，打开高压泵开关，逆时针旋开排气阀，按"purge"键，排尽管路中气泡及废液 3~5min，再按"purge"键，顺时针旋紧排气阀。

（3）进样分析　打开工作站，设置分析方法和相关信息。

仪器在设定的条件下平衡，基线平稳后，用平头微量注射器分别吸取 10μL 系列标准混合溶液，注入液相色谱仪，以保留时间定性，可测得不同浓度抗生素标准溶液的峰高。以峰高为纵坐标，以各抗生素含量为横坐标，分别绘制标准曲线。同时取 10.00μL 进样，记录峰高，从标准曲线上查出相应含量。

三、结果计算及数据记录

标准曲线法定量，计算得到进样的样液中抗生素的质量 m_1。试样中土霉素、四环素、金霉素的含量如式（6-5）所示计算：

$$X = \frac{m_1 \times 1000}{m_0 \times 1000} \tag{6-5}$$

式中　X——试样中抗生素含量，mg/kg

m_1——试样溶液测得抗生素质量，μg

m_0——试样质量，g

在重复条件下获得的两次独立测定结果绝对差值不超过算术平均值的 10%。

本方法适用于各种畜禽肉中土霉素、四环素、金霉素残留量的测定。检出限为土霉素 0.15mg/kg，四环素 0.20mg/kg，金霉素 0.65mg/kg。

肉品中抗生素含量数据记录表见表 6-7。

表 6-7　　　　　　　　　　肉品中抗生素含量检验报告

样品名称	样品状态
生产日期	检样日期
检测方法	检测依据
色谱柱	检测波长/nm

续表

柱温/℃			进样体积/μL		
标准曲线方程			相关系数 r		
抗生素名称	m_0/g	试样峰面积	m_1/ng	X/（μg/kg）	
土霉素					
四环素					
金霉素					

审核员：　　　　　复核员：　　　　　检验员：

四、 注意事项

（1） 浓高氯酸遇到有机物易爆炸，配置时要小心。

（2） 色谱柱应在要求的 pH 范围和柱温范围下使用，应使用不损坏柱的流动相。此法流动相中的 0.01mol/L 磷酸二氢钠溶液需先调整到 pH＝2.5。

（3） 根据 GB 31650—2019《食品安全国家标准　食品中兽药最大残留限量》规定，土霉素、金霉素和四环素在所有食品动物中最高残留限量要求如下：肌肉 200μg/kg、肝 600μg/kg、肾 1200μg/kg、牛/羊乳 100μg/kg、禽蛋 400μg/kg、鱼/虾肉 200μg/kg；ADI 为 0~30mg/kg 体重。

（4） 其他注意事项见项目六中的"任务二　动物性食品中盐酸克伦特罗（瘦肉精）残留量的测定"。

【知识拓展】

液相色谱仪的维护保养要求如下。

1. 吸滤头

特殊情况下（如遇微生物生长堵塞或杂质）可拆下滤头抽取以判断其中是否堵塞；亦可用注射器吸取流动相，通过吸滤头打出以判断其是否堵塞。若有堵塞情况可用异丙醇浸泡并以超声波清洗；清洗不成功则需要更换。

2. 单向阀

如遇到泵压不稳或流动相不能抽取，则可能是单向阀出现问题，卸下用异丙醇超声波清洗，清洗时须按其安装的方向放置在小烧杯中，切记不可与安装方向倒置超洗。

3. 泵头

泵头漏液或出现其他故障一般要申请维修（如漏液，或更换柱塞杆及其密封垫等）。

4. 过滤器

当色谱峰出现异常情况时，有可能是过滤器被污染，拆下用异丙醇超声波清洗或更换过滤垫片。

5. 排液阀

排液阀不能完全密封或漏液时，一般是其中的垫片污染或磨损，可卸下后取出其垫片，用异丙醇超声波清洗或更换垫圈。

6. 手动进样器

平时应注意用二次蒸馏水和甲醇在装载状态及进样分析状态清洗；如出现漏液现象，原因极可能为转子密封垫磨损或污染，一般需申请维修或更换配件。

7. 流通池

在色谱峰不正常时可能是流通池被污染。可拆卸后取出其中的垫片用异丙醇超声波清洗（可根据说明书进行操作或申请维修）。

8. 工作站

出现死机可重启计算机；不正常运行时，首先可更换电脑测试其硬件故障，或在本机上重新插拔接口、重新安装软件。

9. 泵压不稳

（1）泵头有气泡　流动相脱气/大流量冲洗泵/用注射器抽取流动动相。

（2）单向阀故障　清洗。

若上述操作仍不能解决，可用异丙醇冲洗流动（无色谱柱冲洗，由手动进样器直接进检测器），流量为 3～4mL/min，冲洗 50min 左右，然后重新安装色谱柱，更换流动相平衡，如再不能解决泵压波动故障，可申请更换配件。

流动相含有盐分时，做完实验后一定要进行流路冲洗；首先用水冲洗，打开排液阀用"Purge"阀转换出原有含盐的流动相，然后关闭排液阀打开泵冲洗全部流路 45min 以上，如此更换流动相为水和甲醇混合液冲洗全部流路 30min（此步骤一般可省去，根据实验而论），最后更换纯甲醇冲洗全部流路 45min 以上。

10. 泵头冲洗

用备件中的针头和针管分别用蒸馏水和纯甲醇冲洗 3～5mL。如流动相不含盐，可对机器定期进行简单的冲洗维护，根据实验多少而定。

11. 手动进样器冲洗

同样用备件中的针管和专用冲洗针头对手动进样器的装载状态和进样状态分别进行冲洗 3～4mL 的蒸馏水，再冲洗 3～4mL 的纯甲醇。确保每次做完实验，所有流路中充满纯甲醇。

12. 色谱的保养

C_{18} 柱绝对不能进蛋白质样品、血样和生物样品。要注意柱体的 pH 范围，不得注射强酸强碱样品，特别是碱性样品。长时间不用仪器，应该将柱体取上用堵头封好保存，注意不能用纯水保存柱体，而应该用有机相（如甲醇）保存，因为纯水易长霉。

13. 流路堵塞问题

堵塞导致压力太大，按预柱→混合器中的过滤器→管路过滤器→单向阀顺序检查，并清洗。清洗方法：

（1）以异丙醇作溶剂冲洗。

（2）放在异丙醇中超声波清洗。

（3）用 10% 稀硝酸清洗。

➤ 思考与练习

1. 掌握液相色谱仪的维护保养要求。

2. 测定畜禽肉中四环素的残留量。

◀ **任务五** 动物性食品中氟喹诺酮类药物残留量的测定

▇▇▇ **能力目标**

（1）掌握高效液相色谱法测定动物性食品中氟喹诺酮类药物的原理和方法。

（2）学习使用固相萃取柱。

▇▇▇ **课程导入**

近年来兽药常用的氟喹诺酮类药物有恩诺沙星、环丙沙星、达氟沙星、依诺沙星等。它们具有如下特点：① 抗菌谱广，抗菌活性强，对许多耐药菌株具有良好抗菌作用。② 耐药发生率低。③ 体内分布广，组织浓度高，可达有效抑菌或杀菌浓度。④半衰期较长，用药次数少，使用方便。⑤ 为全化学合成药，价格比疗效相当的抗生素低廉，性能稳定，不良反应较少。因而本类药成为化学合成抗感染药物中发展最为迅速的，治疗人和动物细菌感染性疾病的主要药物。随着氟喹诺酮类药物的广泛应用，细菌耐药和不良反应也相继发生。在动物实验中，所有氟喹诺酮类都可以引起未成年动物关节组织中软骨损伤。因能较好透过血脑屏障，进入脑组织而对中枢神经系统产生毒性作用，轻者失眠、头晕、头痛，重者可诱发惊厥。具有肝肾毒性和血液系统毒性。

若该药在动物源食品中残留而被人长期食用，可能会加速人类病原体对抗生素的耐药性。长期摄入氟喹诺酮类药物超标的动物性食品，可引起轻度胃肠道刺激或不适以及头痛、头晕、睡眠不良等症状，大剂量或长期摄入还可能引起肝损害。

在此依据原中华人民共和国国家标准《农业部 1025 号公告—14—2008 动物性食品中氟喹诺酮类药物残留检测　高效液相色谱法》介绍高效液相色谱法测定畜

禽肉中氟喹诺酮的残留量。

实　训

一、仪器用具

（1）高效液相色谱仪（HPLC）：配荧光检测器。

（2）小型绞肉机。

（3）电子天平：感量 0.00001g。

（4）托盘天平。

（5）旋涡混合器。

（6）离心机。

（7）离心管：50mL。

（8）匀浆杯：30mL。

（9）酸度计。

（10）固相萃取装置：固相萃取柱。

（11）微孔滤膜：0.22μm。

（12）液相色谱样品瓶。

（13）一次性注射器。

二、实践操作

（一）试剂

除非另有说明，本任务所用试剂均为分析纯。

（1）水：符合 GB/T 6682—2008 规定的二级水。

（2）磷酸。

（3）氢氧化钠。

（4）乙腈：色谱纯。

（5）甲醇。

（6）三乙胺。

（7）磷酸二氢钾。

（8）5.0mol/L 氢氧化钠溶液：取氢氧化钠饱和液 28mL，加水稀释至 100mL。

（9）0.03mol/L 氢氧化钠溶液：取 5.0 mol/L 氢氧化钠液 0.6mL，加水稀释至 100mL。

（10）0.05mol/L 磷酸/三乙胺溶液：取浓磷酸 3.4mL，用水稀释至 1000mL。用三乙胺调 pH 至 2.4。

（11）磷酸盐缓冲溶液（用于肌肉、脂肪组织）：取磷酸二氢钾 6.8g，加水使溶解并稀释至 500mL，用 5.0mol/L 氢氧化钠溶液调节 pH 至 7.0。

（12）磷酸盐溶液（用于肝脏、肾脏组织）：取磷酸二氢钾 6.8g，加水溶解并稀释至 500mL，pH 为 4.0~5.0。

（13）0.05 mol/L 磷酸溶液/三乙胺-乙腈（82+18）：取 0.05mol/L 磷酸/三乙胺溶液 82mL、乙腈 18mL，混合均匀，经微孔滤膜过滤，装入流动相贮液器内，超声波振荡器脱气 15~20min。

（14）标准品：达氟沙星、恩诺沙星、环丙沙星、沙拉沙星纯度均≥99.0%。

（15）达氟沙星、恩诺沙星、环丙沙星和沙拉沙星标准贮备液：分别取达氟沙星对照品约 10mg，恩诺沙星、环丙沙星和沙拉沙星对照品各约 50mg，精密称定，用 0.03mol/L 氢氧化钠溶液溶解并稀释成浓度为 0.2mg/mL（达氟沙星）和 1mg/mL（恩诺沙星、环丙沙星、沙拉沙星）的标准贮备液。置于 2~8℃冰箱中保存，有效期为 3 个月。

（16）达氟沙星、恩诺沙星、环丙沙星和沙拉沙星标准溶液：准确量取适量标准贮备液用乙腈稀释成适宜浓度的达氟沙星、恩诺沙星、环丙沙星和沙拉沙星标准溶液。置于 2~8℃冰箱中保存，有效期为 1 周。

（二）操作步骤

用磷酸盐缓冲溶液提取试料中的药物，C_{18}柱净化，流动相洗脱。以磷酸-乙腈为流动相，用高效液相色谱-荧光检测法测定，外标法定量。

1. 试样的制备

取绞碎后的供试样品，作为供试试样；取绞碎后的空白样品，作为空白试样；取绞碎后空白样品，添加适宜浓度的对照溶液，作为空白添加试样。

2. 提取

取 2.00g±0.05g 试样，置于 30mL 匀浆杯中，加磷酸盐缓冲液 10.0mL，10000r/min 匀浆 1min。匀浆液转入离心管中，中速振荡 5min，离心（肌肉、脂肪 10000r/min 5min；肝、肾 15000r/min 10min），取上清液，待用。用磷酸盐缓冲溶液 10.0mL 洗刀头及匀浆杯，转入离心管，洗残渣，混匀，中速振荡 5min，离心（肌肉、脂肪 10000r/min 5min；肝、肾 15000/min 10min）。合并两次上清液，混匀，备用。

3. 净化

固相萃取柱先依次用甲醇、磷酸盐缓冲溶液各 2mL 预洗。取上清液 5.0mL 过柱，用水 1mL 淋洗，挤干。用流动相 1.0mL 洗脱，挤干，收集洗脱液。经滤膜过滤后作为试样溶液，供高效液相色谱法测定。

4. 系列标准溶液的制备

准确量取适量达氟沙星、恩诺沙星、环丙沙星和沙拉沙星标准溶液，用流动相稀释成浓度分别为 0.005，0.01，0.05，0.1，0.3，0.5μg/mL 的对照溶液，供高效液相色谱分析。

5. 测定

（1）色谱柱的安装和流动相的更换　将色谱柱（C_{18}柱，250mm×4.6mm，5μm 或相当者）安装在色谱仪上，将流动相更换成 0.05mol/L 磷酸溶液/三乙胺－乙腈 （82+18）。

（2）开机　打开荧光检测器和高压输液泵的电源开关，分别设置检测器的激 发波长为280nm；发射波长为450nm；设置高压输液泵的流速为 0.8mL/min；柱箱 温度为室温。

按"ON/OFF"键，打开高压泵开关，逆时针旋开排气阀，按"purge"键， 排尽管路中气泡及废液 3~5min，再按"purge"键，顺时针旋紧排气阀。

（3）进样分析　打开工作站，设置分析方法和相关信息。

仪器在设定的条件下平 衡，基线平稳后，用平头微量 注射器吸取 20μL 标准对照溶 液和试样溶液，注入液相色谱 仪，以保留时间定性，做单点 或多点校准，按外标法以峰面 积计算。可测得对照溶液及试 样溶液中达氟沙星、恩诺沙 星、环丙沙星和沙拉沙星响应 值。空白实验除不加试样外， 采用完全相同的测定步骤进行 平行操作。在上述色谱条件 下，对照溶液的高效液相色谱 图，见图6-3。

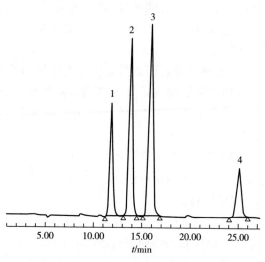

图 6-3　氟喹诺酮类药物对照溶液色谱图

1—环丙沙星　2—达氟沙星　3—恩诺沙星　4—沙拉沙星

三、 结果计算及数据记录

计算试样中达氟沙星、恩诺沙星、环丙沙星或沙拉沙星的残留量见式（6-6）：

$$X = \frac{A \times \rho_S \times V_1 \times V_3}{A_S \times V_2 \times m} \tag{6-6}$$

式中　X——试样中达氟沙星、恩诺沙星、环丙沙星或沙拉沙星的残留量，ng/g

A——试样溶液中相应药物的峰面积

A_S——对照溶液中相应药物的峰面积

ρ_S——对照溶液中相应药物的质量浓度，ng/mL

V_1——提取磷酸盐缓冲液的总体积，mL

V_2——过 C_{18} 固相萃取柱所用备用液体积，mL

V_3——洗脱用流动相体积，mL

m——供试试样的质量，g

计算结果需扣除空白值，测定结果用平行测定的算术平均值表示，保留三位有效数字。达氟沙星、恩诺沙星、环丙沙星和沙拉沙星在鸡和猪的肌肉、脂肪、肝脏及肾脏组织中的检测限为 20μg/kg。本方法在 20~500μg/kg 添加浓度的回收率为 60%~100%。

畜禽肉中氟喹诺酮类药物残留量数据记录表见表 6-8。

表 6-8　　　　　　　　畜禽肉中氟喹诺酮类药物残留量检验报告

样品名称				样品状态		
生产日期				检样日期		
检测方法				检测依据		
色谱柱				检测波长/nm		
进样体积/μL				柱温/℃		
药物名称	m/g	A	A_S	$C_S/$（ng/mL）		$X/$（ng/g）
达氟沙星						
恩诺沙星						
环丙沙星						
沙拉沙星						
审核员：		复核员：			检验员：	

四、注意事项

（1）使用固相萃取柱对试样进行净化处理时，需注意活化、平衡、上样、清洗时的样液滴速，最大程度保障数据检测的准确性。

（2）计算结果注意减去空白值，并保留三位有效数字，注意计算结果的修约。

（3）其他注意事项见项目六中的"任务二　动物性食品中盐酸克伦特罗（瘦肉精）残留量的测定"。

【知识拓展】

根据 GB 31650—2019《食品中兽药最大残留限量》规定，畜禽肉中主要检测的氟喹诺酮类药物名称、检测动物种类、靶组织及残留限量标准参考表 6-9。

表 6-9 畜禽肉中氟喹诺酮类药物残留限量

残留药物名	动物种类	靶组织	残留限量/（mg/kg）
达氟沙星	牛、羊、家禽	肌肉	0.2
		脂肪	0.1
		肝、肾	0.4
	其他动物	肌肉	0.1
		脂肪	0.05
		肝、肾	0.2
恩诺沙星 + 环丙沙星*	牛、羊、猪、兔、禽	肌肉、脂肪	0.1
	牛、羊	肝	0.3
	猪、兔、禽	肾	0.2
		肝	0.2
		肾	0.3
沙拉沙星	鸡、火鸡	肌肉	0.01
		脂肪	0.02
		肝、肾	0.08

注：*以恩诺沙星+环丙沙星之和计为药物残留量。

➤ 思考与练习

固相萃取装置使用的注意事项有哪些？

◆ **任务六** 畜禽肉中有机磷农药残留量的测定

■■■ **能力目标**

（1）了解气相色谱仪的工作原理及工作条件的选择方法。
（2）掌握气相色谱法测定动物性食品中有机磷农药的原理和方法。
（3）学习使用气相色谱仪，学会识别色谱图。

■■■ **课程导入**

在此依据 GB/T 5009.161—2003 介绍气相色谱法测定畜禽肉中有机磷农药的残留量。

■■■ **实 训**

一、仪器用具

（1）气相色谱仪：具火焰光度检测器和毛细管色谱柱。

（2）旋转蒸发器。

（3）凝胶净化柱：长30cm，内径2.5cm具活塞玻璃层析柱，柱底垫少许玻璃棉。用洗脱液乙酸乙酯–环己烷（1+1）浸泡的凝胶以湿法装入柱中，柱床高约26cm，胶床始终保持在洗脱液中。

二、 实践操作

（一）试剂

（1）丙酮：重蒸。

（2）二氯甲烷：重蒸。

（3）乙酸乙酯：重蒸。

（4）环己烷：重蒸。

（5）氯化钠。

（6）无水硫酸钠。

（7）凝胶：Bio-Beads S-X$_3$ 200～400目。

（8）有机磷农药标准品：纯度均≥99%。

（9）单体有机磷农药标准贮备液：准确称取各有机磷农药标准品0.0100g，分别置于25mL容量瓶中，用乙酸乙酯溶解，定容（浓度各为400μg/mL）。

（10）混合有机磷农药标准应用液：测定前，量取不同体积的各单体有机磷农药贮备液于10mL容量瓶中，用氮气吹尽溶剂，用经提取、净化处理的鲜牛乳提取液稀释、定容，此混合标准应用液中各有机磷农药浓度为：甲胺磷16μg/mL、敌敌畏80μg/mL、乙酰甲胺磷24μg/mL、久效磷80μg/mL、乐果16μg/mL、乙拌磷24μg/mL、甲基对硫磷16μg/mL、杀螟硫磷16μg/mL、甲基嘧啶磷16μg/mL、马拉硫磷16μg/mL、倍硫磷24μg/mL、乙基对硫磷16μg/mL、乙硫磷8μg/mL。

（二）操作步骤

试样经提取、净化和浓缩、定容，用毛细管柱气相色谱分离，火焰光度检测器检测，以保留时间定性，外标法定量。

1. 试样制备

肉品去筋后，切成小块，制成肉糜。

2. 提取与分配

称取肉类试样20g（精确至0.01g）于250mL具塞锥形瓶中，加水6mL（视试样水分含量加水，使总量约20g。通常鲜肉水分含量约70%，加水6mL即可），加40mL丙酮，于振荡器上振摇30min，加氯化钠6g，充分摇匀，再加30mL二氯甲烷，振摇30min。取35mL上清液，经无水硫酸钠滤于旋转蒸发瓶中，浓缩至约1mL，加2mL乙酸乙酯–环己烷（1+1）溶液再浓缩，如此重复3次，浓缩至1mL。

3. 净化

将此浓缩液经凝胶柱，以乙酸乙酯–环己烷（1+1）溶液洗脱，弃去 0~35mL 流分，收集 35~70mL 流分。将其旋转蒸发浓缩至约 1mL，再经凝胶柱净化收集 35~70mL 流分，旋转蒸发浓缩，用氮气吹至约 1mL，以乙酸乙酯定容至 1mL，留待 GC 分析。

4. 测定

（1）色谱柱的安装　色谱柱涂以 SE-54，0.25μm，30cm×0.32mm（内径）石英弹性毛细管柱。

（2）开机　打开载气钢瓶总阀，调节输出压力。打开载气净化器开关，调节载气合适的柱前压，打开气相色谱仪电源开关。

设置柱温（程序升温）：60℃（1min）$\xrightarrow{40℃/min}$ 110℃ $\xrightarrow{5℃/min}$ 235℃ $\xrightarrow{40℃/min}$ 265℃

进样口温度270℃。检测器为火焰光度检测器（FPD-P）。载气为氮气（N_2），流速：1mL/min；尾吹：50mL/min；氢气：50L/min；空气：500mL/min。

（3）进样分析　仪器在设定的条件下平衡，基线平稳后，分别量取 1μL 混合标准溶液及试样净化液注入气相色谱仪中，以保留时间定性，以试样和标准溶液的峰高或峰面积比较定量，见图 6-4。

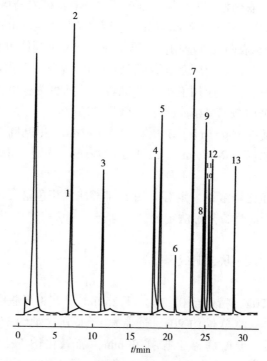

图 6-4　13 种有机磷农药色谱图

1—甲胺磷　2—敌敌畏　3—乙酰甲胺磷　4—久效磷　5—乐果　6—乙拌磷　7—甲基对硫磷
8—杀螟硫磷　9—甲基嘧啶磷　10—马拉硫磷　11—倍硫磷　12—乙基对硫磷　13—乙硫磷

三、 结果计算及数据记录

试样中各农药含量如式（6-7）所示进行计算：

$$X = \frac{m_1 \times V_2 \times 1000}{m \times V_1 \times 1000} \tag{6-7}$$

式中　X——试样中各农药的含量，mg/kg

m_1——被测样液中各农药的含量，ng

m——试样质量，g

V_2——样液最后定容体积，mL

V_1——样液进样体积，μL

计算结果保留两位有效数字。在重复条件下获得的两次独立测定结果的绝对差值不得超过算术平均值的15%。

各种农药检出限为：甲胺磷 5.7μg/kg；敌敌畏 3.5μg/kg；乙酰甲胺磷 10.0μg/kg；久效磷 12.0μg/kg；乐果 2.6μg/kg；乙拌磷 1.2μg/kg；甲基对硫磷 2.6μg/kg；杀螟硫磷 2.9μg/kg；甲基嘧啶磷 2.5μg/kg；马拉硫磷 2.8μg/kg；倍硫磷 2.1μg/kg；乙基对硫磷 2.6μg/kg；乙硫磷 1.7μg/kg。

畜禽肉中有机磷农药残留量检验数据表见表6-10。

表 6-10　　　　　　　畜禽肉中有机磷农药残留量检验报告

样品名称		样品状态		
生产日期		检样日期		
检测方法		检测依据		
农药名称	m/g	试样峰面积	m_1/ng	X/（mg/kg）
甲胺磷				
敌敌畏				
乙酰甲胺磷				
久效磷				
乐果				
乙拌磷				
甲基对硫磷				
杀螟硫磷				
甲基嘧啶磷				
马拉硫磷				
倍硫磷				
乙基对硫磷				
乙硫磷				

审核员：　　　　　　复核员：　　　　　　　　检验员：

四、 注意事项

（1）乙酸乙酯易燃易爆、易挥发，具有刺激性、致敏性；二氯甲烷是有刺激性气味的致癌物；正己烷易燃易爆，有麻醉和刺激作用，长期接触可致周围神经炎；丙酮主要是对中枢神经系统的抑制、麻醉作用，预处理操作需在通风橱内进行，应避免明火，避免吸入，避免与皮肤接触。实验过程中应佩戴手套和护目镜。

（2）实验中用到的所有玻璃器皿使用前都必须用适量丙酮淋洗，以去除可能存在的杂质，避免引入杂质，干扰检测结果。

（3）熟悉气相色谱仪的使用规程，使用前由老师示范操作。开机前，需要先检查管路接口气密性，开机前先通入载气 10min 以上，关机时保证柱箱温度下降到50℃左右。

（4）微量注射器用丙酮、乙醇等溶剂清洗 15 次以上，用待测溶液润洗 15 次以上。缓慢吸取一定量待测样液，然后快速推出，如此反复操作几次，一般可以排除微量注射器中的气泡。

（5）进样要求稳当、连贯、迅速、进针位置及速度、针尖停留和拔出速度都会影响进样的重现性。

（6）实验产生的液体废液必须作为危险废弃物进行处理。

（7）本实验涉及农药标准品较多，消耗品较贵，宜在检测机构实习时完成。

（8）气相色谱分析食品中的有机磷农药时，常用的检测器是火焰光度检测器（FPD），还可用氮磷检测器（NPD）。

（9）根据动物性食品中兽药最高残留限量（原中华人民共和国农业部 2002 年235 号公告）规定，畜禽肉中主要检测的有机磷农药名称、检测动物种类、靶组织及残留限量标准参考表6-11。

表 6-11　　　　　　　　　　畜禽肉中有机磷农药限量参考

药物名	动物种类	靶组织	残留限量/（mg/kg）
倍硫磷	牛、猪、禽	肌肉、脂肪、副产品	0.1
	牛、羊、马	肌肉、脂肪、副产品	0.02
敌敌畏	猪	肌肉、脂肪	0.1
		副产品	0.2
	鸡	肌肉、脂肪、副产品	0.05
马拉硫磷	牛、羊、猪、马、禽	肌肉、脂肪、副产品	4

【知识拓展】

一、 气相色谱仪的分析流程

(一) 气相色谱仪的分析流程

(1) 由高压载气钢瓶（或气体发生器）供给，用来载送试样而不与待测组分作用的惰性气体，如 N_2 或 H_2 等，经减压阀减压后进入净化器，以除去载气中的杂质和水分，再由稳压阀和针形阀分别控制载气压力（由压力表指示）和流量（由流量计指示），然后通过汽化室进入色谱柱。

(2) 待载气流量、汽化室、色谱柱、检测器的温度以及记录仪的基线稳定后，试样可由进样器进入汽化室，则液体试样立即汽化为气体并被载气带入色谱柱。

(3) 由于色谱柱中的固定相对试样中不同组分的吸附能力或溶解能力是不同的，因此有的组分流出色谱柱的速度较快，有的组分流出色谱柱的速度较慢，从而使试样中各种组分彼此分离而先后流出色谱柱，然后进入检测器。

(4) 检测器将混合气体中组分的浓度（mg/mL）或质量流量（g/s）转变成可测量的电信号，并经放大器放大后，通过记录仪即可得到其色谱图。

二、 气相色谱仪的基本组成

气相色谱仪的型号种类繁多，但它们的基本结构是一致的。它们都由气路系统、进样系统、分离系统、检测系统、数据处理系统和温度控制系统六大部分组成。

1. 气路系统

气相色谱仪中的气路是一个载气连续运行的密闭管路系统，其作用是提供连续运行且具有稳定流速与流量的载气与其他辅助气体。主要由钢瓶、减压阀、净化器、稳压阀、稳流阀等部件组成。

2. 进样系统

进样系统的作用是将样品定量引入色谱系统，并使样品有效地汽化，然后用载气将样品快速"扫入"色谱柱。主要包括进样器和汽化室。

3. 分离系统

分离系统主要由柱箱和色谱柱组成，其中色谱柱是核心，主要作用是将多组分样品分离为单一组分的样品。

4. 检测系统

检测系统的作用是将经色谱柱分离后顺序流出的化学组分的信息转变为便于

记录的电信号，然后对被分离物质的组成和含量进行鉴定和测量，是色谱仪的"眼睛"。主要有 FID 检测器与 TCD 检测器。

5. 数据处理系统

数据处理系统最基本的功能是将检测器输出的模拟信号随时间的变化曲线，即将色谱图，绘制出来。

6. 温度控制系统

在气相色谱测定中，对色谱柱、汽化室与检测器的温度进行控制是重要的指标，它直接影响柱的分离效能、检测器的灵敏度和稳定性。

➢ 思考与练习

如何测定畜禽肉中有机磷农药多组分残留量。

任务七　畜禽肉中有机氯农药和拟除虫菊酯类农药多组分残留量的测定

■■■■ 能力目标

（1）了解气相色谱仪的工作原理。
（2）掌握气相色谱法测定原理、方法的操作流程和注意要点。
（3）了解气相色谱仪工作条件的选择方法。

■■■■ 课程导入

有机氯农药是用于防治植物病、虫害的物质成分中含有有机氯元素的有机化合物。氯苯结构较稳定，生物体内酶难以降解，所以积存在动植物体内的有机氯农药分子消失缓慢。由于这一特性，通过生物富集和食物链的作用，环境中的残留农药会进一步富集和扩散。通过食物链进入人体的有机氯农药能在肝、肾、心脏等组织中蓄积，特别是由于这类农药脂溶性大，所以在体内脂肪中的蓄积更突出。蓄积的残留农药也能通过母乳排出，或转入卵、蛋等组织，影响后代。我国于 20 世纪 60 年代已开始禁止将滴滴涕、六六六用于蔬菜、茶叶、烟草等作物上。

有机氯农药对人的急性毒性主要是刺激神经中枢，慢性中毒表现为食欲不振、体重减轻，有时也可产生小脑失调、造血器官障碍等。文献报道，有的有机氯农药对实验动物有致癌性。而拟除虫菊酯类农药引起的中毒比有机磷农药中毒急，且更易发生呼吸和循环衰竭。农药在畜禽肉中的残留多来自生物链的富集积累，从食品安全角度，检测其含量尤为重要。

对动物性食品中有机氯农药和拟除虫菊酯类农药多组分残留量的测定，GB/T 5009.162—2008 规定了两种方法：气相色谱-质谱法（GC-MS）、气相色谱-电子捕获检测器法（GC-ECD）。本任务采用气相色谱-电子捕获检测器法（第二法）。

本法适用于肉类、蛋类及乳类动物性食品中六六六、滴滴涕、五氯硝基苯、七氯、环氧七氯、艾氏剂、狄氏剂、除螨酯、杀螨酯、胺菊酯、氯菊酯、氯氰菊酯、α-氰戊菊酯、溴氰菊酯等20种常用有机氯农药和拟除虫菊酯农药残留量的分析。

实 训

一、仪器用具

（1）气相色谱仪：具电子捕获检测器和毛细管柱。

（2）旋转蒸发仪。

（3）凝胶净化柱：长30.0cm，内径2.5cm具塞玻璃色谱柱，柱底垫少许玻璃棉。用洗脱液乙酸乙酯-环己烷（1+1）浸泡的凝胶以湿法装入柱中，柱床高约26cm，凝胶始终保持在洗脱液中。

（4）组织捣碎机。

（5）电动振荡器。

（6）天平。

（7）微量注射器。

二、实践操作

（一）试剂

（1）丙酮：重蒸。

（2）二氯甲烷：重蒸。

（3）乙酸乙酯：重蒸。

（4）环己烷：重蒸。

（5）正己烷：重蒸。

（6）石油醚：沸程30~60℃，分析纯，重蒸。

（7）氯化钠。

（8）无水硫酸钠。

（9）凝胶 Bio-Beads S-X$_3$：200~400目。

（10）农药标准品：α-六六六、β-六六六、γ-六六六、δ-六六六、p,p'-滴滴涕、o,p'-滴滴涕、p,p'-滴滴伊、p,p'-滴滴滴、五氯硝基苯、七氯、环氧七氯、艾氏剂、狄氏剂、除螨酯、杀螨酯、胺菊酯、氯菊酯、氯氰菊酯、α-氰戊菊酯、溴氰菊酯纯度均≥99%。

（11）标准溶液的配制：分别准确称取各农药标准品，用少量苯溶解，再以正己烷稀释成一定浓度的贮备液。根据各农药在仪器上的响应情况，以正己烷配制混合标准应用液。

（二）操作步骤

试样经提取、净化、浓缩、定容，用毛细管柱气相色谱分离，电子捕获检测器检测，以保留时间定性，外标法定量。

1. 试样制备

肉品去筋后，切成小块，制成肉糜。

2. 提取与分配

称取肉类试样20g（精确至0.01g）于250mL具塞锥形瓶中，加水6mL（视试样水分含量加水，使总量约20g。通常鲜肉水分含量约70%，加水6mL即可），加40mL丙酮，于振荡器上振摇30min，加氯化钠6g，充分摇匀，再加30mL石油醚，振摇30min。取35mL上清液，经无水硫酸钠滤于旋转蒸发瓶中，浓缩至约1mL，加2mL乙酸乙酯-环己烷（1+1）溶液再浓缩，如此重复3次，浓缩至1mL。

3. 净化

将此浓缩液经凝胶柱，以乙酸乙酯-环己烷（1+1）溶液洗脱，弃去0~35mL流分，收集35~70mL流分。将其旋转蒸发浓缩至约1mL，再经凝胶柱净化收集35~70mL流分，蒸发浓缩，用氮气吹除溶剂，以石油醚定容至1mL，留待GC分析。

4. 测定

（1）色谱柱的安装　色谱柱为涂以OV-101，0.25μm，30cm×0.32mm（内径）石英弹性毛细管柱。

（2）开机　打开载气钢瓶总阀，调节输出压力。打开载气净化器开关，调节载气合适的柱前压，打开气相色谱仪电源开关。

设置柱温（程序升温）：$60℃(1min) \xrightarrow{40℃/min} 170℃ \xrightarrow{2℃/min} 235℃ \xrightarrow{40℃/min} 280℃(10min)$

进样口温度270℃。检测器为电子捕获检测器（ECD）。载气为氮气（N_2），流速：1mL/min；尾吹：50mL/min。

（3）进样分析　仪器在设定的条件下平衡，基线平稳后，分别量取1μL混合标准溶液及试样净化液注入气相色谱仪中，以保留时间定性，以试样和标准溶液的峰高或峰面积比较定量，见图6-5。

三、结果计算及数据记录

样品中各农药含量如式（6-8）所示进行计算：

$$X = \frac{m_1 \times V_2 \times 1000}{m \times V_1 \times 1000} \tag{6-8}$$

式中　X——样品中各农药的含量，mg/kg

m_1——被测样液中各农药的含量，ng

V_2——样液最后定容体积，mL

m——试样质量，g

V_1——样液进样体积，μL

计算结果保留两位有效数字。在重复条件下获得的两次独立测定结果的绝对差值不得超过算术平均值的15%。

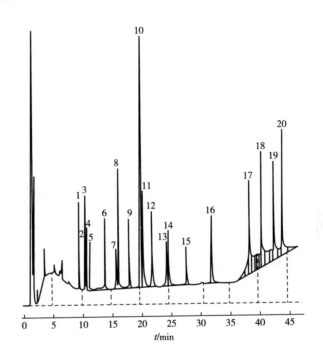

图6-5　有机氯农药和拟除虫菊酯类农药色谱图

1—α-六六六　2—β-六六六　3—γ-六六六　4—五氯硝基苯　5—δ-六六六　6—七氯　7—艾氏剂
8—除螨酯　9—环氧七氯　10—杀螨酯　11—狄氏剂　12—p, p'-滴滴伊　13—p, p'-滴滴滴　14—o, p'-滴滴涕　15—p, p'-滴滴涕　16—胺菊酯　17—氯菊酯　18—氯氰菊酯　19—α-氰戊菊酯　20—溴氰菊酯

畜禽肉中有机氯农药和拟除虫菊酯类农药多组分残留量数据记录表见表6-12。

表6-12　畜禽肉中有机氯农药和拟除虫菊酯类农药多组分残留量检验报告

样品名称	样品状态
生产日期	检样日期
测试条件	
检测方法	检测依据

续表

农药名称	m/g	试样峰面积	m_1/ng	X/（mg/kg）
α-六六六				
β-六六六				
γ-六六六				
五氯硝基苯				
δ-六六六				
七氯				
艾氏剂				
除螨酯				
环氧七氯				
杀螨酯				
狄氏剂				
p，p'-滴滴伊				
p，p'-滴滴滴				
o，p'-滴滴涕				
p，p'-滴滴涕				
胺菊酯				
氯菊酯				
氯氰菊酯				
α-氰戊菊酯				
溴氰菊酯				

审核员：　　　　　　　　复核员：　　　　　　　　检验员：

四、注意事项

（1）乙酸乙酯易燃易爆、易挥发，具刺激性、致敏性；石油醚极度易燃，可引起周围神经炎，对皮肤有强烈刺激性；正己烷易燃易爆，有麻醉和刺激作用，长期接触可致周围神经炎；丙酮主要是对中枢神经系统有抑制、麻醉作用，预处理操作需在通风橱内进行，应避免明火，避免吸入，避免与皮肤接触。实验过程中应佩戴手套和护目镜。

（2）其他注意事项见项目六中的"任务六"　畜禽肉中有机磷农药残留量的测定。

（3）根据 GB 2763—2019《食品安全国家标准　食品中农药最大限量》《动物

性食品中兽药最高残留限量（农业部 2002 年 235 号公告）》的规定，畜禽肉品中主要检测的有机氯农药和拟除虫菊酯类农药名称、检测动物种类、靶组织及残留限量标准见表 6-13。

表 6-13　畜禽肉中有机氯农药物和拟除虫菊酯类农药残留限量标准

药物名	动物种类		残留限量/（mg/kg）
六六六①	牛、马、羊、猪	脂肪含量<10%	0.1（以原样计）
		脂肪含量≥10%	1（以脂肪计）
滴滴涕②	牛、马、羊、猪	脂肪含量<10%	0.2（以原样计）
		脂肪含量≥10%	2（以脂肪计）
五氯硝基苯	禽肉类		0.1
	禽类内脏		0.1
七氯+环氧七氯③	牛、马、羊、猪、禽肉类		0.2
艾氏剂	牛、马、羊、猪、禽肉类		0.2（以脂肪计）
狄氏剂	牛、马、羊、猪、禽肉类		0.2（以脂肪计）
氰戊菊酯	牛、羊、猪	肌肉及脂肪	1
		副产品	0.02
溴氰菊酯	牛、羊	肌肉	0.03
		脂肪	0.5
		肝、肾	0.05
	鸡	肌肉	0.03
		皮+脂肪	0.5
		肝、肾	0.05

注：①α-六六六、β-六六六、γ-六六六和δ-六六六之和为六六六的残留物；
　　②p,p'-滴滴涕、o,p'-滴滴涕、p,p'-滴滴伊和p,p'-滴滴滴之和为滴滴涕的残留物；
　　③七氯与环氧七氯之和为七氯残留物。

➢ 思考与练习

测定有机氯农药和拟除虫菊酯类农药多组分残留量。

◁ **任务八**　畜禽肉中汞含量的测定

▓▓▓ **能力目标**

（1）了解原子荧光光谱仪的工作原理及工作条件的选择方法。

（2）掌握原子荧光光谱法测定动物性食品中汞含量的原理和方法。

（3）学习使用原子荧光光谱仪。

课程导入

汞主要在动物体内蓄积，工厂排放含汞的废水而致水体污染，湖泊、沼泽等的水生植物、水产品也易于积蓄大量的汞，通过食物链的传递在人体内积蓄。汞积蓄于体内最多的部位为骨骼、肾、肝、脑、肺、心脏等，汞化合物会与蛋白质形成疏松的蛋白质化合物，对组织有腐蚀作用。

对动物性食品中汞的测定，GB 5009.17—2014《食品安全国家标准 食品中总汞及有机汞的测定》规定了两种方法：原子荧光光谱分析法、冷原子吸收光谱法。

本任务依据 GB 5009.17—2014 第一法采用原子荧光光谱分析法。

实 训

一、仪器用具

（1）原子荧光光谱仪。

（2）天平：感量为 0.1mg 和 1mg。

（3）微波消解系统。

（4）压力消解器。

（5）恒温干燥箱（50～300℃）。

（6）控温电热板（50～200℃）。

（7）超声波水浴箱。

二、实践操作

（一）试剂

除非另有说明，本任务所用试剂均为优级纯。

（1）水：GB/T 6682—2008 规定的一级水。

（2）硝酸（HNO_3）。

（3）过氧化氢（H_2O_2）。

（4）硫酸（H_2SO_4）。

（5）氢氧化钾（KOH）。

（6）硼氢化钾（KBH_4）：分析纯。

（7）硝酸溶液（1+9）：量取 50mL 硝酸，缓缓加入 450mL 水中。

（8）硝酸溶液（5+95）：量取 5mL 硝酸，缓缓加入 95mL 水中。

（9）氢氧化钾溶液（5g/L）：称取5.0g氢氧化钾，纯水溶解并定容至1000mL，混匀。

（10）硼氢化钾溶液（5g/L）：称取5.0g硼氢化钾，用5g/L的氢氧化钾溶液溶解并定容至1000mL，混匀。现用现配。

（11）重铬酸钾的硝酸溶液（0.5g/L）：称取0.05g重铬酸钾溶于100mL硝酸溶液（5+95）中。

（12）硝酸-高氯酸混合溶液（5+1）：量取500mL硝酸、100mL高氯酸，混匀。

（13）氯化汞（$HgCl_2$）：纯度≥99%。

（14）汞标准贮备液（1.00mg/mL）：准确称取0.1354g经干燥过的氯化汞，用重铬酸钾的硝酸溶液（0.5g/L）溶解并转移至100mL容量瓶中，稀释至刻度，混匀。此溶液浓度为1.00mg/mL。于4℃冰箱中避光保存，可保存2年。或购买经国家认证并授予标准物质证书的标准溶液物质。

（15）汞标准中间液（10μg/mL）：吸取1.00mL汞标准贮备液（1.00mg/mL）于100mL容量瓶中，用重铬酸钾的硝酸溶液（0.5g/L）稀释至刻度，混匀，此溶液浓度为10μg/mL，于4℃冰箱中避光保存，可保存2年。

（16）汞标准使用液（50ng/mL）：吸取0.50mL汞标准中间液（10μg/mL）于100mL容量瓶中，用0.5g/L重铬酸钾的硝酸溶液稀释至刻度，混匀，此溶液浓度为50ng/mL，现用现配。

（二）操作步骤

试样经酸加热消解后，在酸性介质中，试样中汞被硼氢化钾或硼氢化钠还原成原子态汞，由载气（氢气）带入原子化器中，在汞空心阴极灯照射下，基态汞原子被激发至高能态，在由高能态回到基态时，发射出特征波长的荧光，其荧光强度与汞含量成正比，与系列标准溶液比较定量。

1. 试样预处理

（1）在采样和制备过程中，应注意不使试样污染。

（2）肉类新鲜样品，洗净晾干，取可食部分匀浆，装入洁净聚乙烯瓶中，密封，于4℃冰箱冷藏备用。

2. 试样消解

（1）压力罐消解法 称取样品0.5~2.0g（精确到0.001g），置于消解内罐中，加入5mL硝酸浸泡过夜。盖好内盖，旋紧不锈钢外套，放入恒温干燥箱，于140~160℃保持4~5h，在箱内自然冷却至室温，然后缓慢旋松不锈钢外套，将消解内罐取出，用少量水冲洗内盖，放在控温电热板上或超声波水浴箱中，于80℃或超声波脱气2~5min赶去棕色气体。取出消解内罐，将消化液转移至25mL容量瓶中，用少量水分3次洗涤内罐，洗涤液合并于容量瓶中并定容至刻度，混匀备用。同时做空白实验。

（2）微波消解法　称取新鲜样品 0.2~0.8g 于消解罐中，加入 5~8mL 硝酸，加盖放置过夜，旋紧罐盖，按照微波消解仪的标准操作步骤进行消解，消解参考条件见表 6-14。

表 6-14　　　　　　　肉类试样微波消解参考条件

步骤	功率（1600W）变化/%	温度/℃	升温时间/min	保温时间/min
1	50	80	30	5
2	80	120	30	7
3	100	160	30	5

冷却后取出，缓慢打开罐盖排气，用少量水冲洗内盖，将消解罐放在控温电热板上或超声波水浴箱中，于80℃加热或超声波脱气 2~5min，赶去棕色气体，取出消解内罐，将消化液转移至 25mL 塑料容量瓶中，用少量水洗涤消解内罐 3 次，洗涤液均倒入容量瓶中定容至刻度，摇匀。同时做空白实验。

（3）回流消解法　置数颗玻璃珠于消化装置的锥形瓶中，并加入称取的样品 0.5~2.0g（精确到 0.001g）及硝酸30mL、硫酸5mL，转动锥形瓶，以防止局部出现炭化。装上冷凝管后，小火加热，待开始发泡即停止加热，发泡停止后，加热回流 2h。如加热过程中溶液变棕色，再加硝酸5mL，继续回流 2h，消解到样品完全溶解，一般呈淡黄色或无色，放冷后从冷凝管上端小心加水 20mL，继续加热回流 10min 放冷，用适量水冲洗冷凝管，冲洗液并入消化液中，将消化液经玻璃棉过滤于 100mL 容量瓶内，用少量水洗涤锥形瓶，滤器，洗涤液并入容量瓶内，加水至刻度，混匀。同时做空白实验。

3. 系列标准溶液的制备

分别吸取 0.00，0.20，0.50，1.00，1.50，2.00，2.50mL 汞标准使用液（50ng/mL）于 50mL 容量瓶中，用硝酸溶液（1+9）稀释至刻度，混匀，相当于汞浓度为 0.00，0.20，0.50，1.00，1.50，2.00，2.50ng/mL。

4. 测定

（1）仪器参考条件　光电倍增管负高压：240V；汞空心阴极灯电流：30mA；原子化器温度：300℃；载气流速：500mL/min；屏蔽气流速：1000mL/min。

（2）进样分析　连续用硝酸溶液（1+9）进样，待读数稳定之后，转入系列标准测量，绘制标准曲线。转入试样测量，先用硝酸溶液（1+9）进样，使读数基本回零，再分别测定空白试样和试样消化液，每次测定不同的试样前都应清洗进样器。

三、结果计算及数据记录

试样中汞含量如式（6-9）所示计算：

$$X = \frac{(\rho - \rho_0) \times V \times 1000}{m \times 1000 \times 1000} \tag{6-9}$$

式中　X——试样中汞的含量，mg/kg

　　　ρ——测定样液中汞含量，ng/mL

　　　ρ_0——空白试样中汞含量，ng/mL

　　　V——试样消化液定容总体积，mL

　1000——换算系数

　　　m——试样质量，g

　　　计算结果保留两位有效数字。在重复性条件下获得的两次独立测定结果的绝对差值不得超过算术平均值的 20%。当样品称样量为 0.5g，定容体积为 25mL 时，方法检出限为 0.003mg/kg，方法定量限为 0.010mg/kg。

　　　肉品中汞含量检验数据记录表见表 6-15。

表 6-15　　　　　　　　　　　肉品中汞含量检验报告

样品名称		样品状态	
生产日期		检样日期	
检测方法		检测依据	
m/g	ρ_1/（ng/mL）	ρ_0/（ng/mL）	X/（mg/kg）

审核员：　　　　　　　　复核员：　　　　　　　　检验员：

四、　注意事项

　　　（1）为避免外来杂质可能对实验结果带来的影响，实验前需要用硝酸溶液（1+4）浸泡所有玻璃器皿及聚四氟乙烯消解内罐 24h，用水反复冲洗，最后用去离子水冲洗干净。

　　　（2）对于肉品试样的消解处理，可根据实验室条件选择压力罐消解、微波消解、回流消解法中的一种。其中，微波消解法消解时间最短，污染可能性最小、方法简便、安全。

　　　（3）样品消解过程中，涉及硫酸、硝酸的使用，需注意实验安全，并在通风橱中进行。实验室保持通风良好，戴口罩。配制标准溶液时需戴手套，避免用手直接接触。

　　　（4）原子荧光光谱仪的仪器分析条件，应设置本仪器所提示的分析条件，仪器稳定后，先测系列标准溶液，相关系数 r>0.999 后，再测样品。

　　　（5）根据 GB 2762—2017《食品安全国家标准　食品中污染物限量》、GB

16869—2005《鲜、冻禽产品》、GB/T 9959.2—2008《分割鲜、冻猪瘦肉》、GB/T 17238—2008《鲜、冻分割牛肉》、GB/T 9961—2008《鲜、冻胴体羊肉》规定，猪、牛、禽肉中汞含量≤0.05mg/kg，羊肉中汞不得检出。

【知识拓展】

　　重金属是农业生态系统中一类具有潜在危害的化学污染物，可通过食物链在畜禽体内富集，在某些条件下可以转化为毒性更大的重金属化合物，从而危害畜禽及人类健康。危害方式主要是使酶失去活性，对生物体产生极大的毒害作用。过量重金属会引起母体流产、死胎、畸胎等异常妊娠。因此，我国卫生安全标准严格限定这些有害元素在动物饲料及食品中的含量。

　　畜禽肉中的重金属来源主要是由饲养环境、投入品及屠宰加工带来的重金属污染。根据饲料、饲料添加剂卫生指标中规定猪配合饲料中，汞的允许量为≤0.1mg/kg，镉允许量≤0.5mg/kg；铬允许量≤10mg/kg；铅≤40mg/kg；砷≤2mg/kg。由此可见，检测畜禽肉中重金属及其他微量元素的测定意义重大。从卫生学方面来说，澄清畜禽肉中有害有毒元素的含量，以便采取相应的去毒措施，并严格控制市场准入，具有实际意义。

　　检测畜禽肉中的重金属和类金属的方法主要有：原子吸收分光光度法、比色法、极谱法、离子选择电极法和原子荧光光谱法，其中原子吸收光谱法具有选择性好、灵敏度高、简便快速等特点，是测定重金属及其他微量元素最常用的方法之一。

➢　思考与练习

　　1. 思考题
　　（1）样品消解需要注意哪些方面？
　　（2）测定肉品中汞含量的方法原理是什么？
　　2. 操作练习
　　设计实训室实验，完成肉中汞含量的测定。

◀ **任务九**　鲜、冻禽肉中总砷含量的测定

███　**能力目标**

　　（1）了解原子荧光光谱仪的工作原理及工作条件的选择方法。
　　（2）掌握原子荧光光谱法测定鲜、冻禽肉中总砷含量的原理和方法。
　　（3）学习使用原子荧光光谱仪。

砷的化合物进入人体被吸收后，排泄缓慢，它对机体的损害途径主要是与酶蛋白的巯基结合而蓄积于组织中，使酶失活。

对鲜、冻禽肉中总砷的测定，GB 5009.11—2014《食品安全国家标准 食品中总砷及无机砷的测定》规定了三种方法：电感耦合等离子体质谱法、氢化物发生原子荧光光谱法、银盐法。

本任务依据 GB 5009.11—2014 第二法采用氢化物发生原子荧光光谱法。

实 训

一、仪器用具

（1）原子荧光光谱仪。

（2）天平：感量为 0.1mg 和 1mg。

（3）组织匀浆机。

（4）高速粉碎机。

（5）控温电热板（50~200℃）。

（6）马弗炉。

二、实践操作

（一）试剂

除非另有说明，本任务所用试剂均为优级纯。

（1）水：GB/T 6682—2008 规定的一级水。

（2）氢氧化钠（NaOH）。

（3）氢氧化钾（KOH）。

（4）硼氢化钾（KBH_4）：分析纯。

（5）硫脲（$CH_4N_2O_2S$）：分析纯。

（6）盐酸（HCl）。

（7）硝酸（HNO_3）。

（8）硫酸（H_2SO_4）。

（9）高氯酸（$HClO_4$）。

（10）硝酸镁［$Mg(NO_3)_2·6H_2O$］：分析纯。

（11）氧化镁（MgO）：分析纯。

（12）抗坏血酸（$C_6H_8O_6$）。

（13）氢氧化钾溶液（5g/L）：称取 5.0 g 氢氧化钾，溶于水并稀释至1000mL。

（14）硼氢化钾溶液（20g/L）：称取 20.0g KBH_4，溶于1000mL 5g/L 氢氧化钾溶液中，混匀。

（15）硫脲+抗坏血酸溶液：称取 10.0g 硫脲，加约80mL水，加热溶解，待冷却后，加入 10.0g 抗坏血酸，稀释至100mL。现用现配。

（16）氢氧化钠溶液（100g/L）：称取 10.0g NaOH，溶于水并稀释至100mL。

（17）硝酸镁溶液（150g/L）：称取 15.0g $Mg(NO_3)_2 \cdot 6H_2O$，溶于水并稀释至100mL。

（18）盐酸溶液（1+1）：量取盐酸100mL，缓缓倒入100mL水中，混匀。

（19）硫酸溶液（1+9）：量取硫酸100mL，缓缓倒入900mL水中，混匀。

（20）硝酸溶液（2+98）：量取硝酸20mL，缓缓倒入980mL水中，混匀。

（21）三氧化二砷（As_2O_3）标准品：纯度≥99.5%。

（22）砷标准贮备液（100mg/L，按 As 计）：准确称取于100℃干燥2h的0.0132g的 As_2O_3，加100g/L氢氧化钠溶液1mL和少量水溶解，移入100mL容量瓶中，加入适量盐酸调整其酸度近中性，加水稀释至刻度。于4℃避光保存，保存期为一年。

（23）砷标准使用液（1.00mg/L，按 A_s 计）：准确吸取 1.00mL 砷标准贮备液（100mg/L）于100mL容量瓶中，用硝酸溶液（2+98）稀释至刻度。现用现配。

（二）操作步骤

试样经湿法消解或干灰化法处理后，加入硫脲使五价砷预还原为三价砷，再加入硼氢化钠或硼氢化钾使还原生成砷化氢，由氩气载入石英原子化器中分解为原子态砷，在高强度砷空心阴极灯的发射光激发下产生原子荧光，其荧光强度在固定条件下与被测液中的砷浓度成正比，与标准曲线比较定量。

1. 试样预处理

（1）在采样和制备过程中，应注意不使试样污染。

（2）新鲜样品，洗净晾干，取可食部分匀浆，装入洁净聚乙烯瓶中，密封，于4℃冰箱中冷藏备用。

2. 试样消解

（1）湿法消解　称取 1.0~2.5g（精确至 0.001g）固体试样，置于50~100mL的锥形瓶中，同时做两份空白试剂。加20mL硝酸，4mL高氯酸，1.25mL硫酸，放置过夜。次日，置于电热板上加热消解。若消解液处理至1mL左右时，仍有未分解物质或色泽变深，取下放冷，补加硝酸5~10mL。再消解至2mL左右，如此反复2~3次，注意避免炭化。继续加热至消解完全后，再持续蒸发至高氯酸的白烟散尽，硫酸的白烟开始冒出。冷却，加25mL水，再蒸发至冒硫酸白烟。冷却，用水将内溶物转入25mL容量瓶或比色皿中，加入硫脲+抗坏血酸溶液2mL，补水定容至刻度，混匀，放置30min，待测。按同一操作方法做空白实验。

（2）干灰化法 称取 1.0~2.5g（精确至 0.001g）试样，置于 50~100mL 坩埚中，同时做两份空白试剂。加 150g/L 的硝酸镁溶液 10mL，混匀，低热蒸干，将 1g 氧化镁覆盖在干渣上，于电炉上炭化至无黑烟，移入 550℃ 马弗炉灰化 4h。取出放冷，小心加入 10mL 盐酸溶液（1+1），以中和氧化镁并溶解灰分，转入 25mL 容量瓶中，并加入 2mL 硫脲+抗坏血酸溶液，另用硫酸溶液（1+9）分次洗涤坩埚后，合并洗涤液定容至刻度，混匀，放置 30min，待测。按同一操作方法做空白实验。

3. 系列标准溶液的制备

取 25mL 容量瓶 6 支，依次准确加入 0.00，0.10，0.25，0.50，1.50，3.00mL 的 1.00μg/mL 砷标准使用液，分别相当于砷浓度 0，4，10，20，60，120ng/mL。各加 12.5mL 硫酸溶液（1+9），2mL 硫脲+抗坏血酸溶液，补水至刻度，混匀，放置 30min 后测定。

4. 测定

（1）仪器参考条件 载气：氩气；载气流速：500mL/min；屏蔽气流速：800mL/min；负高压：260V；砷空心阴极灯电流：50~80mA；测量方式：荧光强度；读数方式：峰面积。

（2）进样分析 仪器预热稳定后，将空白试剂、系列标准溶液依次进样，测定原子荧光强度。以砷浓度为横坐标，原子荧光强度为纵坐标，绘制标准曲线，得到回归方程。相同测定条件下，对样品溶液进行测定。根据回归方程，计算试样中砷浓度。

三、 结果计算及数据记录

试样中总砷含量如式（6-10）所示计算：

$$X = \frac{(\rho - \rho_0) \times V \times 1000}{m \times 1000 \times 1000} \tag{6-10}$$

式中 X——试样中砷的含量，mg/kg

ρ——试样被测液中砷的测定浓度，ng/mL

ρ_0——空白试剂消化液中砷的测定浓度，ng/mL

V——试样消化液总体积，mL

m——试样质量，g

1000——换算系数

计算结果保留两位有效数字。在重复性条件下，获得的两次独立测定结果的绝对差值不得超过算术平均值的 20%。称样量为 1g，定容体积为 25mL 时，方法检出限为 0.010mg/kg，方法定量限为 0.040mg/kg。

鲜、冻禽肉中总砷含量检验数据记录表见表 6-16。

表 6-16	鲜、冻禽肉中总砷含量检验报告			
样品名称		样品状态		
生产日期		检样日期		
检测方法		检测依据		
m/g	$\rho/$（ng/mL）	$\rho_0/$（ng/mL）		$X/$（mg/kg）

审核员：　　　　　　复核员：　　　　　　　　　检验员：

四、 注意事项

（1）为避免外来杂质可能对实验结果带来的影响，实验前用硝酸溶液（1+4）浸泡所有玻璃器皿及聚四氟乙烯消解内罐 24h，用水反复冲洗，最后用去离子水冲洗干净。

（2）对于肉品试样的消解处理，可根据实验室条件选择湿法消化或者干法消化。

（3）每次进不同试样前，应清洗进样器。

（4）样品消解过程中，涉及硫酸、硝酸的使用，需注意实验安全，并在通风橱中进行。实验室保持通风良好，戴口罩。配制标准溶液时需戴手套，避免用手直接接触。

（5）仪器稳定后，测试系列标准溶液，曲线的相关系数 $r>0.999$ 后，再测试样品。

（6）根据 GB 2762—2017《食品安全国家标准　食品中污染物限量》，鲜、冻禽产品中总砷含量≤0.5mg/kg。

【知识拓展】

环境中的砷可以通过各种途径污染动植物，继而使动物体内残留砷。动物食品中砷污染的来源主要有以下两种。

1. 天然本底

几乎所有的生物体内均含有砷。自然界中的砷主要以二硫化二砷、三硫化二砷（即雌黄）及硫砷化铁等硫化物的形式存在于岩石圈中。此外，在其他多种岩石中砷也伴随存在，如镍砷矿、硫砷铜矿等，这些矿石在风化、水浸和雨淋等情况下可以进入土壤和水体。

　　自然环境中的动植物可以通过食物链或以直接吸收的方式从环境中摄取砷。正常情况下动植物食品中砷含量较低，陆地动植物的砷主要以无机砷为主，且含量较低，只在特殊地域中的动植物砷含量比较高。海洋生物砷含量高于陆地生物。一般认为，砷在鱼体内的富集与水体砷浓度呈正比，也与接触积累的时间成正比，海产品中的砷以有机砷为主。

　　2. 环境污染

　　在环境化学污染物中，砷是最常见、危害居民健康最严重的污染物之一。有色金属熔炼、砷矿的开采冶炼，含砷化合物在工业生产中的应用，如陶器、木材、纺织、化工、油漆、制药、玻璃、制革、氮肥及纸张的生产等，特别是在我国流传广泛的土法炼砷所产生的大量含砷废水、废气和废渣常造成砷对环境的持续污染。生产和使用含砷农药可能通过施药造成动物的直接或间接污染。

➢ 思考与练习

　　1. 思考题

　　原子荧光仪的使用注意事项。

　　2. 操作练习

　　使用原子荧光光谱仪测定样品中砷含量。

项目七

乳品检验

任务一 原料乳的新鲜度检验

能力目标

掌握对原料乳进行新鲜度检验的方法。

课程导入

鲜乳挤出后，如果不及时冷却，微生物就会在乳中生长繁殖，使乳中细菌总数增加，酸度升高，风味恶化，从而影响乳的品质和加工。

乳新鲜度检验的方法很多。目前，生产上应用较多的是在感官检验的基础上，配合煮沸实验、酸度的测定、利色唑林实验、酒精实验等方法进行检验。

实 训

一、乳的感官检查

正常牛乳应为乳白色或稍带黄色，具有乳固有的香味，无异味。组织状态均匀一致，无凝块、无沉淀、无肉眼可见异物，不黏滑。可根据以下感官鉴定，判断乳样是正常乳还是异常乳。具体方法如下。

（一）色泽和组织状态的检查

将少许乳倒入瓷皿中，在自然光下观察颜色。静置 30min 后，将乳小心倒掉，观察是否有沉淀和絮状物。用手指沾乳汁，检查是否有黏稠感。

（二）气味的检查

将少许乳倒入试管中加热后，嗅其气味。

（三）滋味的检查

用温开水漱口后，尝加热后乳的滋味。

二、酒精实验

新鲜乳中的酪蛋白胶粒，由于表面带有相同的电荷，具有水合作用，故以稳定的胶粒悬浮状态分散于乳中，要想使酪蛋白微粒从乳中沉淀，或除去微粒表面电荷，或破坏微粒周围的结合水。当乳的酸度升高时，酪蛋白胶粒所带的电荷会发生变化，当 pH 为 4.6 时，酪蛋白胶粒所带的正负电荷的数量是相等的，失去排斥力量，于是胶粒极易聚合，而被沉淀出来。

乳中加入酒精、丙酮等，可以夺取酪蛋白胶粒表面的结合水，使胶粒易被沉淀。不同酸度的乳，加入酒精后，酪蛋白凝结的情况也会不同，以此可以判断乳的新鲜程度。在酒精实验时，乳的酸度越高，酒精浓度越大，乳就会越容易发生凝絮现象。

（一）仪器用具

（1）20mL 试管。

（2）2mL 刻度吸管。

（3）200mL 烧杯。

（二）试剂

（1）乳样。

（2）68%中性酒精溶液。

（三）操作步骤

取 2mL 的乳样于清洁试管中，加入 2mL 68%酒精溶液，迅速轻轻摇动，使其充分混合，观察有无白色絮片生成。如无絮片出现，表明乳样属于酸度≤20°T 的新鲜乳，称为酒精阴性乳。如果出现絮片，表明乳样属于酸度较高的不新鲜乳，称为酒精阳性乳。因此，可以根据是否产生絮片及絮片的特征，大致判断乳的酸度情况。

不同酸度的牛乳与 68%酒精凝结的特征见表 7-1。用不同酒精浓度判断乳的酸度，见表 7-2。

表 7-1　　　　　　　　**牛乳酸度与 68%酒精混合的凝结特征**

牛乳酸度/°T	凝结特征	牛乳酸度/°T	凝结特征
18~20	不出现絮片	25~26	中型的絮片
11~21	很细小的絮片	27~28	大型的絮片
23~24	细小的絮片	29~30	很大的絮片

表7-2   酒精浓度与界限酸度判定

酒精浓度	界限酸度（不产生絮片的酸度）
68%	20°T 以下
70%	19°T 以下
72%	18°T 以下

（四）注意事项

（1）实验须连续进行直至完成，中间不得间断；酒精与乳混合后，应在 30s 内观察结果。

（2）实验应尽量在 20°C 左右的室温下进行。

（3）絮片不明显，无法给出准确判定时，要以生鲜乳的滴定酸度决定乳是否符合加工要求。

（4）羊乳的非脂乳固体较高，应选用低于 68% 的酒精溶液。

（5）冰冻牛乳也会形成酒精阳性乳，但热稳定性较高，可作乳制品原料。

（6）酒精要纯，pH 必须调到中性，使用时间不超过 5~10d。

三、 煮沸实验

牛乳的酸度越高，热稳定性越差，加热时越容易出现凝固现象。一般是在生产前，发现乳酸度较高时，做煮沸实验确定乳的热稳定性是否良好，避免杀菌时出现凝固，影响生产。

（一）仪器用具

（1）试管。

（2）5mL 刻度吸管。

（3）酒精灯。

（4）水浴锅。

（二）操作步骤

取乳样 5mL 于清洁试管中，在酒精灯上加热煮沸 1min，或在沸水浴中保温 5min 后，观察结果。如果发生凝固，或者出现絮片，则表示乳的酸度大于 20°T，或混有初乳。牛乳的酸度与凝固温度的关系见表7-3。

表7-3   煮沸实验判定标准

酸度/°T	凝固的条件	酸度/°T	凝固的条件
18	煮沸不凝	30	77℃时凝固
22	煮沸不凝	40	65℃时凝固
26	煮沸不凝	50	40℃时凝固
28	煮沸不凝	60	22℃时凝固

四、 刃天青 (利色唑林) 实验

刃天青为氧化还原反应的指示剂，加入到正常鲜乳中时呈青蓝色。乳中有细菌活动时，能使刃天青还原，从而产生如下颜色改变：青蓝色→紫色→红色→白色。根据变色程度和变到一定颜色所需时间，可推断乳中细菌数，进而判定乳的质量。

(一) 试剂

（1）刃天青基础液　取 100mL 刃天青（分析纯）于烧杯中，用少量煮沸后的蒸馏水溶解，移入 200mL 容量瓶中，加水定容，贮存于冰箱中，备用。此液含刃天青 0.05%。

（2）刃天青标准溶液　刃天青基础液和煮沸后的蒸馏水（1+10），混匀，贮存于棕色瓶中，避光保存。

(二) 仪器用具

（1）灭菌有塞刻度试管：20mL。

（2）灭菌吸管：1mL 和 10mL。

（3）温度计（100℃）。

（4）恒温水浴锅（37℃）。

(三) 操作步骤

（1）吸取乳样 10mL 于刻度试管中，加 1mL 的刃天青标准溶液，混匀，用灭菌胶塞塞好，但不要塞严。

（2）将试管置于 37℃±0.5℃ 的恒温水浴锅中加热。当试管内混合物加热到 37℃ 时（测温用乳的空白对照试管），将管口塞紧，开始计时，慢慢转动试管（不振荡），使受热均匀，分别于 20min 和 60min 时，观察记录试管内容物的颜色，并记录结果。

（3）根据两次观察结果，如表 7-4 所示判定乳的等级质量。

表 7-4　　　　　　　　　刃天青实验结果判定

级别	乳的质量	乳的颜色		每毫升乳中的细菌数（60min）
		经过 20min	经过 60min	
1	良好	—	青蓝色	100 万以下
2	合格	青蓝色	蓝紫色	100 万~200 万
3	不好	蓝紫色	粉红色	200 万以上
4	很坏	白色	—	—

另外，乳的新鲜度检查还需要检测原料乳的酸度，具体检测方法参见项目七

中的"任务七 乳品酸度的测定"。

➤ 思考与练习

1. 思考题

乳的新鲜度检查需要检查哪些常见指标？

2. 操作练习

配制不同浓度的酒精，与不同比例牛乳混合，观察并判定结果。

任务二 乳的相对密度的测定

能力目标

能够采用比重计法检测乳的相对密度。

课程导入

乳的密度是指乳在20℃时的质量与同体积水在4℃时的质量之比。乳的相对密度是测得乳样和水的密度的比值。

测定食品相对密度的方法，依据 GB 5009.2—2016《食品安全国家标准　食品相对密度的测定》规定了三种方法：密度瓶法、天平法、比重计法，本任务采用比重计法测定乳的相对密度。

实　训

一、 仪器用具

（1）比重计：上部细管中有刻度标签，表示密度读数。

（2）量筒。

（3）烧杯。

（4）温度计。

二、 操作步骤

比重计利用了阿基米德原理，使用比重计测定乳密度，具体步骤如下。

（1）取乳样小心沿着量筒内壁，缓缓注入量筒中，以免产生泡沫影响读数，乳样高度加至量筒体积的3/4。

（2）将比重计洗净擦干，缓缓放入盛有乳样的量筒中，勿使其碰及容器四周及底部，保持乳样温度在 20℃，静置后，再轻轻按下少许，然后待其自然上升，静置，至无气泡冒出后，水平观察与液面相交处比重计的刻度（上液面），即为乳样的密度。

（3）分别测试试样和水的密度，二者比值即为试样相对密度。

三、 注意事项

（1）测定值的校正：如果乳温不是 20℃，则读数必须进行温度的校正，因乳的密度随温度升高而减小，随温度降低而增大。温度每升高或降低 1℃，乳的密度减小或增加 0.0002。

（2）在重复性条件下获得的两次独立测定结果的绝对差值，不得超过算术平均值的 5%。

（3）根据 GB 19301—2010《食品安全国家标准　生乳》中要求，生乳的相对密度（20℃/4℃）≥1.027。

➢ 思考与练习

检测不同掺水比例的牛乳的相对密度。

◁ 任务三 ▷ 乳中脂肪含量的测定

■■■■ 能力目标

对乳中脂肪含量进行准确测定。

■■■■ 课程导入

GB 5009.6—2016《食品安全国家标准　食品中脂肪的测定》中规定碱水解法、盖勃氏法测定乳中脂肪含量。

在乳中加入硫酸，破坏乳胶质性质以及覆盖在脂肪球上的蛋白质外膜，离心分离脂肪后，测量其体积。

■■■■ 实　训

一、 仪器用具

（1）乳脂离心机。

（2）盖勃氏乳脂计：最小刻度值为 0.1%，见图 7-1。

（3）乳脂计架。

（4）10mL 硫酸自动吸管。

（5）10.75mL 单标乳吸管。

（6）1mL 异戊醇自动吸管。

（7）水浴锅。

二、 实践操作

（一）试剂

除非另有说明，本任务所用试剂均为分析纯。

（1）水：GB/T 6682—2008 规定的三级水。

（2）硫酸。

（3）异戊醇。

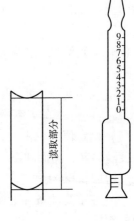

图 7-1　盖勃氏乳脂计

（二）操作步骤

（1）将盖勃氏乳脂计置于乳脂计架上，取 10mL 硫酸注入乳脂计中。

（2）用乳吸管吸取 10.75mL 乳样，沿着管壁小心加入，使乳样在硫酸液面上，切勿混合。

（3）取异戊醇 1mL，小心注入乳脂计，塞上橡皮塞，瓶口向下，同时用布包裹，以防冲出，用力振摇，使其呈均匀的棕色液体，静置数分钟（保持瓶口向下），65~70℃水浴，保温 5min。

（4）取出乳脂计，置于乳脂离心机中以 1100r/min 的转速离心 5min。

（5）再置于 65~70℃水浴中保温 5min。取出，立即读数，即为脂肪的百分数。在重复性条件下获得的两次独立测定结果的绝对差值不得超过算术平均值的5%。

三、 注意事项

（1）注意水浴水面应高于乳脂计脂肪层。

（2）根据食品安全国家标准规定，生乳中脂肪含量≥3.1%；淡炼乳、加糖炼乳中脂肪含量 7.5%~15.0%；发酵乳中脂肪含量≥3.1%、风味发酵乳中脂肪含量≥2.5%；乳粉中脂肪含量≥26.0%；稀奶油中脂肪含量≥10.0%、奶油中脂肪含量≥80.0%、无水奶油中脂肪含量≥99.8%；灭菌乳中脂肪含量≥3.1%；调制乳中脂肪含量≥2.5%。

➤ 思考与练习

用乳脂计和快速检测仪分别对乳中脂肪含量进行检测分析，并对比分析实验结果。

◇**任务四** 乳中蛋白质含量的测定

■■■ **能力目标**

（1）能够正确使用凯氏定氮法测定乳中蛋白质的含量。

（2）能严格按照操作规程安全操作，正确记录数据，分析实验结果。

■■■ **课程导入**

蛋白质是食品中的重要营养指标，蛋白质是乳中重要的含氮物。牛乳的含氮物中，95%为乳蛋白。牛乳中的蛋白质可分为酪蛋白、乳清蛋白和少量的脂肪球膜蛋白。

乳蛋白含有人体生长发育的一切必需氨基酸和其他氨基酸。其消化率远比植物蛋白高，可达98%~100%，因而乳蛋白为完全蛋白质。因此乳及乳制品中蛋白质含量的检验尤为重要，它是原料乳等级划分的重要标准之一，而且是乳及乳制品营养价值的重要体现。

对食品中蛋白质的测定，GB 5009.5—2016规定了三种方法：凯氏定氮法、分光光度法和燃烧法。

本任务依据GB 5009.5—2016第一法采用凯氏定氮法。

■■■ **实 训**

一、仪器用具

（1）天平：感量为1mg。

（2）自动凯氏定氮仪：见图7-2。

（3）定氮蒸馏装置：见图7-3。

（4）量筒。

（5）滴定管。

（6）移液管。

二、实践操作

（一）试剂

除非另有说明，本任务所用试剂均为分析纯，水为GB/T 6682—2008规定的三级水。

图 7-2　全自动凯氏定氮仪

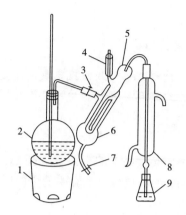

图 7-3　定氮蒸馏装置图

1—电炉　2—水蒸气发生器（2L 烧瓶）　3—螺旋夹
4—小玻杯及棒状玻塞　5—反应室　6—反应室外层
7—橡皮管及螺旋夹　8—冷凝管　9—蒸馏液接收瓶

（1）硫酸铜（$CuSO_4 \cdot 5H_2O$）。

（2）硫酸钾（K_2SO_4）。

（3）硫酸（H_2SO_4）。

（4）硼酸（H_3BO_3）。

（5）亚甲基蓝指示剂（$C_{16}H_{18}ClN_3S \cdot 3H_2O$）。

（6）溴甲酚绿指示剂（$C_{21}H_{14}Br_4O_5S$）。

（7）甲基红指示剂（$C_{15}H_{15}N_3O_2$）。

（8）95%乙醇（C_2H_5OH）。

（9）氢氧化钠（$NaOH$）。

（10）硼酸溶液（20g/L）：称取 20g 硼酸，加水溶解后并稀释至 1000mL。

（11）氢氧化钠溶液（400g/L）：称取 40g 氢氧化钠加水溶解后，放冷，并稀释至 100mL。

（12）硫酸标准滴定溶液 $\left[c\left(\frac{1}{2}H_2SO_4\right) \right]$ 0.0500mol/L 或盐酸标准滴定溶液 $\left[c(HCl) \right]$ 0.0500mol/L。

（13）亚甲基蓝乙醇溶液（1g/L）：称取 0.1g 亚甲基蓝，溶于 95%乙醇，用 95%乙醇稀释至 100mL。

（14）溴甲酚绿乙醇溶液（1g/L）：称取 0.1g 溴甲酚绿，溶于 95%乙醇，用 95%乙醇稀释至 100mL。

（15）甲基红乙醇溶液（1g/L）：称取0.1g甲基红，溶于95%乙醇，用95%乙醇稀释至100mL。

（16）混合指示液A：亚甲基蓝乙醇溶液与甲基红乙醇溶液（1+2），现用现配。

（17）混合指示液B：溴甲酚绿乙醇溶液与甲基红乙醇溶液（5+1），现用现配。

（二）操作步骤

加热催化条件下，样品中的蛋白质被分解，有机氮转化为氨，氨与硫酸结合生成硫酸铵。加入NaOH碱化蒸馏，使氨游离，用硼酸吸收后，以硫酸或盐酸标准溶液滴定硼酸铵，根据酸的消耗量计算含氮量，再乘以换算系数，即为蛋白质的含量。

1. 凯氏定氮法

见项目三中的"任务二 油料中蛋白质含量的测定"。

2. 自动凯氏定氮仪法

（1）取样 称取液体试样10~25g，半固体试样2~5g，或充分混匀的固体试样0.2~2.0g，精确至0.001g，至消化管中。

（2）消化 消化管中加入0.4g硫酸铜、6g硫酸钾及20mL硫酸，于消化炉进行消化。当消化炉温度达到420℃后，再继续消化1h，此时，消化管中的液体呈绿色透明状。

（3）蒸馏、滴定、记录 使用自动凯氏定氮仪前，先加入氢氧化钠溶液，盐酸或硫酸标准溶液以及含有混合指示液A或混合指示液B的硼酸溶液。

将消化管中液体冷却后加入50mL水，于自动凯氏定氮仪上实现自动加液、蒸馏、滴定和记录滴定数据的过程。

三、 数据处理及报告

试样中蛋白质的含量如式（7-1）所示计算：

$$X = \frac{(V_1 - V_0) \times c \times 0.0140}{m \times \dfrac{V_2}{100}} \times F \times 100 \tag{7-1}$$

式中　X——试样中蛋白质的含量，g/100g

V_1——样液消耗硫酸或盐酸标准滴定液的体积，mL

V_0——空白试剂消耗硫酸或盐酸标准滴定液的体积，mL

c——硫酸或盐酸标准滴定溶液浓度，mol/L

0.0140——与1.0mL硫酸$\left[c\left(\dfrac{1}{2}H_2SO_4\right) = 1.000\text{mol/L}\right]$或盐酸$[c(HCl) = 1.000\text{mol/L}]$标准滴定溶液相当的氮的质量，g

m——试样的质量，g

V_2——吸取消化液的体积，mL

F——氮换算为蛋白质的系数

100——换算系数

蛋白质含量≥1g/100g 时，结果保留三位有效数字；蛋白质含量<1g/100g 时，结果保留两位有效数字。在重复条件下获得的两次独立测定结果的绝对差值不得超过算术平均值的 10%。

乳品中蛋白质含量检验报告见表 7-5。

表 7-5 乳品中蛋白质含量检验报告

样品名称			样品状态		
生产日期			检样日期		
检测方法			检测依据		
m/g	$c/$ (mol/L)	V_1/mL	V_2/mL	V_3/mL	$X/$ (g/100g)

审核员： 复核员： 检验员：

四、 注意事项

（1）消化一定要在通风橱内进行，注意消化时间。

（2）消化开始温度不宜过高，以防泡沫冲出；消化完毕应自然冷却，不得用冷水冷却。

（3）蒸馏时要注意蒸馏情况，避免瓶中的液体发泡冲出，进入接收瓶。火力太弱，蒸馏瓶内压力减低，则接收瓶内液体会倒流，造成实验失败。

（4）蒸馏过程保证 NH_3 全部被回收，必要时可以采用 pH 试纸验证蒸馏物是否呈碱性。

（5）乳及乳制品的蛋白质系数（F）为 6.38。

（6）空白实验滴定值包括水及氢氧化钠溶液中含有的微量氨。

（7）有条件的实验室建议用自动凯氏定氮仪，而乳品加工厂一般使用快速检测仪。

（8）乳及乳制品中蛋白质含量标准：GB 19301—2010 要求生乳≥2.8g/100g；GB 13102—2010 要求调制淡炼乳≥4.1g/100g、调制加糖炼乳≥4.6g/100g；GB 19302—2010 要求发酵乳蛋白质≥2.9g/100g、风味发酵乳≥2.3g/100g；GB 19644—2010 要求调制乳粉≥16.5g/100g；GB 25190—2010 要求灭菌牛乳≥2.9g/100g、灭菌羊乳≥2.8g/100g；GB 25191—2010 要求调制乳≥2.3g/100g；

GB 21732—2008 要求配制型含乳饮料≥1.0g/100g、发酵型含乳饮料≥1.0g/100g、乳酸菌饮料≥0.7g/100g。

➤ 思考与练习

分别使用凯氏定氮法和自动定氮仪测定同一乳样，检测分析结果进行对比。

◈ **任务五** 乳中乳糖、蔗糖含量的测定

▨▨▨ **能力目标**

（1）能够正确使用高效液相色谱仪测定乳中蔗糖、乳糖的含量。
（2）能严格按照操作规程安全操作，正确记录数据，分析实验结果。

▨▨▨ **课程导入**

乳糖在自然界中仅存在于哺乳动物的乳汁中，牛乳中所含的糖类99.8%是乳糖，另外还有少量的葡萄糖、果糖、半乳糖。一分子乳糖消化可得一分子葡萄糖和一分子半乳糖。半乳糖能促进脑苷脂类和黏多糖类的生成，因而，乳糖是儿童生长发育的主要营养物质之一，对青少年智力发育十分重要，特别对于新生儿来说是不可或缺的。

选择一个快速、简便、准确的检测方法，对帮助区别乳品质量优劣具有实际意义。对乳中蔗糖、乳糖的测定，GB 5413.5—2010 规定了两种方法：高效液相色谱法、莱因-埃农氏法。本任务采用高效液相色谱法（第一法）。

▨▨▨ **实 训**

一、 仪器用具

（1）天平：感量为0.0001g。
（2）高效液相色谱仪（RID 或 ELSD 检测器）。
（3）超声波振荡器。

二、 实践操作

（一）试剂
除非另有规定，本任务所用试剂均为分析纯，水为 GB/T 6682—2008 规定的一级水。

（1）乙腈：色谱纯。

（2）乙腈：分析纯。

（3）乳糖标准贮备液（20mg/mL）：称取 2g（精确至 0.0001g）在 94℃±2℃ 烘箱中干燥 2h 的乳糖标样，溶于水中，用水稀释至 100mL 的容量瓶中，混匀，置于 4℃ 冰箱中，备用。

（4）乳糖标准溶液：分别吸取 0，1，2，3，4，5mL 乳糖标准贮备液于 10mL 容量瓶中，用乙腈（分析纯）定容至刻度，配成乳糖系列标准溶液，浓度分别为 0，2，4，6，8，10mg/mL。

（5）蔗糖标准溶液（10mg/mL）：称取 1g（精确到 0.0001g）在 105℃±2℃ 烘箱中干燥 2h 的蔗糖标样，溶于水中，用水稀释至 100mL 的容量瓶中，混匀，置于 4℃ 冰箱中，备用。

（6）蔗糖标准溶液：分别吸取 0，1，2，3，4，5mL 蔗糖标准溶液于 10mL 容量瓶中，用乙腈（分析纯）定容至刻度。配成蔗糖系列标准溶液，浓度分别为 0，1，2，3，4，5mg/mL。

（二）操作步骤

试样中的乳糖、蔗糖经提取后，利用高效液相色谱柱分离，经检测器检测，用外标法进行定量。

1、试样处理

称取 2.5 g 液态试样或 1g 固态试样（精确到 0.0001g）于 50mL 容量瓶中，加 50~60℃ 水 15mL 溶解试样，超声波振荡 10min，用分析纯的乙腈定容至刻度，静置数分钟，过滤。取 5.0mL 过滤液于 10mL 容量瓶中，用分析纯的乙腈定容，用 0.45μm 滤膜过滤，滤液供色谱分析。可根据具体试样做适当的稀释处理。

2. 测定

（1）色谱柱的安装和流动相的更换　将色谱柱（氨基柱 4.6mm×250mm，5μm）安装在色谱仪上，将流动相更换成乙腈+水＝70+30。

（2）高效液相色谱仪的开机　打开示差折光检测器和高压输液泵的电源开关，设置检测器的温度为 33~37℃；设置高压输液泵的流速为 1mL/min；柱箱温度为 35℃。

按"ON/OFF"键，打开高压泵开关，逆时针旋开排气阀，按"purge"键，排尽管路中气泡及废液 3~5min，再按"purge"键，顺时针旋紧排气阀。

（3）进样分析　打开工作站，设置分析方法和相关信息。

仪器在设定的条件下平衡，基线平稳后，用平头微量注射器分别吸取 10μL 系列标准溶液，注入液相色谱仪，以保留时间定性，可测得不同浓度糖标准溶液的峰高或峰面积。以标准溶液的浓度为横坐标，以峰高或峰面积为纵坐标，绘制标准曲线。

进样 10μL，测其峰面积或峰高，从标准曲线中查得样液中糖浓度。

三、 数据处理及结果记录

试样中糖的含量如式（7-2）所示计算：

$$X = \frac{c \times V \times 100 \times n}{m \times 1000} \tag{7-2}$$

式中　X——试样中糖的含量，g/100g

　　　c——样液中糖的浓度，mg/mL

　　　V——试样定容体积，mL

　　　n——样液稀释倍数

　　　m——试样的质量，g

以重复性条件下获得的两次独立测定结果的算术平均值表示，结果保留三位有效数字。在重复条件下获得的两次独立测定结果的绝对差值不得超过算术平均值的5％。

乳品中蔗糖含量检验记录见表7-6。

表 7-6　　　　　　　　　　乳品中蔗糖含量检验报告

样品名称	样品状态	
生产日期	检样日期	
检测方法	检测依据	
m/g	试样峰面积	c/（mg/mL）
V/mL	n	X/（g/100g）

审核员：　　　　　　　复核员：　　　　　　　检验员：

四、 注意事项

（1）本任务分别使用乙腈（分析纯）定容，乙腈（色谱纯）作流动相。

（2）所有的配制试剂都应贴有明显的标签，标明名称、浓度及配制日期，必要时用明显标识标明药品、试剂危险性质。

（3）操作过程中注意流动相的量，以免高压输液泵抽进空气，管路中产生气泡。

（4）液相进样针为平头微量注射器。微量注射器吸液时，为防止吸入气泡，将注射器用待测样液润洗并插入液面下，反复吸推数次，再缓慢吸入略超过刻度，然后针尖竖直向上排液至所需刻度。

（5）熟悉液相色谱仪的使用规程，使用前由老师示范操作。进样前应将样品进行必要的过滤和脱气处理，以免进样后对色谱柱造成损伤。

（6）液相色谱法可以分离测定葡萄糖、蔗糖、乳糖含量，而乳品工厂一般使用快速检测仪。

（7）根据 GB 19644—2010《食品安全国家标准　乳粉》、GB 5413.39—2010《食品安全国家标准　乳和乳制品中非脂乳固体的测定》，非脂乳固体含量（g/100g）=总固体含量−脂肪含量−蔗糖含量，除乳粉外，要检测非脂乳固体含量，都需要伴随脂肪含量和蔗糖含量的测定。

（8）根据 GB 13102—2010 要求蔗糖含量：加糖炼乳≤45.0g/100g、调制加糖炼乳≤48.0g/100g。

➤ 思考与练习

在实训室完成加糖炼乳中蔗糖含量的检测。

◁ **任务六** 乳粉中水分含量的测定

▨▨▨ **能力目标**

对乳粉中水分含量进行正确测定。

▨▨▨ **课程导入**

乳品中的水分含量是影响品质和保质期的重要指标，乳粉要求水分为 3.0% ~ 5.0%，若水分含量达到 6%，就会造成乳粉出现结块现象，导致商品价值降低，乳粉水分过高，易出现微生物滋生、营养素损失、变色、结块、降低贮藏期等问题。故检测乳粉中的水分含量是每个企业生产和品检必不可少的项目。目前行业的平均水平控制在 4% 左右。

根据 GB 5009.3—2016《食品安全国家标准　食品中水分的测定》中的第一法直接干燥法对乳粉中的水分含量进行测定。

▨▨▨ **实 训**

一、仪器用具

（1）扁形称量瓶（铝制或玻璃制）。

（2）电热恒温干燥箱。

（3）干燥器：内附有效干燥剂。

（4）天平：感量为 0.1mg。

二、 实践操作

利用乳粉中水分的物理性质，在常压下，以温度 101～105℃，采用挥发的方法，通过样品干燥前后的称量数值，计算出乳粉中的水分含量。

（一）样品制备

将样品旋转震荡，使之充分混匀。

（二）操作步骤

1. 称量瓶的干燥

将洁净称量瓶置于 101～105℃干燥箱中，瓶盖斜支于瓶边，加热 1h，取出盖好瓶盖，置于干燥器内，冷却 30min 之后再称量，并重复干燥至前后两次质量差不超过 2mg，即为恒重。

2. 样品的干燥

精密称取混合均匀的试样 2～10g（精确至 0.0001g），放入干燥恒重的称量瓶中，加盖，称量后，置于 101～105℃干燥箱中，瓶盖斜支于瓶边，干燥 2～4h 后，盖好取出。放入干燥器内冷却 30min 后称量。重复烘干，直到前后两次质量差不超过 2mg，即为恒重。

三、 结果计算及数据记录

试样中的水分含量，如式（7-3）所示进行计算：

$$X = \frac{m_1 - m_2}{m} \times 100 \tag{7-3}$$

式中　X——试样中的水分含量，g/100g

　　　m_1——称量瓶和试样的质量，g

　　　m_2——称量瓶和试样干燥后的质量，g

　　　m——试样的质量，g

　　　100——单位换算系数

水分含量≥1g/100g 时，计算结果保留三位有效数字；水分含量<1g/100g 时，计算结果保留两位有效数字。

在重复性条件下获得的两次独立测定结果的绝对差值不得超过算术平均值的 10%。

乳粉水分含量检验数据记录表见表 7-7。

表 7-7 乳粉水分含量的检验报告

样品名称		样品状态	
生产日期		检样日期	
检测方法		检测依据	
m/g	m_1/g	m_1/g	$X/$（g/100g）

审核员： 复核员： 检验员：

四、 注意事项

（1）两次恒重值在最后计算中，取质量较小的一次。

（2）称量时，正确正规使用分析天平，乳粉易吸潮，要快速称量并及时清理天平表面。

（3）要用干净的纸条或者戴手套拿取称量瓶。

（4）烘干必须达到恒重。

（5）根据 GB 19644—2010 要求乳粉中水分含量≤5.0%。

➢ 思考与练习

对乳粉中水分含量进行检测分析。

◦ 任务七 乳及乳制品酸度的测定

▮▮▮ 能力目标

能够对乳的酸度进行准确检测操作。

▮▮▮ 课程导入

对食品酸度的测定，GB 5009.239—2016 规定了三种方法：酚酞指示剂法、pH 计法和电位滴定仪法。

乳及乳制品的酸度测定包括：酸度和复原乳酸度（乳粉）。本任务测定乳及乳制品的酸度和复原乳酸度，依据 GB 5009.239—2016 第一法采用酚酞指示剂法。

实训

一、仪器用具

(1) 分析天平：感量为 0.001g。

(2) 碱式滴定管：25mL，最小刻度 0.05mL。

(3) 锥形瓶。

(4) 量筒。

二、实践操作

(一) 试剂

除非另有说明，本任务所用试剂均为分析纯，水为 GB/T 6682—2018 规定的三级水。

(1) 氢氧化钠（NaOH）。

(2) 七水硫酸钴（$CoSO_4 \cdot 7H_2O$）。

(3) 酚酞。

(4) 95% 乙醇。

(5) 乙醚。

(6) 不含二氧化碳的蒸馏水：将水煮沸 15min，逐出二氧化碳，冷却，密闭。实验所用的蒸馏水均需除去二氧化碳。

(7) NaOH 标准溶液（0.1000mol/L）：称取 0.75g 于 105~110℃ 电烘箱中干燥至恒重的工作基准试剂邻苯二甲酸氢钾，加入 50mL 不含二氧化碳的蒸馏水溶解，加 2 滴酚酞指示液（10g/L），用配制好的 NaOH 标准溶液滴定至溶液呈粉红色，并保持 30s。同时做空白实验。

(8) 参比溶液：将 3g $CoSO_4 \cdot 7H_2O$ 溶解于水中，并定容至 100mL。

(9) 酚酞指示液：称取酚酞 0.5g 溶于 75mL 95% 的乙醇中，并加入 20mL 水，然后滴加 NaOH 标准溶液至微粉色，再加入水定容至 100mL。

(10) 中性乙醇–乙醚混合液：取乙醇、乙醚等体积混合，加酚酞指示液 3 滴，以 NaOH 标准溶液滴至微红色。

(二) 操作步骤

试样经过处理后，以酚酞作为指示剂，用 0.1000mol/L NaOH 标准溶液滴定至中性，以消耗 NaOH 溶液的体积数，计算确定试样的酸度。

1. 乳粉的复原乳酸度的测定

(1) 试样制备　将样品全部移入洁净的、带密封盖的干燥容器中，立即盖紧容器，反复旋转振荡，使样品彻底混合。

（2）测定步骤

①样品复溶：称取 4g 样品（精确到 0.01g）于 250mL 锥形瓶中。用量筒取 20℃左右的蒸馏水 96mL，使样品复溶，搅拌后静置 20min。

②标准参比液制备：将 2.0mL 参比溶液加入到盛装 96mL 蒸馏水（约 20℃）的锥形瓶中，轻轻转动，使之混合，得到标准参比溶液。

③样品滴定：向复原乳溶液中加入 2.0mL 酚酞指示液，轻轻转动，使之混合。用滴定管滴加 NaOH 标准溶液于该溶液，边滴加边转动，直到颜色与标准参比溶液的颜色相似，且 5s 内不消退，整个滴定过程应在 45s 内完成。记录所用 NaOH 标准溶液的体积（V_1），精确至 0.05mL。

④空白滴定：用 96mL 蒸馏水做空白实验，读取所消耗 NaOH 标准溶液的体积（V_0）。

（3）结果计算及数据记录　乳粉试样的酸度数值以 X 表示，如式（7-4）所示计算：

$$X = \frac{c \times (V_1 - V_0) \times 12}{m \times (1 - \omega) \times 0.1} \tag{7-4}$$

式中　X——试样的酸度，°T

$\quad\quad c$——NaOH 标准溶液的浓度，mol/L

$\quad\quad V_1$——滴定时所消耗 NaOH 标准溶液的体积，mL

$\quad\quad V_0$——空白实验所消耗 NaOH 标准溶液的体积，mL

$\quad\quad 12$——12g 乳粉相当于 100mL 复原乳（脱脂乳粉应为 9，脱脂乳清粉应为 7）

$\quad\quad m$——称取样品的质量，g

$\quad\quad \omega$——试样中水分的含量，g/100g

$（1-\omega）$——试样中乳粉的含量，g/100g

$\quad\quad 0.1$——酸度理论定义 NaOH 的物质的量浓度，mol/L

以重复性条件下获得的两次独立测定结果的算术平均值表示，结果保留三位有效数字。

试样中水分含量 ω 的测定使用直接干燥法，具体方法参见项目七中的"任务六　乳粉中水分的测定"。

乳粉酸度检验数据记录表见表 7-8。

2. 乳及其他乳制品的酸度测定

新鲜牛乳的酸度一般为 16~18°T。在牛乳存放过程中，由于微生物存在，会分解乳糖产生乳酸，使乳的酸度升高，所以测定乳的酸度是判定乳新鲜度的重要指标。通常以滴定酸度（°T）表示。

（1）标准参比溶液的制备　向装有等体积相应溶液的锥形瓶中，加入 2.0mL

参比溶液，轻轻转动，使之混合，得到标准参比溶液。

表 7-8 复原乳酸度检验报告

样品名称			样品状态		
生产日期			检样日期		
检测方法			检测依据		

m/g	$c/$（mol/L）	V_1/mL	V_0/mL	$\omega/$（g/100g）	$X/°T$

审核员： 复核员： 检验员：

（2）样液滴定

①巴氏杀菌乳、灭菌乳、生乳、发酵乳：称取 10g（精确到 1mg）已混匀的试样，置于 150mL 锥形瓶中，加 20mL 蒸馏水（室温），混匀，加入 2.0mL 酚酞指示液，混匀后用 NaOH 标准溶液滴定，边滴加边摇动锥形瓶，直到颜色与参比溶液的颜色相似，且 5s 内不消退，整个滴定过程应在 45s 内完成。记录消耗的 NaOH 标准溶液的体积（mL）。

②炼乳：称取 10g（精确到 1mg）已混匀的试样，置于 250mL 锥形瓶中，加 60mL 蒸馏水（室温）溶解，混匀，加入酚酞指示液 2.0mL，混匀后用 NaOH 标准溶液滴定，边滴加边摇动锥形瓶，直到颜色与参比溶液的颜色相似，且 5s 内不消退，整个滴定过程应在 45s 内完成。记录消耗的 NaOH 标准溶液的体积（mL）。

③奶油：称取 10g（精确到 0.001g）已混匀的试样，置于 250mL 锥形瓶中，加 30mL 中性乙醇-乙醚混合液，混匀，加入 2.0mL 酚酞指示液，混匀后用 NaOH 标准溶液滴定，边滴加边转动烧瓶，直到颜色与参比溶液的颜色相似，且 5s 内不消退，整个滴定过程应在 45s 内完成。记录消耗的 NaOH 标准溶液的体积（mL）。

（3）空白滴定

①生乳、巴氏杀菌乳、灭菌乳、炼乳、发酵乳：用等体积的不含二氧化碳的蒸馏水做空白实验，读取消耗的 NaOH 标准溶液的体积（mL）。

②奶油：用 30mL 中性乙醇-乙醚混合液做空白实验，读取耗用 NaOH 标准溶液的体积（mL）。

（4）结果计算及数据记录　试样的酸度数值如式（7-5）所示计算：

$$X = \frac{c \times (V_1 - V_0) \times 100}{m \times 0.1} \tag{7-5}$$

式中　X——试样的酸度，°T

　　　c——NaOH 标准溶液的物质的量浓度，mol/L

　　　V_1——滴定时所消耗 NaOH 标准溶液的体积，mL

V_0——空白实验所消耗 NaOH 标准溶液的体积，mL

100——100g 试样

m——试样的质量，g

0.1——酸度理论定义 NaOH 的物质的量浓度，mol/L

以重复性条件下获得的两次独立测定结果的算术平均值表示，结果保留三位有效数字。

乳及乳制品酸度检验数据记录表见表 7-9。

表 7-9　　　　　　　　　　　乳及乳制品酸度检验报告

样品名称		样品状态		
生产日期		检样日期		
检测方法		检测依据		
m/g	c/（mol/L）	V_1/mL	V_0/mL	X/°T

审核员：　　　　　　　复核员：　　　　　　　检验员：

三、注意事项

（1）样品制备：乳粉样品制备的操作过程中，应尽量避免样品暴露在空气中。

（2）实验中使用的蒸馏水应先经煮沸冷却，以驱除 CO_2。

（3）如果要测定多个相似产品，标准参比溶液可用于整个测定过程，但时间不得超过 2h。

（4）若要避免 CO_2 对结果带来的影响，可以采取以下两个措施：第一，使用 NaOH 标准溶液滴定时，把二氧化碳（CO_2）限制在洗涤瓶或者干燥管，避免滴管中 NaOH 因吸收 CO_2 而影响其浓度。可通过盛有 10% NaOH 溶液洗涤瓶连接的装有 NaOH 溶液的滴定管，或者通过连接装有新鲜 NaOH 或氧化钙的滴定管末尾而形成一个封闭的体系，避免此溶液吸收二氧化碳（CO_2）。第二，在滴定过程中，向锥形瓶中吹氮气，也可防止溶液吸收空气中的 CO_2。企业日常检验和学生实训可忽略此项。

（5）空白滴定时所消耗的 NaOH 的体积应不小于零，否则应重新制备和使用符合要求的蒸馏水或中性乙醇-乙醚混合液。

（6）乳粉复原乳酸度的 1°T 是以 100g 干物质为 12% 的复原乳所消耗的 0.1mol/L NaOH 体积计；乳及其他乳制品酸度的 1°T 是以 100g 样品所消耗的 0.1mol/L NaOH 体积计。

（7）如果以乳酸含量表示样品的酸度，那么样品的乳酸含量（g/100g）= °T×

0.009，°T 为样品的滴定酸度（0.009 为乳酸的换算系数，即 1mL 0.1mol/L NaOH 标准溶液相当于 0.009g 乳酸）。

（8）温度对乳的 pH 有影响，因乳中具有微酸性物质，离解程度与温度有关，温度低时滴定酸度偏低。最好在 20℃±5℃时滴定为宜。

（9）滴定很慢时，消耗碱液越多，误差大，最好在 20~30s 完成滴定。

（10）GB 19301—2010 要求生牛乳酸度为 12~18°T、生羊乳酸度为 6~13°T；GB 13102—2010 要求炼乳酸度≤48.0°T；GB 19302—2010 要求发酵乳酸度≥70.0°T；GB 19646—2010 要求稀奶油酸度≤30.0°T、奶油酸度≤20.0°T；GB 19644—2010 要求牛乳粉的复原乳酸度≤18°T、羊乳粉的复原乳酸度为 7~14°T；GB 25190—2010 要求灭菌牛乳酸度为 12~18°T、灭菌羊乳酸度为 6~13°T。

➢ 思考与练习

对牛乳进行酸度检测。

◁ 任务八 乳中杂质度的测定

▇ 能力目标

（1）能完成乳中杂质度的检测。

（2）会使用杂质板和杂质过滤机。

▇ 课程导入

杂质度是指乳中含有的杂质的量，是衡量乳品质量的重要指标。杂质主要是指乳品在生产及运输过程中带入的草、砂及灰尘等异物。在 GB 19301—2010《食品安全国家标准 生乳》中明确规定生鲜乳的杂质度必须≤4.0mg/kg。

杂质度是评价生乳和乳粉质量状况的指标之一。杂质来源主要有两个方面：一方面，乳中杂质是由某些人为因素引起，如挤奶时落入乳桶的毛发、牛舍中饲料的漂浮物等，这些因素只要加强管理、规范操作，基本能够排除；另一方面，原料乳在收集到贮存罐内前，都要经过在线过滤的步骤，将乳中的大部分颗粒滤除，可能残留有少量细小的颗粒。根据 GB 19301—2010《食品安全国家标准 生乳》和 GB 19644—2010《食品安全国家标准 乳粉》的要求，合格牛乳的杂质度≤4mg/kg、合格乳粉杂质度≤16mg/kg。因此，对生乳和乳粉的杂质度应严格管理。

测定生乳及乳粉的杂质度，目的是判断乳的预处理过程是否卫生。本任务采用 GB 5413.30—2016《食品安全国家标准 乳和乳制品杂质度的测定》的直接过滤法。

实　训

一、仪器用具

（1）天平：感量为 0.1g。

（2）过滤设备：杂质度过滤机或抽滤瓶，可采用正压或负压的方式实现快速过滤（每升水的过滤时间为 10～15s）。安放杂质度过滤板后的有效过滤直径为 28.6mm±0.1mm。

二、实践操作

（一）试剂

除非另有说明，本任务所用试剂均为分析纯，水为 GB/T 6682—2008 规定的三级水。

（1）杂质度过滤板：直径 32mm、质量 135mg±15mg、厚度 0.8～1.0mm 的白色棉质板。

（2）杂质度参考标准板。

（二）操作步骤

生鲜乳、液体乳、用水复原的乳粉类样品经杂质度过滤板过滤，根据残留于杂质度过滤板上直观可见非白色杂质与杂质度参考标准板比对确定样品杂质的限量。

1. 样品溶液的制备

（1）液体乳样品充分混匀后，用量筒量取 500mL 立即测定。

（2）准确称取 62.5g±0.1g 乳粉样品于 1000mL 烧杯中，加入 500mL 40℃±2℃的水，充分搅拌溶解后，立即测定。

2. 测定

将杂质度过滤板放置在过滤设备上，将制备的样品溶液倒入过滤设备的漏斗中（但不得溢出漏斗）过滤。用水多次洗净烧杯，并将洗液转入漏斗过滤。分次用洗瓶洗净漏斗过滤，滤干后取出杂质度过滤板，与杂质度标准板比对即得样品杂质度。

三、分析结果的表述

过滤后的杂质度过滤板与杂质度参考标准板比对得出的结果，即为该样品的杂质度。当杂质度过滤板上的杂质量介于两个级别之间时，应判定为杂质量较多的级别。如出现纤维等外来异物，判定杂质度超过最大值。

按本任务所述方法对同一样品做两次测定，其结果应一致。

四、 注意事项

（1）杂质度检测仪进行测定杂质度，价格便宜，可直接购买。

（2）原料乳和乳粉的杂质度过滤标准板是不一样的。

➤ 思考与练习

对乳粉的杂质度进行检测。

任务九 原料乳中三聚氰胺含量的检测

能力目标

（1）能够正确采用高效液相色谱法测定三聚氰胺的含量。

（2）能严格按照操作规程安全操作，正确记录数据，分析实验结果。

课程导入

三聚氰胺（melamine）是一种重要的氮杂环有机化工原料。因其含氮量大于66%，且我国通常采用"凯氏定氮法"估测食品和饲料中的蛋白质含量，因此，被不法商人掺杂进食品或饲料中，以提升食品或饲料中蛋白质的检测含量。但三聚氰胺属于化工原料，不属于食品或饲料添加剂的范畴，属于违法添加物。

本任务采用 GB 22388—2008《原料乳与乳制品中三聚氰胺检测方法》高效液相色谱法（第一法）。

实 训

一、 仪器用具

（1）高效液相色谱（HPLC）仪：配紫外检测器。

（2）分析天平：感量为 0.0001g 和 0.01g。

（3）离心机：转速不低于 4000r/min。

（4）超声波水浴。

（5）固相萃取装置。

（6）氮气吹干仪。

（7）旋涡混合器。

（8）具塞塑料离心管：50mL。

（9）研钵。

二、 实践操作

（一）试剂

除非另有说明，本任务所有试剂均为分析纯，水为 GB/T 6682—2008 规定的一级水。

（1）甲醇：色谱纯。

（2）乙腈：色谱纯。

（3）氨水：含量为 25%～28%。

（4）三氯乙酸。

（5）柠檬酸。

（6）辛烷磺酸钠：色谱纯。

（7）甲醇水溶液：准确量取 50mL 甲醇和 50mL 水，混匀后备用。

（8）三氯乙酸溶液（1%）：准确称取 10g 三氯乙酸于 1L 容量瓶中，用水溶解并定容至刻度，混匀后备用。

（9）氨化甲醇溶液（5%）：准确量取 5mL 氨水和 95mL 甲醇，混匀后备用。

（10）离子对试剂缓冲液：准确称取 2.10g 柠檬酸和 2.16g 辛烷磺酸钠，加入约 980mL 水溶解，调节 pH 至 3.0 后，定容至 1L 备用。

（11）三聚氰胺标准品：CAS 108-78-01，纯度大于 99.0%。

（12）三聚氰胺标准贮备液：准确称取三聚氰胺标准品 100mg（精确到 0.1mg）于 100mL 容量瓶中，用甲醇水溶液溶解并定容至刻度，配制成浓度为 1mg/mL 的标准贮备液，于 4℃ 避光保存。

（13）阳离子交换固相萃取柱：混合型阳离子交换固相萃取柱，基质为苯磺酸化的聚苯乙烯-二乙烯基苯高聚物，填料质量为 60mg，体积为 3mL，或相当者。使用前依次用 3mL 甲醇、5mL 水活化。

（14）定性滤纸。

（15）海砂：化学纯，粒度 0.65～0.85mm，二氧化硅（SiO_2）含量为 99%。

（16）微孔滤膜：0.2μm，有机相。

（17）氮气：纯度≥99.999%。

（二）操作步骤

试样用三氯乙酸溶液乙腈提取，经阳离子交换固相萃取柱净化后，用高效液相色谱测定，外标法定量。

1. 提取

称取试样 2g（精确至 0.01g）于 50mL 具塞塑料离心管中，加入三氯乙酸溶液 15mL 和乙腈 5mL，超声波提取 10min，再振荡提取 10min 后，以不低于 4000r/min 的速度离心 10min。上清液经三氯乙酸溶液润湿的滤纸过滤后，用三氯乙酸溶液定容至 25mL，移取 5mL 滤液，加入 5mL 水混匀，作为待净化液。

2. 净化

将待净化液转移至固相萃取柱中。依次用 3mL 水和 3mL 甲醇洗涤，抽至近干后，用 6mL 氨化甲醇溶液洗脱。整个固相萃取过程流速不超过 1mL/min，洗脱液于 50℃，用氮气吹干，残留物（相当于 0.4 g 样品）用 1mL 流动相定容，旋涡混合器振荡 1min，过微孔滤膜后，供 HPLC 测定。

3. 系列标准溶液的制备

准确量取适量三聚氰胺标准贮备液，用流动相逐级稀释得到 0.8，2，20，40，80μg/mL 浓度的标准溶液，供 HPLC 分析。

4. 测定

（1）色谱柱的安装和流动相的更换　将色谱柱（C_{18} 柱，250mm×4.6mm，5μm）安装在色谱仪上，将流动相更换成离子对试剂缓冲液-乙腈（90+10）。

（2）开机　打开紫外检测器和高压输液泵的电源开关，设置检测器的波长 240nm；设置高压输液泵的流速为 1.0mL/min；柱箱温度为 40℃。

按"ON/OFF"键，打开高压泵开关，逆时针旋开排气阀，按"purge"键，排尽管路中气泡及废液 3~5min，再按"purge"键，顺时针旋紧排气阀。

（3）进样分析　打开工作站，设置分析方法和相关信息。

仪器在设定的条件下平衡，基线平稳后，用平头微量注射器吸取 20μL 标准对照溶液，进样浓度由低到高进行检测。以保留时间定性，按照外标法定量，以峰面积计算。以峰面积-浓度作图，得到标准曲线回归方程。

用平头微量注射器吸取 20μL 试样溶液，注入液相色谱仪，可测得对照溶液及试样溶液中三聚氰胺响应值。同时做空白实验。

三、 结果计算及数据记录

试样中三聚氰胺的含量由色谱数据处理软件或如式（7-6）所示计算：

$$X = \frac{A \times c_s \times V \times 1000}{A_s \times m \times 1000} \times f \tag{7-6}$$

式中　X——试样中三聚氰胺的含量，mg/kg

　　　A——样液中三聚氰胺的峰面积

　　　c_s——标准溶液中三聚氰胺的浓度，μg/mL

　　　V——样液最终定容体积，mL

A_s——标准溶液中三聚氰胺的峰面积

m——试样的质量，g

f——稀释倍数

空白实验除不称取样品外，均按上述测定条件和步骤进行。

本方法的定量限为2mg/kg。添加浓度为2~10mg/kg，回收率在80%~110%，相对标准偏差<10%。在重复性条件下获得的两次独立测定结果的绝对差值不得超过算术平均值的10%。

乳及乳制品中三聚氰胺含量的检验数据记录表见表7-10。

表7-10　　　　　　乳及乳制品中三聚氰胺含量的检验报告

样品名称			样品状态		
生产日期			检样日期		
检测方法			检测依据		

m/g	A	A_S	c_S/（μg/mL）	f	X/（mg/kg）

审核员：　　　　　　复核员：　　　　　　　　　　检验员：

四、 注意事项

（1）如果待测样液中三聚氰胺的响应值超过标准曲线的线性范围，则应对样液进行稀释后，再进样分析。

（2）样品预处理过程中，要用到多种有机试剂，需要在通风橱内进行，实验室保持通风良好，实验时戴口罩、手套。

（3）色谱柱使用结束后，规范处理，封闭保存。

（4）《关于三聚氰胺在食品中的限量值的公告（2011年第10号）》规定，婴儿配方食品中三聚氰胺的限量值为1mg/kg，其他乳及乳制品中三聚氰胺的限量值为2.5mg/kg，高于上述限量的食品一律不得销售。

➢ 思考与练习

在实训室完成三聚氰胺含量的检测。

◁ 任务十　乳粉溶解度的测定

▨ 能力目标

（1）掌握乳粉溶解度测定的原理和方法。

（2）能严格按照操作规程安全操作，正确记录数据，分析实验结果。

███ **课程导入**

影响乳粉溶解度的因素有很多，比如饱和度过大，没有经过充分的摇匀，或者没有达到乳粉溶解需要的温度等。溶解度是指每百克样品经规定的溶解过程后，全部溶解的质量。本任务采用溶解度法，依据 GB 5413.29—2010 第一法。

███ **实 训**

一、仪器用具

（1）离心管：50mL，应为厚壁、硬质管。
（2）烧杯：50mL。
（3）离心机。
（4）称量皿：直径为 50~70mm 的铝皿或玻璃皿。

二、实践操作

（一）试剂

蒸馏水。

（二）操作步骤

称取样品 5g（准确至 0.01g）于 50mL 烧杯中，用 38mL 25~30℃的水，分数次将乳粉溶解于 50mL 离心管中，加塞。

将离心管置于 30℃水中，保温 5min，取出，振摇 3min。置于离心机中，以适当的转速离心 10min，使不溶物沉淀。倾去上清液，并用棉栓擦净管壁。再加入 25~30℃的水 38mL，加塞，上下振荡，使沉淀悬浮。置于离心机中离心 10min，倾去上清液，用棉栓仔细擦净管壁。

用少量水将沉淀冲洗入已知质量的称量皿中，先以沸水浴蒸干皿中水分，再移入 100℃烘箱中干燥至恒重。

三、结果计算

样品溶解度如式（7-7）所示计算：

$$X = 100 - \frac{(m_2 - m_1) \times 100}{(1 - \omega) \times m} \tag{7-7}$$

式中　X——样品的溶解度，g/100g

m——样品的质量，g

m_1——称量皿质量，g

m_2——称量皿和不溶物干燥后质量，g

ω——样品水分，g/100g

加糖乳计算时要扣除加糖量。在重复性条件下获得的两次独立测定结果的绝对差值不得超过算术平均值的 2%。

➢ 思考与练习

完成婴幼儿乳粉的溶解度检测。

任务十一　掺假乳的检验

■■■■ 能力目标

(1) 能够正确判断掺假乳。

(2) 掌握掺假乳的检验原理和方法。

(3) 能按照操作规程操作，正确记录，分析实验结果。

■■■■ 课程导入

一切人为地改变乳的成分和性质，均为掺假。掺假有碍乳的卫生，降低乳的营养价值，有时还会影响乳的加工及乳制品的质量。所以，生产单位和卫生检验部门对原料乳的质量应严格把关。在收乳时或进行乳品加工前，酌情对乳进行掺假检验。

■■■■ 实　训

一、 乳中加碱的检验

为了掩蔽牛乳的酸败，降低牛乳的酸度，在牛乳中加入少量的碱，常用的碱有纯碱和小苏打。但是，加碱后的牛乳不但滋味不佳，而且易使腐败菌生长，同时也会破坏某些维生素，对饮用者的健康不利，因而，检测加碱乳非常必要。

（一）检验原理

玫红酸的 pH 变色范围为 6.9~8.0，遇到加碱乳，其颜色会由褐黄色变为玫瑰红色，故可借此检出加碱乳和乳腺炎乳。

（二）试剂

准确称取 0.5g 玫红酸，加入 1000mL 95% 的乙醇溶解得到 0.5g/L 的玫红酸。

（三）操作步骤

于干燥洁净试管中加入 2mL 乳样和 2mL 玫红酸，摇匀，观察颜色变化，有碱的呈玫瑰红色，不含碱的为褐黄色。根据颜色差异，可判定加碱量为微量、中量和大量。

二、亚硝酸盐的检验

（一）检验原理

在酸性条件下，亚硝酸盐与对氨基苯磺酸重氮化后，再与 α-萘胺偶合成紫红色，颜色深浅与亚硝酸盐含量的多少呈正相关。

（二）试剂

显色剂：准确称取 α-萘酚 0.1g、α-萘胺 0.2g、无水对氨基苯磺酸 0.6g，先加 200mL 蒸馏水溶解，溶解后再加入 200mL 冰乙酸，充分混匀，配制好后置于冰箱中保存。

（三）操作步骤

2mL 乳样加入 1mL 显色剂，混匀，2~3min 后观察结果。

（四）结果判定

当牛乳颜色分别变为微粉色、微红色、红色，判定亚硝酸盐含量分别为微量、中量、大量。

三、乳中掺尿素的检测

在乳中掺尿素是为了提高其蛋白质的含量。

（一）检验原理

在酸性条件下，在锰离子（或三价铁离子）的催化下，尿素与二乙酰-肟产生缩合，并在氨基硫脲存在下，形成 5，6-二甲基-1，2，4-三嗪的红色复合物。

（二）试剂

（1）酸性试剂：将 100mL 蒸馏水加到 1000mL 容量瓶中，然后加入 44mL 浓硫酸及 66mL 85%磷酸，冷却至室温后，加入 80mg 氨基硫脲、2g 硫酸锰，溶解后用蒸馏水稀释定容至 1000mL，置于棕色瓶中，放入冰箱中，保存时间为 6 个月。

（2）2%二乙酰-肟试剂：称取 2g 二乙酰-肟，溶于 100mL 蒸馏水中，置于棕色瓶中，放入冰箱中，保存时间为 6 个月。

（3）使用液：取酸性试剂 90mL 和 2%二乙酰-肟 10mL，混匀，即可使用。

（三）操作方法

取使用液 1~2mL 于试管中，加原乳一滴，加热煮沸约 1min 后，观察结果。

（四）结果判定

正常原乳为无色或微红色，掺入尿素或尿的原乳呈深红色。

四、 乳中挥发性氨的检测

将掺假原乳及异常乳混入正常乳中后，会使游离氨含量增加。

(一) 检验原理

正常原乳中游离氨含量很低，但变质原乳、乳腺炎乳及掺铵盐类乳的氨含量显著增加，在弱碱性条件下，加热使其中氨挥发，使指示剂反应显色。

(二) 试剂

(1) 2%氧化镁溶液：氧化镁 2.0g 溶于 100mL 蒸馏水中。

(2) 指示剂：溴麝香草酚蓝 0.04g 溶于 95%分析纯乙醇 100mL 中。

(三) 操作步骤

取乳约 2mL，加入 2%氧化镁约 0.5mL，混合均匀，管口用浸有指示剂的棉球堵住，加热煮沸 2~3min。

(四) 结果判定

正常原乳管口浸有指示剂的棉球呈黄色，变质乳、乳腺炎乳、掺铵盐乳的呈绿至蓝色。

五、 乳中掺水检验

(一) 检验原理

乳的相对密度在一定温度下相对固定，掺水后，会使乳的相对密度发生变化。正常牛乳的相对密度（20℃/4℃）在 1.028~1.302，牛乳掺水后使相对密度降低，每加 10%的水可使牛乳相对密度降低 0.003。

(二) 操作步骤

参见项目七中的"任务二 乳的相对密度的测定"。

六、 乳及乳制品中非蛋白氮的测定

目前，乳及乳制品掺假中，很多都是通过添加非蛋白氮来提高乳及其制品中蛋白质的含量，在原有国标检测方法中，无法识别氮的来源和性质，因此给掺假者可乘之机。中国于 2008 年颁布了一个测定乳与乳制品中非蛋白氮含量的标准，通过这一方法，可以将乳中蛋白氮和非蛋白氮进行区分，可以监测乳中添加非蛋白氮的掺假行为。

(一) 测定原理

用 15%的三氯乙酸溶液，沉淀蛋白质，滤液经消化、蒸馏后，用 0.01mol/L 盐酸滴定，计算氮含量，即为样品中非蛋白氮的含量。

（二）仪器用具

（1）分析天平：感量 0.0001g。

（2）均质机：转速 6000~18000r/min。

（3）定氮蒸馏装置或定氮仪。

（三）试剂

（1）蔗糖。

（2）三氯乙酸溶液（150g/L）：称取 15.0g 三氯乙酸，加水溶解并稀释至 100mL，混匀。

（3）盐酸标准滴定溶液 $[c(HCl) = 0.01mol/L]$。

（4）定量滤纸：中速滤纸。

（四）操作步骤

1. 试样制备

贮藏在冰箱中的乳与乳制品，应在实验前预先取出，并达到室温。

（1）液态试样　准确称取 10g 试样，精确至 0.1mg，置于烧杯中，待测。

（2）固态试样　准确称取 10g 试样，精确至 0.1mg，置于烧杯中。乳粉加入 90mL 温水，搅拌均匀；干酪加入 40mL 温水，均质机匀浆溶解；黄油温热熔化，均吸取 10mL 于烧杯中，称量，待测。

2. 沉淀、过滤

量取三氯乙酸溶液 40mL，加到液态试样中，摇匀，准确称量。静置 5min，中速滤纸过滤，收集澄清滤液。

3. 测定

准确称取滤液 20g，精确至 0.1mg，用 0.01mol/L 盐酸标准滴定溶液代替 0.1mol/L 盐酸标准滴定溶液。

4. 空白实验

准确称取 0.1g 蔗糖于烧杯中，加入 16mL 的三氯乙酸溶液，按步骤 2、步骤 3 操作进行。

5. 结果计算

试样中非蛋白氮的含量计算如式（7-8）所示：

$$X = \frac{1.400 \times 7c(V_1 - V_0)(m_2 - 0.065m_1)}{m_1 m_3} \tag{7-8}$$

式中　X——试样中非蛋白氮的含量，%

　　c——盐酸标准滴定溶液的浓度，mol/L

　　V_1——试样消耗盐酸标准滴定溶液的体积，mL

　　V_0——空白实验所消耗盐酸标准滴定溶液的体积，mL

　　m_2——加入 40mL 三氯乙酸溶液后的试样质量，g

　　0.065——响应因子

m_1——用于沉淀蛋白质的试样质量，g

m_3——用于消化滤液的质量，g

➤ 思考与练习

小组合作制作掺假乳并检测分析结果。

项目八

禽蛋检验

能力目标

能够对禽蛋中的水分进行准确检测，并计算结果。

课程导入

蛋品中的水分受热以后，产生的蒸汽压高于空气在干燥箱中的分压，使食品中的水分蒸发出来，同时，由于不断加热和排走水蒸气，而达到完全干燥的目的，蛋品干燥的速度取决于压差的大小。

实　训

一、仪器用具

（1）玻璃制称量瓶。

（2）电热恒温干燥箱。

（3）干燥器：内附有效干燥剂。

（4）天平：感量为 0.1mg。

二、试剂和材料

（1）盐酸溶液（6mol/L）：量取 50mL 盐酸，加水稀释至 100mL。

（2）氢氧化钠溶液（6mol/L）：称取24g氢氧化钠，加水溶解并稀释至100mL。

（3）海砂：取用水洗去泥土的海砂，先用盐酸溶液（6mol/L）煮沸0.5h，用水洗至中性，再用氢氧化钠溶液（6mol/L）煮沸0.5h，用水洗至中性，经105℃干燥备用。

三、 实践操作

首先，在称量瓶内称取约10g海砂，内放一根细玻璃棒，置于101~105℃干燥箱中，干燥1h后，放入干燥器内冷却0.5h后称量，并重复干燥至恒重。

然后，称取5~10g试样（精确至0.0001g），置于称量瓶中，用小玻棒搅匀使样品与海砂完全黏合一起，放在沸水浴上蒸干，并随时搅拌，擦去瓶底的水滴，置于101~105℃干燥箱中干燥4h后盖好取出，放入干燥器内冷却0.5h后称量。然后放入101~105℃干燥箱中干燥1h左右，取出，放入干燥器内冷却0.5h后再称量。重复以上操作，直至前后两次质量差不超过0.002g即为恒重。

四、 数据处理及记录

试样中水分含量计算见式（8-1）：

$$X = \frac{m_1 - m_2}{m} \times 100 \qquad (8-1)$$

式中　　X——试样中水分的含量，g/100g

　　　　m_1——称量瓶和试样的质量，g

　　　　m_2——称量瓶和试样干燥后的质量，g

　　　　m——试样的质量，g

　　　　100——单位换算系数

水分含量≥1g/100g时，计算结果保留三位有效数字；水分含量<1g/100g时，计算结果保留两位有效数字。

蛋品中水分含量的检验数据记录见表8-1。

表8-1　　　　　　　　　　蛋品中水分含量的检验报告

样品名称		样品状态	
生产日期		检样日期	
检测方法		检测依据	
m/g	m_1/g	m_2/g	X/（g/100g）

审核员：　　　　　　　复核员：　　　　　　　检验员：

五、 注意事项

（1）在测定过程中，称量器从烘箱中取出后，应迅速放入干燥器中进行冷却，否则，不易达到恒重。

（2）浓稠态样品直接加热干燥，其表面易结硬壳焦化，使内部水分蒸发受阻，故在测定前，需加入精制海砂搅拌均匀，以增大蒸发面积。

➤ 思考与练习

1. 思考题

禽蛋中水分的检测过程中，需要注意哪些问题？

2. 操作练习

在实训室中，完成对鸡蛋的水分含量测定。

◁ 任务二 蛋及蛋制品中游离脂肪酸的测定

▨▨▨ **能力目标**

掌握蛋及蛋制品中游离脂肪酸含量检测原理及方法。

▨▨▨ **课程导入**

蛋制品在贮存过程中，由于微生物的污染，在含有蛋白质和水分等有机物的情况下，为微生物的繁殖和脂肪酶分解脂肪创造了有利条件，逐步将脂肪分解为甘油和游离脂肪酸，产品酸度增加，质量下降。为此，测定成品的游离脂肪酸，可以推知所用原料是否加工适当、成品贮存的时间长短以及贮存条件的好坏等。所以，游离脂肪酸含量是品质检验不可缺少的项目之一。

在此介绍蛋及蛋制品中游离脂肪酸含量，依据为 GB/T 5009.47—2003《蛋与蛋制品卫生标准的分析方法》。

▨▨▨ **实　训**

一、 仪器用具

（1）水浴。

（2）干燥箱。

（3）滴定管。

二、 实践操作

（一）试剂

（1）中性三氯甲烷：内含无水乙醇（1%）。取三氯甲烷，以等量的水洗1次，同时按三氯甲烷体积20∶1的比例加入氢氧化钠溶液（100g/L），洗涤2次，静置分层。倾出洗涤液，再用等量的水洗涤2~3次，至呈中性。将三氯甲烷用无水氯化钙脱水后，于80℃水浴上进行蒸馏，接取中间馏出液并检查是否为中性。于每100mL三氯甲烷中加入无水乙醇1mL，贮于棕色瓶中。

（2）酚酞指示液：乙醇溶液（10g/L）。

（3）乙醇钠标准滴定溶液（0.05mol/L）：量取800mL无水乙醇，置于锥形瓶中，将1g金属钠切成碎片，分次加入无水乙醇中，待作用完毕后，摇匀，密塞，静置过夜，将澄清液倾入棕色瓶中，并按下述方法标定。

准确称取约0.2g于105~110℃干燥至恒量的基准邻苯二甲酸氢钾，加入50mL新煮沸过的冷水，振摇使溶解，加3滴酚酞指示液，用上述配制乙醇钠溶液滴定至初显粉红色30s不褪色，同时做空白实验。

乙醇钠标准溶液的实际浓度如式（8-2）所示进行计算：

$$c = \frac{m}{(V_1 - V_2) \times 0.2040} \tag{8-2}$$

式中　c——乙醇钠标准溶液的实际浓度，mol/L

　　　m——邻苯二甲酸氢钾的质量，g

　　　V_1——邻苯二甲酸氢钾消耗乙醇钠溶液的体积，mL

　　　V_2——空白实验所消耗乙醇钠溶液的体积，mL

　0.2040——与1.00mL乙醇钠标准滴定溶液（1.000mol/L）相当的邻苯二甲酸氢钾的质量，g

（二）操作步骤

将蛋中油脂用三氯甲烷提取后以乙醇钠标准滴定溶液滴定，测定其游离脂肪酸（以油酸计）的含量。

将测定脂肪后所得干燥浸出物以30mL中性三氯甲烷熔解，加3滴酚酞指示液，用乙醇钠标准滴定溶液（0.050mol/L）滴定，至溶液呈现粉红色30s不褪色为终点。

三、 结果计算及数据记录

试样中游离脂肪酸的含量如式（8-3）所示进行计算：

$$X(\text{以油酸计}) = \frac{V \times c \times 0.2820}{m} \times 100 \tag{8-3}$$

式中　X——试样中游离脂肪酸的含量，g/100g

　　　　V——试样消耗乙醇钠标准滴定溶液的体积，mL

　　　　c——乙醇钠标准滴定溶液的实际浓度，mol/L

　　　　m——测定脂肪时所得干燥浸出物的质量，g

0.2820——与1.00mL乙醇钠标准滴定溶液（$c = 1.000$mol/L）相当的油酸质量，g

计算结果保留两位有效数字。在重复性条件下获得的两次独立测定结果的绝对差值不得超过算术平均值的5%。

试样中游离脂肪酸含量的数据记录表见表8-2。

表8-2　　　　　　　　　　蛋及蛋制品中游离脂肪酸含量检验报告

样品名称		样品状态	
生产日期		检样日期	
检测方法		检测依据	
m/g	c/（mol/L）	V/（mL）	X/（g/100g）

审核员：　　　　　　复核员：　　　　　　检验员：

四、注意事项

配制乙醇钠溶液时，钠与乙醇作用放出氢气，故应离火远些。金属钠与切下的表面碎片应放回原煤油液中保存，切勿接触水，以免着火，配制时戴上眼镜与手套以做好防护。

➢ 思考与练习

1. 思考题

蛋制品中脂肪酸测定方法。

2. 操作练习

在实训室对鸭蛋中脂肪酸含量进行检测。

◁任务三▷ 蛋及蛋制品中铅的测定

▊▊▊ 能力目标

（1）了解原子吸收分光光度计的工作原理。

（2）掌握石墨炉法测定蛋及蛋制品中铅含量的原理、方法的操作流程和注意要点。

（3）了解石墨炉原子吸收光谱法工作条件的选择方法。

课程导入

我们生活的环境中，铅的污染源主要来源于冶炼厂、含铅使用的材料等。通过被污染的食物、空气、饮水进入人体内引起铅的蓄积性中毒。

人体内的一部分铅会经过肠道和肾脏排出体外；另一部分会留在人体内，取代骨中的钙，从而蓄积于骨骼，随着铅蓄积量的增加，人体就会出现中毒性反应。铅中毒会引起造血、神经系统及肾脏损伤，主要表现为贫血、反应迟钝、智力低下等慢性中毒。铅对胎儿和幼儿的生长发育影响最大，儿童发生铅中毒的概率会高于成年人，因此蛋及蛋制品中铅含量测定极其重要。

在此依据 GB/T 5009.116—2003 介绍石墨炉原子吸收光谱法测定蛋及蛋制品中铅的残留量。

实　训

一、仪器用具

（1）原子吸收光谱仪：配石墨炉原子化器，附铅空心阴极灯。

（2）分析天平：感量 0.1mg 和 1mg。

（3）可调式电热炉。

（4）可调式电热板。

（5）微波消解系统：配聚四氟乙烯消解内罐。

（6）恒温干燥箱。

（7）压力消解罐：配聚四氟乙烯消解内罐。

二、实践操作

（一）试剂

除非另有说明，本任务所用试剂均为优级纯，水为 GB/T 6682—2008 规定的二级水。

（1）硝酸（HNO_3）。

（2）高氯酸（$HClO_4$）。

（3）磷酸二氢铵（$NH_4H_2PO_4$）。

（4）硝酸钯 [$Pd(NO_3)_2$]。

（5）硝酸溶液（5+95）：量取 50mL 硝酸，缓慢加入到 950mL 水中，混匀。

（6）硝酸溶液（1+9）：量取 50mL 硝酸，缓慢加入到 450mL 水中，混匀。

（7）磷酸二氢铵-硝酸钯溶液：称取 0.02g 硝酸钯，加少量硝酸溶液（1+9）溶解后，再加入 2g 磷酸二氢铵，溶解后用硝酸溶液（5+95）定容至 100mL，混匀。

（8）硝酸铅标准品 [Pb（NO₃）₂，CAS 号：10099-74-8]：纯度>99.99%，或经国家认证并授予标准物质证书的一定浓度的铅标准溶液。

（9）铅标准贮备液（1000mg/L）：准确称取 1.5985g（精确至 0.0001g）硝酸铅，用少量硝酸溶液（1+9）溶解，移入 1000mL 容量瓶，加水至刻度，混匀。

（10）铅标准中间液（1.00mg/L）：准确吸取铅标准贮备液（1000mg/L）1.00mL 于 1000mL 容量瓶中，加硝酸溶液（5+95）至刻度，混匀。

（11）铅系列标准溶液：分别吸取铅标准中间液（1.00mg/L）0，0.50，1.00，2.00，3.00，4.00mL 于 100mL 容量瓶中，加硝酸溶液（5+95）至刻度，混匀。此铅系列标准溶液的质量浓度分别为 0，5.0，10.0，20.0，30.0，40.0μg/L。

（二）操作步骤

试样消解处理后，经石墨炉原子化，在 283.3nm 处测定吸光度。在一定浓度范围内铅的吸光度值与铅含量成正比，与标准曲线比较定量。

1. 试样制备

样品用水洗净，晾干，取可食部分，制成匀浆，贮于塑料瓶中。

2. 试样预处理

（1）湿法消解 称取固体试样 0.2~3.0g（精确至 0.001g）或准确移取液体试样 0.50~5.00mL 于带刻度消化管中，加入 10mL 硝酸和 0.5mL 高氯酸，在可调式电热炉上消解（参考条件：120℃/0.5~1h；升至 180℃/2~4h；升至 200~220℃）。若消化液呈棕褐色，再加少量硝酸，消解至冒白烟，消化液呈无色透明或略带黄色，取出消化管，冷却后用水定容至 10mL，混匀备用。同时做空白实验。亦可采用锥形瓶，于可调式电热板上，按上述操作方法进行湿法消解。

（2）微波消解 取固体试样 0.2~0.8g（精确至 0.001g）或准确移取液体试样 0.50~3.00mL 于微波消解罐中，加入 5mL 硝酸，按照微波消解的操作步骤消解试样，消解条件参考表8-3。

表8-3　　　　　测定蛋及蛋制品中铅含量的微波消解升温程序

步骤	设定温度/℃	升温时间/min	恒温时间/min
1	120	5	5
2	160	5	10
3	180	5	10

冷却后取出消解罐，在电热板上于 140~160℃赶酸至 1mL 左右。消解罐放冷后，将消化液转移至 10mL 容量瓶中，用少量水洗涤消解罐 2~3 次，合并洗涤液于容量瓶中并用水定容至刻度，混匀备用。同时做空白实验。

（3）压力罐消解　称取固体试样 0.2~1.0g（精确至 0.001g）或准确移取液体试样 0.50~5.00mL 于消解内罐中，加入 5mL 硝酸。盖好内盖，旋紧不锈钢外套，放入恒温干燥箱，于 140~160℃下保持 4~5h。

冷却后缓慢旋松外罐，取出消解内罐，放在可调式电热板上于 140~160℃赶酸至 1mL 左右。冷却后将消化液转移至 10mL 容量瓶中，用少量水洗涤内罐和内盖 2~3 次，合并洗涤液于容量瓶中并用水定容至刻度，混匀备用。同时做空白实验。

3. 测定

（1）仪器参考条件　波长：283.3nm；狭缝：0.5nm；灯电流：8~12mA；干燥条件：85~120℃/40~50s；灰化条件：750℃/20~30s；原子化条件：2300℃/4~5s。具体可根据各自仪器性能调至最佳状态。

（2）标准曲线的绘制　按质量浓度由低到高的顺序分别将 10μL 铅系列标准溶液和 5μL 磷酸二氢铵-硝酸钯溶液（可根据所使用的仪器确定最佳进样量）同时注入石墨炉，原子化后测其吸光度值，以质量浓度为横坐标，吸光度值为纵坐标，绘制标准曲线。

（3）试样溶液的测定　在与测定标准溶液相同的实验条件下，将 10μL 空白溶液或试样溶液与 5μL 磷酸二氢铵-硝酸钯溶液（可根据所使用的仪器确定最佳进样量）同时注入石墨炉，原子化后测其吸光度值，与标准曲线比较定量。

三、 结果计算及数据记录

试样中铅的含量如式（8-4）所示计算：

$$X = \frac{(\rho - \rho_0) \times V}{m \times 1000} \tag{8-4}$$

式中　X——试样中铅的含量，mg/kg 或 mg/L

　　　ρ——试样溶液中铅的质量浓度，μg/L

　　　ρ_0——空白溶液中铅的质量浓度，μg/L

　　　V——试样消化液的定容体积，mL

　　　m——试样称样量或移取体积，g 或 mL

　1000——换算系数

试样中铅含量检验数据记录如表 8-4 所示。

表 8-4 **蛋及蛋制品中铅含量检验报告**

样品名称		样品状态	
生产日期		检样日期	
检测方法		检测依据	

m/g	$\rho/(\mu g/L)$	$\rho_0/(\mu g/L)$	V/mL	$X/(mg/kg)$

审核员：　　　　　　　　　复核员：　　　　　　　　　检验员：

四、 注意事项

（1）可根据仪器的灵敏度及样品中铅的实际含量确定系列标准溶液中铅的质量浓度。

（2）所有玻璃器皿及聚四氟乙烯消解内罐均需硝酸溶液（1+5）浸泡过夜，用自来水反复冲洗，最后用水冲洗干净。

（3）在采样和试样制备过程中，应避免试样污染。

（4）当铅含量≥1.00mg/kg（或 mg/L）时，计算结果保留三位有效数字；当铅含量<1.00mg/kg（或 mg/L）时，计算结果保留两位有效数字。

（5）当称样量为 0.5g（或 0.5mL），定容体积为 10mL 时，方法的检出限为 0.02mg/kg（或 0.02mg/L），定量限为 0.04mg/kg（或 0.04mg/L）。在重复性条件下获得的两次独立测定结果的绝对差值不得超过算术平均值的 20%。

（6）GB 2762—2017《食品安全国家标准　食品中污染物限量》规定铅限量指标（以铅计）：蛋及蛋制品（皮蛋、皮蛋肠除外）≤0.2mg/kg；皮蛋、皮蛋肠≤0.5mg/kg。

➢ 思考与练习

1. 思考题

蛋制品和肉制品的重金属含量检验操作有哪些区别？

2. 操作练习

在实训室完成对蛋中铅含量的测定。

◌ **任务四** 蛋及蛋制品中六六六、滴滴涕残留量的检验

▧▧▧▧ **能力目标**

（1）了解气相色谱仪的工作原理。

（2）掌握气相色谱法测定原理、方法的操作流程和操作要点。

（3）了解气相色谱仪工作条件的选择方法。

课程导入

根据动物性食品中有机氯农药和拟除虫菊酯类农药多组分残留量的测定，GB/T 5009.19—2008 规定了两种方法：毛细管柱气相色谱-电子捕获检测器法和填充柱气相色谱-电子捕获检测器法。本任务采用毛细管柱气相色谱-电子捕获检测器法（第一法）。

实 训

一、 仪器用具

（1）气相色谱仪：具电子捕获检测器（ECD）。

（2）旋转蒸发仪。

（3）凝胶净化柱：长 30.0cm，内径 2.3~2.5cm 具塞玻璃层析柱，柱底垫少许玻璃棉。用洗脱液乙酸乙酯-环己烷（1+1）浸泡的凝胶以湿法装入柱中，柱床高约 26cm，凝胶始终保持在洗脱剂中。

（4）组织捣碎机。

（5）电动振荡器。

（6）天平。

（7）微量注射器。

（8）全自动凝胶色谱系统：带有固定波长（254nm）紫外检测器，供选择使用。

（9）氮气浓缩器。

二、 实践操作

（一）试剂

（1）丙酮：重蒸。

（2）石油醚：沸程 30~60℃，分析纯，重蒸。

（3）乙酸乙酯：重蒸。

（4）环己烷：重蒸。

（5）正己烷：重蒸。

（6）氯化钠。

（7）无水硫酸钠：分析纯，将无水硫酸钠置干燥箱中，于 120℃ 干燥 4h，冷却后，密闭保存。

（8）聚苯乙烯凝胶（Bio-Beads S-X$_3$）：200~400目，或同类产品。

（9）农药标准品：α-六六六、β-六六六、γ-六六六、δ-六六六、p,p'-滴滴涕、o,p'-滴滴涕、p,p'-滴滴伊、p,p'-滴滴滴的纯度均$\geqslant$99%。

（10）标准溶液的配制：先分别准确称取各农药标准品，用少量苯溶解，再以正己烷稀释成一定浓度的贮备液。然后根据各农药在仪器上的响应情况，以正己烷配制混合标准应用液。

（二）操作步骤

试样经提取、净化、浓缩、定容，用毛细管柱气相色谱分离，电子捕获检测器检测，以保留时间定性，外标法定量。

1. 试样制备

鲜蛋去壳，制成匀浆。

2. 提取与分配

称取试样20g（精确至0.01g）于250mL具塞锥形瓶中，加水5mL（视试样水分含量加水，使总量约20g。通常鲜蛋水分含量约75%，加水5mL即可），再加40mL丙酮，于振荡器上振摇30min，加氯化钠6g，充分摇匀，再加30mL石油醚，振摇30min。静置分层后，将有机相全部转移至100mL具塞三角瓶中，经无水硫酸钠干燥，并量取35mL上清液于旋转蒸发瓶中，浓缩至约1mL，加2mL乙酸乙酯-环己烷（1+1）溶液再浓缩，如此重复3次，浓缩至1mL，供凝胶色谱层析净化使用，或将浓缩液转移至全自动凝胶渗透色谱系统配套的进样试管中，用乙酸乙酯-环己烷（1+1）溶液洗涤旋转蒸发瓶数次，将洗涤液合并至试管中，定容至10mL。

3. 净化

选择手动或全自动净化方法中的一种。

（1）手动凝胶色谱柱净化　将此浓缩液经凝胶柱，以乙酸乙酯-环己烷（1+1）溶液洗脱，弃去0~35mL流分，收集35~70mL流分。将其旋转蒸发浓缩至约1mL，再经凝胶柱净化收集35~70mL流分，蒸发浓缩，用氮气吹除溶剂，以石油醚定容至1mL，留待GC分析。

（2）全自动凝胶渗透色谱系统净化　试样由5mL试样环注入凝胶渗透色谱（GPC）柱，泵流速5.0mL/min，以乙酸乙酯-环己烷（1+1）溶液洗脱，弃去0~7.5min流分，收集7.5~15min流分，15~20min冲洗GPC柱。将收集的流分旋转蒸发浓缩至约1mL，用氮气吹至近干，用正己烷定容至1mL，留待GC分析。

4. 测定

（1）色谱柱的安装　色谱柱DM-5石英弹性毛细管柱，0.25μm，30m×0.32mm（内径）石英弹性毛细管柱。

（2）开机　打开载气钢瓶总阀，调节输出压力。打开载气净化器开关，调节载气合适的柱前压，打开气相色谱仪电源开关。

设置柱温（程序升温）：90℃（1min）$\xrightarrow{40℃/min}$170℃$\xrightarrow{2.3℃/min}$230℃（17min）$\xrightarrow{40℃/min}$280℃（5min）

进样口温度280℃。不分流进样，检测器为电子捕获检测器（ECD）。载气为氮气（N_2）；柱前压：0.5MPa；流速：1mL/min；尾吹：25mL/min。

（3）进样分析　仪器在设定的条件下平衡，基线平稳后，分别量取1μL混合标准溶液及试样净化液注入气相色谱仪中，以保留时间定性，以试样和标准溶液的峰高或峰面积比较定量。色谱图出峰顺序：α-六六六、β-六六六、γ-六六六、δ-六六六、p, p'-滴滴伊、p, p'-滴滴滴、o, p'-滴滴涕、p, p'-滴滴涕。

三、 结果计算及数据记录

试样中各农药含量如式（8-5）所示进行计算：

$$X = \frac{m_1 \times V_1 \times f \times 1000}{m \times V_2 \times 1000}$$

(8-5)

式中　X——样品中各农药的含量，mg/kg

m_1——被测样液中各农药的含量，ng

V_1——样液进样体积，μL

f——稀释因子

V_2——样液最后定容体积，mL

m——试样质量，g

1000——单位换算系数

计算结果保留两位有效数字。在重复条件下获得的两次独立测定结果的绝对差值不得超过算术平均值的20%。

试样中各农药残留量检验数据记录如表8-5所示。

表8-5　　　　蛋及蛋制品中六六六、滴滴涕（DDT）残留量检验报告

样品名称			样品状态	
生产日期			检样日期	
检测方法			检测依据	
农药名称	m/g	试样峰面积	m_1/ng	$X/$（mg/kg）
α-六六六				
β-六六六				
γ-六六六				
δ-六六六				

续表

农药名称	m/g	试样峰面积	m_1/ng	$X/（mg/kg）$
$p，p'$-滴滴伊				
$p，p'$-滴滴滴				
$o，p'$-滴滴涕				
$p，p'$-滴滴涕				

审核员：　　　　　　　　　复核员：　　　　　　　　　检验员：

四、 注意事项

（1）乙酸乙酯易燃易爆、易挥发，具刺激性、致敏性；石油醚极度易燃，可引起周围神经炎，对皮肤有强烈刺激性；正己烷易燃易爆，有麻醉和刺激作用，长期接触可致周围神经炎；丙酮主要是对中枢神经系统的抑制、麻醉作用；预处理操作需在通风橱内进行，应避免明火，避免吸入，避免与皮肤接触。实验过程中应佩戴手套和护目镜。

（2）该实验涉及农药标准品较多，消耗品较贵，宜在检测机构实习时完成。

（3）其他注意事项参见项目六中"任务六　畜禽肉中有机磷农药残留量的测定"。

（4）根据 GB 2763—2016《食品安全国家标准　食品中农药最大限量》规定蛋品中的残留限量：六六六≤0.1mg/kg，滴滴涕≤0.1mg/kg。其中，六六六的残留物为 α-六六六、β-六六六、γ-六六六和 δ-六六六之和；滴滴涕的残留物是指 $p，p'$-滴滴涕、$o，p'$-滴滴涕、$p，p'$-滴滴伊和 $p，p'$-滴滴滴之和。

➤ 思考与练习

1. 思考题

蛋品中农药残留量检测需要注意的事项。

2. 操作练习

在实训室中对蛋品中滴滴涕（DDT）含量进行检测。

项目九

其他农产品检验

任务一　茶叶中干物质含量检验

能力目标

（1）能利用磨碎机制备茶叶试样。

（2）能采用直接干燥法测定茶叶样品中干物质含量，并对测定数据进行计算。

课程导入

　　茶叶中干物质含量的测定是茶叶品质的必检项目之一。中国是茶叶的故乡，茶叶年产量约 120 万 t。通常将茶叶按颜色分成六类，分别为绿茶、黄茶、白茶、青茶、红茶和黑茶。绿茶是我国产量最多的一类茶叶，不经发酵，具有香高、味醇、形美、耐冲泡等特点，其制作经过杀青、揉捻、干燥的过程。黄茶是微发酵的茶。在制茶过程中，经过闷堆渥黄，因而形成黄叶、黄汤。白茶是轻度发酵的茶。它加工时不炒不揉，只将细嫩、叶背满茸毛的茶叶晒干或用文火烘干，而使白色茸毛完整地保留下来。青茶属半发酵茶，即制作时适当发酵，使叶片稍有红变，是介于绿茶与红茶之间的一种茶类。它既有绿茶的鲜浓，又有红茶的甜醇。红茶是全发酵的茶，加工时不经杀青，而且萎凋，使鲜叶失去一部分水分，再揉捻（揉搓成条或切成颗粒），然后发酵使所含的茶多酚氧化，变成红色的化合物。这种化合物一部分溶于水，另一部分不溶于水从而积累在叶片中形成红汤、红叶。黑茶为后发酵的茶，一般以黑毛茶为原料，经过杀青、揉捻、渥堆和干燥四道工序制成，因成品茶外观呈黑色而得名。

实 训

一、仪器用具

（1）磨碎机。

（2）玻璃制或铝制称量瓶。

（3）玻璃制或铝制具盖烘皿：内径 75~80mm。

（4）鼓风电热恒温干燥箱（103℃±2℃）。

（5）分析天平：感量 0.1mg。

（6）有效干燥器。

二、实践操作

（一）试剂

（1）盐酸溶液（6mol/L）：量取 50mL 盐酸，加水稀释至 100mL。

（2）氢氧化钠溶液（6mol/L）：称取 24g 氢氧化钠，加水溶解并稀释至 100mL。

（3）海砂：选用洁净的海砂、石英砂、河砂或类似物，先用 6mol/L HCl 溶液对其进行煮沸 0.5h，然后用清水洗掉 HCl，再用 6mol/L NaOH 溶液煮沸 0.5h，并用清水洗掉 NaOH，经 105℃ 干燥备用。

（二）操作步骤

1. 试样制备

（1）紧压茶以外的各类茶 先将少量茶叶试样倒入磨碎机，进行研磨，然后将首次磨碎的茶样弃去，再取茶叶试样进行研磨，作为待测试样。

（2）紧压茶 用锤子和凿子将紧压茶分成 4~8 份，再在每份不同处取样，用锤子击碎或用电钻在紧压茶上均匀钻孔 9~12 个，取出粉末茶样，将其混匀，然后用磨碎机将少量试样磨碎，将磨碎试样弃去，再磨碎其余部分，作为待测试样。

2、直接干燥处理

取事先清洁过的玻璃制或铝制带盖称量瓶，放入完成预热的干燥箱中（温度设置为 101~105℃）烘干 1.0h，然后放入有效干燥器内进行冷却，冷却时间为 30min，再将称量瓶取出并称重。重复上述操作，直到临近两次干燥处理的称量瓶质量差不小于 2mg，称量瓶达到恒重。称取事先研磨好的茶叶试样 2~10g（精确至 0.1mg），放入恒重带盖称量瓶中，试样应高度小于 5mm，将装有茶叶试样的称量瓶放入完成预热的干燥箱中（温度设置为 101~105℃），瓶盖放置于旁边，干燥 120~240min 后，加盖并取出，放入干燥器内冷却 30min 后称量。然后将称量瓶放入完成预热的干燥箱中（温度设置为 101~105℃）进行干燥处理 60min，取出，放入干燥器内冷却 30min 后再称量。重复上述操作，直到临近两次干燥处理的茶样质量差小于 2mg，茶样达到恒重。

三、 结果计算及数据处理

磨碎试样的干物质含量以质量分数（%）表示，计算见式（9-1）：

$$干物质含量 = \frac{m_1}{m_0} \times 100\% \qquad (9-1)$$

式中　m_0——试样的原始质量，g

　　　　m_1——干燥后的试样质量，g

四、 注意事项

（1）磨碎机由不吸收水分的材料制成，其死角应尽可能小，易于清洁。

（2）试样制备时，先用磨碎机研磨少量试样，丢弃，再开始研磨待测试样，以防磨碎机中其他残留物质混入试样中，造成检测结果不准确。

（3）选择紧压茶为试样原料时，用于分解茶饼的锤子和凿子等工具，必须干净、无杂质残留，否则会对试样造成污染。

（4）样品容器大小以能装满研磨样品为宜。

▌ 问题探究

一、 操作关键点

（1）试样研磨后保证能完全通过孔径为 600~1000μm 的筛。

（2）如果采用硅胶干燥剂，应在使用之前，观察硅胶颜色，一般硅胶干燥剂的颜色为蓝紫色，吸水失效后变为粉红色或透明，需将其放入 105~120℃恒温干燥箱中进行干燥处理，待其颜色变为蓝紫色，才可再次放入干燥器内使用。

（3）试样干燥处理时，一定要干燥至恒重，即在干燥处理完成的情况下，两次试样质量差不超过 2mg，才能进行结果计算。

二、 检测原理

茶叶中的自由水和弱结合水在 101~105℃的温度下全部变成水蒸气挥发，茶叶的质量不再发生变化即干燥至恒重，茶叶的质量为茶叶的质量与强结合水质量之和，干燥后茶叶的质量与茶叶原始质量之比为茶叶干物质含量。

【知识拓展】

　　茶叶加工过程中茶叶叶片的干物质含量是影响茶叶加工品质的关键因素。新鲜的茶叶中干物质含量为 20%~25%，其中包括维生素类、蛋白质、氨基酸、类脂类、糖类及矿物质元素类，它们对人体有较高的营养价值；除此之外，也包括对人体具有功能性作用的多糖、咖啡因、茶多酚等成分。目前茶叶干物质含量的准确测量都是采用电热恒温箱加热除去水分至恒重，然后称量来实现的。这种测量方法结果准确，操作简单，成本低，但是耗时较长，一般需要 4~6h。

➤ 思考与练习

　　1. 研究性习题
　　采用直接干燥法完成茶叶中干物质含量的测定。
　　2. 思考题
　　分析茶叶的干物质含量的检测中产生数据误差的原因。
　　3. 操作练习
　　在实训室内熟练掌握烘干箱、干燥器、干燥剂的使用方法。

◆ **任务二**　茶叶中游离氨基酸总量的测定

■■■■ **能力目标**

　　(1) 熟悉分光光度计的使用。
　　(2) 能利用分光光度计，采用标准曲线法测定茶叶样品中游离氨基酸总量，并对测定数据进行处理。

■■■■ **课程导入**

　　检测茶叶中游离氨基酸的含量是了解茶叶品质和新鲜程度的重要方法，这种游离氨基酸在有机体保健、疾病预防、身体康复等方面均发挥重要作用。

■■■■ **实　训**

一、　仪器用具

　　(1) 分析天平：感量 1mg。

（2）分光光度计。

（3）比色皿：具塞，25mL。

二、 实践操作

（一）试剂

（1）pH 8.0 磷酸盐缓冲液的配制

①1/15mol/L 磷酸氢二钠：称取 23.9g 十二水磷酸氢二钠（$Na_2HPO_4 \cdot 12H_2O$），用蒸馏水定容至 1L。

②1/15mol/L 磷酸二氢钾：称取 9.08g 经 110℃ 烘干 2h 的磷酸二氢钾（KH_2PO_4），用蒸馏水定容至 1L。

③取 1/15mol/L 的磷酸氢二钠溶液 95mL 和 1/15mol/L 磷酸二氢钾溶液 5mL，混匀，该混合溶液 pH 为 8.0。

（2）2%茚三酮溶液的配制　称取 2，2-二羟基-1，3-茚二酮 2g，加水 50mL 和 $SnCI_2 \cdot 2H_2O$（氯化亚锡）80mg，搅拌均匀。避光静置 24h，过滤后用蒸馏水定容至 100mL。

（3）茶氨酸或谷氨酸系列标准溶液的配制

①10mg/mL 标准贮备液：称取茶氨酸或谷氨酸 250mg，溶于蒸馏水中，再定容至 25mL。该标准贮备液 1mL 含有茶氨酸或谷氨酸 10mg。

②移取 0.0，1.0，1.5，2.0，2.5，3.0mL 标准贮备液，分别加水定容至 50mL，摇匀。该系列标准溶液 1mL 分别含有 0，0.2，0.3，0.4，0.5，0.6mg 茶氨酸或谷氨酸。

（二）操作步骤

1. 样液制备

称取 3g（准确至 1mg）磨碎茶叶试样于 500mL 锥形瓶中，加沸蒸馏水 450mL，立即移入沸水浴中浸提 45min（每隔 10min 摇动一次），浸提完毕后立即趁热减压过滤，残渣用少量热蒸馏水洗涤 2~3 次。将滤液转入 500mL 容量瓶中，冷却后用水定容至刻度，摇匀。

2. 测定吸光度

准确吸取样液 1mL，注入 25mL 比色皿中，加 0.5mL pH 8.0 磷酸盐缓冲液和 0.5mL 2%茚三酮溶液，在沸水浴中加热 15min。待冷却后加水定容至 25mL。放置 10min 后，用 5mm 比色皿，在 570 nm 处，以空白试剂作参比，测定吸光度。

3. 氨基酸标准曲线的绘制

分别吸取 1mL 茶氨酸或谷氨酸系列标准溶液于一组 25mL 比色皿中，各加 pH 8.0 磷酸盐缓冲液 0.5mL 和 2%茚三酮溶液 0.5mL，在沸水浴中加热 15min，冷却后加水定容至 25mL，测定吸光度。将测得的吸光度与对应的茶氨酸或谷氨酸浓度绘制成标准曲线。

三、 结果计算及数据处理

茶叶中游离氨基酸含量以干基质量分数（%）表示，计算见式（9-2）：

$$游离氨基酸总量(以茶氨酸或谷氨酸计) = \frac{\frac{C}{1000} \times \frac{V1}{V2}}{m \times w} \tag{9-2}$$

式中　C——根据测定的吸光度从标准曲线上查得的茶氨酸或谷氨酸的质量，mg

　　　　V_1——样液总体积，mL

　　　　V_2——测定用样液体积，mL

　　　　m——试样质量，g

　　　　w——试样干物质含量（质量分数），%

四、 注意事项

（1）检测过程中使用的玻璃器皿、比色皿等器具必须保证洁净、无其他物质残留。

（2）重复性实验应选择相同批次的茶叶进行检测，准确称取待测茶叶试样。

（3）分光光度计使用前需预热 30min，测定吸光度时须在 15min 内完成。

问题探究

（1）测定标样与试样的吸光度，应保证相同的显色条件、测量条件。

（2）标准曲线应定期校准。如果实验条件变动（如试剂重配、标准溶液更换、仪器经过修理等），标准曲线应重新绘制。

（3）拿取比色皿时，只能用擦镜纸按一个方向擦拭光学面。测定前用待测溶液润洗，并保证使用成套比色皿。

（4）绘制标准曲线要保证回归系数符合线性要求，否则计算误差较大。

【知识拓展】

茶叶中含有丰富的氨基酸，氨基酸是构成茶叶滋味的重要成分，直接影响茶叶的品质。其中，茶氨酸是茶叶特有的氨基酸，占茶叶游离氨基酸总量的 30%~70%，茶氨酸既是影响茶叶品质的重要成分，又在茶叶营养保健作用中占有重要地位，测定茶叶中的游离氨基酸含量对茶叶开发利用具有重要的指导意义。

现行的 GB/T 8314—2013 规定茶叶中游离氨基酸总量的测定方法为茚三酮比

色法。除此之外，还可以采用薄层色谱法、高效液相色谱法、毛细管电泳法、近红外光谱法等对氨基酸的含量进行检测，以达到不同的检测目的和检测效果。

➤ 思考与练习

1. 研究性习题

采用分光光度法完成茶叶中游离氨基酸总量的测定。

2. 思考题

分析茶叶中游离氨基酸的检测中产生数据误差的原因。

3. 操作练习

在实训室内熟练掌握分光光度计的工作环境要求和基本操作方法。

◁ 任务三 ▷ 蜂蜜中还原糖的测定

能力目标

掌握液相色谱条件的设定及还原糖测量技术。

课程导入

蜂蜜是蜜蜂将从花中采到的花蜜带回蜂巢并加以酿制而成的，含糖量可达70%~80%，主要为单糖和寡糖。单糖和大多寡糖因含有游离酮基或醛基，具有还原性，所以这些糖为还原糖。蜂蜜中的还原糖主要是指葡萄糖和果糖，还有少量的麦芽糖等。

实 训

一、仪器用具

（1）磁力搅拌器。

（2）超声波振荡器。

（3）离心机。

（4）高效液相色谱仪。

（5）液相色谱柱：氨基色谱柱，柱长250mm，内径4.6mm，膜厚5μm。

（6）分析天平：感量0.1mg。

二、 实践操作

（一）试剂

（1）乙腈：色谱纯。

（2）乙酸锌 $[Zn(CH_3COO)_2 \cdot 2H_2O]$。

（3）亚铁氰化钾 $[K_4Fe(CN)_6 \cdot 3H_2O]$。

（4）石油醚：沸程 30~60℃。

（5）乙酸锌溶液：称取乙酸锌 21.9g，加冰乙酸 3mL，加水溶解并稀释至 100mL。

（6）亚铁氰化钾溶液：称取亚铁氰化钾 10.6g，加水溶解并稀释至 100mL。

（7）葡萄糖标准品、果糖标准品、蔗糖标准品、乳糖标准品以及麦芽糖标准品均应保证纯度为 99%，或经国家认证并授予标准物质证书的标准物质。

（8）糖标准贮备液（20mg/mL）：分别称取 1g 葡萄糖、果糖、麦芽糖、蔗糖和乳糖，事先经过 96℃±2℃ 干燥处理 2h，加水定容至 50mL。

（9）糖标准溶液：分别吸取糖标准贮备液 1.00，2.00，3.00，5.00mL 于 10mL 容量瓶，加水定容，得到分别相当于 2.0，4.0，6.0，10.0mg/mL 的标准溶液。

（二）操作步骤

1. 试样的预处理

将蜂蜜样品搅拌均匀，如果蜂蜜样品结晶，可先置于 60℃ 的水浴中，待结晶融化后，再搅拌均匀，迅速冷却至室温，待检。

称取蜂蜜样品 1~2g，加水定容至 50mL，充分摇匀，用干燥滤纸过滤，弃去初滤液，后续滤液用微孔滤膜（0.45μm）过滤或离心获取上清液过微孔滤膜至样品瓶，供液相色谱分析。

2. 液相色谱参考条件

（1）流动相：乙腈+水 = 70+30（体积比）。

（2）流动相流速：1.0mL/min。

（3）柱温：40℃。

（4）进样量：20μL。

（5）示差折光检测器条件：温度 40℃。

（6）蒸发光散射检测器条件：①飘移管温度：80~90℃；②氮气压力：350kPa；③撞击器：关。

3. 标准曲线的绘制

将糖标准贮备液依次按上述推荐液相色谱条件上机测定，记录液相色谱图峰面积或峰高，以峰面积或峰高为纵坐标，以标准溶液的浓度为横坐标，示差折光检测器采用峰面积线性方程，蒸发光散射检测器采用幂函数方程绘制标准曲线。

4. 试样溶液的测定

将试样溶液注入高效液相色谱仪中，记录峰面积或峰高，从标准曲线中查得试样溶液中糖的浓度。可根据具体试样进行稀释（n）。空白试剂除不加试样外，均按上述步骤进行。

三、 结果计算及数据处理

试样中目标物的含量计算见式（9-3），计算结果需扣除空白值：

$$X = \frac{(\rho - \rho_0) \times V \times n}{m \times 1000} \times 100 \qquad (9\text{-}3)$$

式中　X——试样中还原糖（葡萄糖、果糖、蔗糖、乳糖和麦芽糖）的含量，g/100g

　　　ρ——样液中糖的浓度，mg/mL

　　　ρ_0——空白试剂中糖的浓度，mg/mL

　　　V——样液定容体积，mL

　　　n——稀释倍数

　　　m——试样的质量，g 或 mL

　1000——换算系数

　100——换算系数

检出限：当样量为 10g，果糖、葡萄糖、蔗糖、麦芽糖和乳糖检出限应为0.2g/100g。

四、 注意事项

（1）蜂蜜融化时应注意防止水分侵入。

（2）蜂蜜应在0~4℃的条件下保存，以防变质。

问题探究

还原糖是能够还原斐林试剂的糖，在碱性溶液中，还原糖能将 Fe^{3+}、Cu^{2+}、Ag^+、Hg^{2+} 等金属离子还原，而糖本身被氧化成糖酸及其他产物。糖类的这种性质常被用于糖的定性和定量测定。

【知识拓展】

3，5-二硝基水杨酸比色法是还原糖测定的一种常用方法。根据色素等还原性物质可与3，5-二硝基水杨酸显色剂显色，采用水解前测定值校正水解后测定值的方法，简便、有效地排除了色素等杂质的干扰。该方法具有简便、快速、灵敏度高等特点。近年来逐渐被应用于植物药、海洋生物药等药物的多糖含量的测定中。

➤ 思考与练习

分析蜂蜜还原糖检测中产生数据误差的原因。

◁ 任务四 ▷ 蜂蜜中淀粉酶值的测定

▊▊▊▊ **能力目标**

（1）能利用分光光度计，采用标准曲线法测定蜂蜜样品中的淀粉酶值。
（2）能对测定数据进行处理，并掌握相应的计算方法。

▊▊▊▊ **课程导入**

蜂蜜是极易掺假的食品，假蜂蜜产品的感官指标和部分理化指标与天然蜂蜜产品的极为相似，有研究表明天然蜂蜜中的淀粉酶来源于蜜蜂，而不是花粉或花蜜，说明蜂蜜淀粉酶是蜂蜜产品中特有的成分。假蜂蜜添加工业淀粉酶使其淀粉酶活力指标可以达到甚至超过国家标准的要求，但是其中的淀粉酶性质与天然蜂蜜的淀粉酶性质是完全不同的。

▊▊▊▊ **实 训**

一、 仪器用具

（1）分光光度计。
（2）分析天平。
（3）恒温水浴锅。

二、 实践操作

（一）试剂

（1）碘贮备液：称取碘8.8g置于含有22g碘化钾的30~40mL水中溶解，用水定容至1L。

（2）碘溶液：称取碘化钾20g，用水溶解，再加入碘贮备液5.0mL，用水定容至500mL。每两天制备一次。

（3）乙酸盐缓冲液（pH 5.3，1.59mol/L）：称取87 g乙酸钠（$CH_3COONa \cdot 3H_2O$）于400mL水中，加入10.5mL冰乙酸，用水定容至500mL。必要时，用乙

酸钠或冰乙酸调节 pH 至 5.3。

（4）氯化钠溶液（0.5mol/L）：称取氯化钠 14.5g，用水溶解并定容至 500mL。

（5）淀粉溶液：溶解可溶性淀粉 2.0g 于 90mL 水中，迅速煮沸后再微沸 3min，静置至室温后，移至 100mL 容量瓶中并定容。

（二）操作步骤

1. 试样的制备

将蜂蜜样品搅拌均匀，取 500g 置于样品瓶中用于检测，密封并加以标识。

2. 淀粉溶液的标定

吸取淀粉溶液 5.0mL 和水 10.0mL，分别置于 40℃ 水浴中保持 15min。将淀粉溶液倒入 10.0mL 水中搅拌均匀，取混合液 1.0mL 加入到的碘溶液 10.0mL 中，混匀，用一定体积的水稀释后，以水为空白对照，用分光光度计于 660nm 波长处测定吸光度，确定产生 0.760±0.02 吸光度所需稀释水的体积数，并以此体积数作为样品溶液的稀释系数。

3. 淀粉酶值的测定

（1）分光光度计条件　波长：660nm；参比物：水。

（2）样品处理　称取 5g 试样，精确到 0.01g。置于 20mL 烧杯中，加入水 15mL 和乙酸盐缓冲液 2.5mL 后，移入含有氧化钠溶液 1.5mL 的 25mL 容量瓶中并定容（样品溶液应先加缓冲液再与氯化钠溶液混合）。

（3）吸取淀粉溶液 5.0mL、样品溶液 10.0mL（上一步制备）和碘溶液 10.0mL，分别置于 40℃ 水浴中 15min。将淀粉溶液倒入样品溶液中并以前后倾斜的方式充分混合后开始计时。

（4）5min 时取 1.0mL 样品混合溶液（上一步制备）加入 10.0mL 的碘溶液中，再用淀粉溶液标定时确定的稀释水的体积数进行稀释并用前后倾斜的方式充分混匀后，以水为空白对照，用分光光度计于 660nm 波长处测定吸光度。

（5）如果吸光度超过 0.235（特定吸光度），应继续按上一步骤进行重复操作，直至吸光度低于 0.235 为止。

（6）待测期间，样品混合溶液、碘溶液和水应保存在 40℃ 水浴中。淀粉酶吸光度与终点值对应时间参照表 9-1。

表 9-1　　　　　　　　　　淀粉酶吸光度与终点值对应时间表

淀粉酶吸光度	终点值/min	淀粉酶吸光度	终点值/min
0.7	>25	0.55	11~13
0.65	20~25	0.5	9~10
0.6	15~18	0.45	7~8

三、 结果计算及报告表述

在对数坐标纸上，以吸光度为纵坐标，时间为横坐标，将所测的吸光度与其相对应的时间在对数坐标纸上标出，连接各点划一直线。从直线上查出样品溶液的吸光度为 0.235 时相对应的时间，如式（9-4）所示计算：

$$X = 300/t \qquad (9-4)$$

式中　X——样品溶液中的淀粉酶值，mL/（g·h）

　　　t——相对应的时间，min

计算结果保留 2 位有效数字。在重复性条件下，获得的两次独立测试结果的绝对差值不超过重复性限（r）。本任务的重复性限如式（9-5）所示计算：

$$r = 0.5508m - 5.7854 \qquad (9-5)$$

式中　r——重复性限

　　　m——两次测定值的平均值，mL/（g·h）

四、 注意事项

（1）待测蜂蜜样品无论有无结晶都不要加热，样品在常温下保存。

（2）检测时，如 5min 时初测的数据已接近吸光度 0.235，而另一测定数据又很快达到吸光度 0.200 左右，说明该样品的淀粉酶值含量高［大于 35mL/（g·h）］。但为了结果的准确，应重复测定。即从开始计时起，每分钟测定一次。对于淀粉酶值含量低的样品，应每 10min 测定一次，通过若干个数据画线即可预测其终点值，但 5min 时初测的数据不能用于终点值的预测。

▋▋▋ **问题探究**

高效液相色谱法实验原理是溶于流动相中的各组分经过固定相时，试样组分基本上按分子大小受到不同阻滞而先后流出色谱柱，从而实现分离目的。高效液相色谱法回收率稳定可靠且重复性好，且在样品的制备和分析过程中没有被任何试剂污染，处理过程简单，葡萄糖、果糖、麦芽糖、蔗糖分离度高。故所测含量可视为蜂蜜中各种糖的真实含量。

【知识拓展】

液相色谱示差折光检测法对于检测糖类含量具有选择性好、分离性较好、精密度高等特点，其对糖类含量检测限度可达 8~10g/mL。其原理是通过比较折光率的变化来检测流动相中的样品峰，光源通过聚光镜和夹缝在光栅前成像，并作为检测池的入射光，出射光照在反射镜上，光被反射，又入射到检测池上，出射光在经过透射镜照到双光敏电阻上形成夹缝像。当测量池中流过被测样品时，引起折射率变化，使照在双光电阻上的光束发生偏转，使双光敏电阻阻值发生变化，此时由电桥输出讯号，即反映了样品浓度的变化情况。

➤ 思考与练习

1. 研究性习题

采用高效液相色谱法完成蜂蜜中淀粉酶值的测定。

2. 思考题

分析蜂蜜中淀粉酶值的检测中产生数据误差的原因。

3. 操作练习

在实训室内熟练掌握分光光度计的基本操作。

◄ 任务五 ► 蜂蜜中羟甲基糠醛含量的测定

■■■■ **能力目标**

（1）熟悉高效液相色谱仪的使用。

（2）能利用高效液相色谱法测定蜂蜜中羟甲基糠醛的含量，并对测定结果进行计算。

■■■■ **课程导入**

羟甲基糠醛的含量测定是蜂蜜新鲜程度的重要指标，如果检测发现蜂蜜中羟甲基糠醛含量相对较高，则说明蜂蜜质量不过关。一般情况下，随着贮存时间增加，蜂蜜中葡萄糖、果糖等六碳糖会部分脱水转变成羟甲基糠醛，贮存温度高、掺入转化糖等也能促进羟甲基糠醛的生成。因此，可以通过检测蜂蜜中羟甲基糠醛的含量评价蜂蜜的质量和新鲜程度。

■■■■ **实 训**

一、 仪器用具

（1）高效液相色谱仪（配紫外检测器）。

（2）分析天平：感量为1mg。

（3）注射器：10mL。

（4）过滤膜：0.45μm。

二、 实践操作

（一）试剂

（1）甲醇溶液10%：吸取100mL的甲醇到1000mL的容量瓶中，用水稀释至刻度。

（2）标准贮备溶液：准确称取适量的羟甲基糠醛标准物质（纯度≥99%）于100mL容量瓶，用10mL甲醇溶解，用水稀释至刻度，配成0.20mg/mL的标准贮备液。此溶液可在温度低于4℃的冰箱中冷藏保存两个月。

（3）标准溶液：分别吸取适量的羟甲基糠醛标准贮备溶液至100mL容量瓶中，用10%甲醇溶液稀释至刻度，配成0.10，0.20，1.0，2.0，4.0，6.0，10μg/mL标准溶液。使用当天新鲜配制。

（二）操作步骤

1. 试样的处理

称取10g试样，精确至0.01g，置于100mL烧杯中，加入10mL甲醇，用玻璃棒轻轻搅拌均匀，使试样完全溶解。转移至100mL容量瓶中，用水稀释至刻度，充分混匀。用0.45μm的滤膜过滤，滤液用于液相色谱仪紫外检测器测定。

2. 羟甲基糠醛的测定

（1）液相色谱条件

色谱柱：Diamonsil C_{18} 5μm，250mm×4.6mm（i.d）或相当者；

流动相：甲醇+水（10+90）；

流速：1.0mL/min；

检测波长：285nm；

柱温：30℃；

进样量：10μL。

（2）羟甲基糠醛的测定　首先测定七个标准溶液在上述色谱条件下的峰面积，以峰面积对相应浓度绘制标准曲线，然后测定未知样品，用标准曲线对样品进行定量。样品溶液中羟甲基糠醛的响应值应在仪器的线性范围内。在上述色谱条件下，羟甲基糠醛的参考保留时间约为12min，羟甲基糠醛标准物质色谱图和含有羟甲基糠醛的蜂蜜样品色谱图参见图9-1和图9-2。

3. 平行实验

按上述步骤，对同一试样进行平行实验测定。

4. 空白实验

按上述步骤，对10%的甲醇溶液进行测定。

5. 添加实验

每批样品应至少进行一个样品的添加实验。称取10g试样，精确至0.01g，添

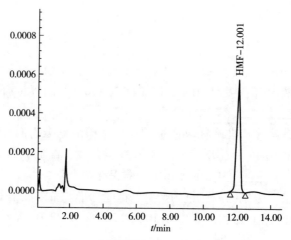

图 9-1　羟甲基糠醛标准物质色谱图

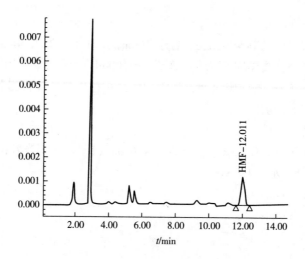

图 9-2　含有羟甲基糠醛的蜂蜜样品色谱图

加 1.0mL 羟甲基糠醛标准贮备溶液，加 9.9mL 甲醇溶解，其他步骤按试样处理步骤进行。

三、结果计算及数据处理

试样中羟甲基糠醛含量计算见式（9-6）：

$$X = C \cdot \frac{V}{m} \cdot \frac{1000}{1000} \tag{9-6}$$

式中　X——试样中羟甲基糠醛含量，mg/kg

　　　　C——从标准曲线上得到的被测组分溶液浓度，$\mu g/mL$

V——定容体积，mL

m——样液所代表试样的质量，g

计算结果保留 2 位有效数字。在重复性条件下，蜂蜜中羟甲基糠醛的含量在 2.0~40mg/kg 范围内，获得的两次独立测试结果的绝对差值不超过重复性限（r），本任务的重复性限按式（9-7）计算：

$$\lg r = 0.6495 \lg m - 1.3043 \tag{9-7}$$

式中　r——重复性限

m——两次测定值的平均值，mg/kg

在再现性条件下，蜂蜜中羟甲基糠醛的含量在 2.0~40mg/kg 范围内，获得的两次独立测试结果的绝对差值不超过再现性限（R），本任务的再现性限按式（9-8）计算：

$$R = 0.0682m + 0.1243 \tag{9-8}$$

式中　R——再现性限

m——两次测定值的平均值，mg/kg

四、注意事项

（1）待测蜂蜜样品无论有无结晶，都不要加热。将其搅拌均匀，分出 0.5kg 作为试样。试样于室温下保存。

（2）结果计算应扣除空白值。

问题探究

蜂蜜国家标准采用高效液相色谱法测定 5-羟甲基糠醛的含量，规定不得超过 40mg/kg。国家标准规定了 5-羟甲基糠醛测定的具体方法。5-羟甲基糠醛性质不稳定，熔点 30~34℃，极易潮解，高于 30℃ 难以准确称量。

线性与校正因子测定：取内标贮备液 0.5，1.0，2.0，3.0，5.0mL，分别置于 100mL 量瓶中，再分别加入对照品贮备液 2.0mL，加水稀释至刻度，摇匀，分别取 10μL 进样测定。以鸟嘌呤核苷与 5-HMF 的质量浓度比值 X 为横坐标，以两者的峰面积比值 Y 为纵坐标，进行线性回归。鸟嘌呤核苷和 5-HMF 不同浓度比值（0.34~3.46）与峰面积比值的线性关系良好（$r = 0.9999$），回归方程为 $Y = 0.3099X - 0.0062$ $r = 0.9999$。

分别采用 Waters 2695-2998 及 Agilent 1260 高效液相色谱系统，Agilent TC-C_{18}（4.6mm×250mm，5μm）、Agilent ZORBAX SB-C_{18}（4.6mm×250mm，5μm）及 Phenomenex C_{18}（4.6mm×250mm，5μm）3 种色谱柱，重复进行 5 次实验，以不同质量浓度比值与峰面积值计算校正因子，校正因子平均值（$n = 5$）为 0.3399，RSD = 3.3%。

【知识拓展】

蜂蜜主要成分为果糖、葡萄糖等己糖，约占总量70%以上。己糖经加热可分解产生5-羟甲基糠醛等降解物，这种物质在新鲜蜂蜜中含量很低，能引起动物横纹肌麻痹及内脏损害，具有基因毒性、细胞毒性和潜在的致癌风险。

➢ 思考与练习

分析蜂蜜中羟甲基糠醛的检测中产生数据误差的原因。

任务六 蜂蜜中杀虫脒残留量的测定

能力目标

（1）熟悉液相色谱-质谱联用设备的使用。
（2）采用质谱检测法对蜂蜜中杀虫脒及其代谢物（4-氯邻甲苯胺）的残留量进行测定并对测定结果进行计算。

课程导入

杀虫脒为甲脒类杀虫、杀螨剂，对人体具有潜在的致癌危险性。在目前的检测方法中，脉冲极谱法灵敏度不高，不能满足检测要求，液相色谱衍生化法虽然灵敏度高，但操作相对复杂；气相色谱氮磷检测器法及气相色谱-质谱测定杀虫脒母体的方法操作简便可靠，但无法同时测定杀虫脒的代谢产物。采用液相色谱-质谱联用方法灵敏度高，重现性好，并且操作简便。

实 训

一、仪器用具

（1）液相色谱-串联质谱仪［配有电喷雾离子源（ESI）］。
（2）分析天平：感量为10mg和0.1mg。
（3）旋涡混匀器。
（4）固相萃取装置。
（5）氮吹仪。
（6）离心管：15mL。
（7）玻璃试管：10mL（有刻度）。

（8）恒温水浴锅。

（9）微孔滤膜：0.22μm，有机系。

二、 实践操作

（一）试剂

（1）氢氧化钠溶液（0.02mol/L）：溶解800mg氢氧化钠于1L水中，使用期为1个月。

（2）硫酸溶液（1mol/L）：于适量水中缓慢移入浓硫酸54.3mL，边溶解边搅拌，用水稀释至1 L，使用期为3个月。

（3）硫酸溶液（10mmol/L）：于适量水中缓慢移入1mol/L硫酸10mL，边溶解边搅拌，用水稀释至1L，使用期为1个月。

（4）乙腈水溶液：乙腈：水（3+7，体积比）。

（5）甲酸溶液（0.1%）：1mL甲酸溶解于水中，并定容至1 L。

（6）杀虫脒标准品（chlordimeform，$C_{10}H_{13}C1N_2$）CAS：6164-98-3，纯度≥99%。

（7）4-氯邻甲苯胺标准品（4-chloro-o-toluidine，C_7H_8C1N）CAS：95-69-2，纯度≥99%。

（8）标准贮备液：准确称取适量的杀虫脒和4-氯邻甲苯胺标准品，用乙腈配制成浓度为1.0mg/mL的标准贮备溶液。该溶液在-18℃冰箱中保存。有效期为12个月。

（9）标准中间溶液：用乙腈分别稀释标准贮备液至终浓度约为1.0μg/mL，低于4℃避光冷藏保存，有效期为6个月。

（10）基质标准溶液：根据需要，临用时吸取一定量的标准中间溶液，用基质空白溶液配制成适当浓度的混合标准溶液。低于4℃避光冷藏保存，现用现配。

（11）HLB固相萃取小柱（亲水亲脂平衡柱）：60mg（填料：聚苯乙烯-二乙烯基苯-吡咯烷酮），3mL或相当者。使用前依次用3mL甲醇、3mL水活化。

（二）操作步骤

1. 试样制备

取无结晶的蜂蜜样品500g，对有结晶析出的蜂蜜样品，将其置于60℃的水浴中，待结晶全部融化后，迅速冷却至室温，再完成取样。装入洁净容器，密封，标明标记。

2. 提取

称取蜂蜜样品1g（精确到0.01g），置于15mL离心管中，加入0.02mol/L NaOH溶液10mL，以2000r/min混匀。

3. 净化

将上述提取液转移至 HLB 固相萃取柱中，再加入水 3mL 洗涤离心管，过柱。用水 3mL 和 10mmol/L H_2SO_4溶液 1mL 淋洗小柱，弃去淋出液，抽干。用乙腈 2mL 洗脱，收集于 10mL 试管中，洗脱液在室温下氮吹近干，准确加入 1.0mL 乙腈：水（3+7），振荡溶解，过 0.22μm 滤膜，供测定。

4. 杀虫脒及其代谢物的测定

（1）测定杀虫脒及其代谢物的液相色谱-质谱参考条件

色谱柱：C_{18}色谱柱，长 50mm，内径 4.6mm，粒径 1.8μm，或相当者；

流动相：乙腈-0.1%甲酸溶液，梯度洗脱程序见表 9-2；

表 9-2 测定杀虫脒及其代谢物的流动相梯度洗脱程序

时间/min	0.1%甲酸溶液/%	乙腈/%
0.0	70	30
2.0	70	30
4.0	5	95
7.0	5	95
7.1	70	30
13.0	70	30

流速：0.50mL/min；

柱温：30℃；

进样量：10μL；

离子源：电喷雾离子源（ESI）；

扫描方式：正离子；

监测方式：多反应监测（MRM）；

测定杀虫脒及其代谢物的质谱条件见表 9-3 和表 9-4。

表 9-3 测定杀虫脒及其代谢物的质谱条件及参数

项目条件	设置参数	项目条件	设置参数
电离源模式	电喷雾离子化	毛细管电压	4000V
电离源极性	正模式	干燥气温度	350℃
检测方式	多反应监测	干燥气流速	9L/min
雾化气	氮气	分辨率	单位分辨率
雾化气压力	0.207MPa（30psi）		

表 9-4　杀虫脒和 4-氯邻甲苯胺定性离子对、定量离子对、碎裂电压、碰撞能量

名称	定性离子对（m/z）	定量离子对（m/z）	碎裂电压/V	碰撞能量/eV
杀虫脒	197.1/117.1	197.1/117.1	130	29
	197.1/125			33
4-氯邻甲苯胺	142/125	142/125	118	21
	142/106.7			21

（2）色谱测定与确证　根据样液中被测化合物的含量，选定峰面积相近的标准溶液，对标准溶液和样液等体积参插进样，测定标准溶液和样液中被测化合物的响应值，均应在仪器检测的线性范围内，用标准曲线按外标法定量。在上述色谱条件下杀虫脒和 4-氯邻甲苯胺的参考保留时间分别为 1.3min 和 4.4min，杀虫脒和 4-氯邻甲苯胺标准品多反应监测（MRM）色谱图参见图 9-3。

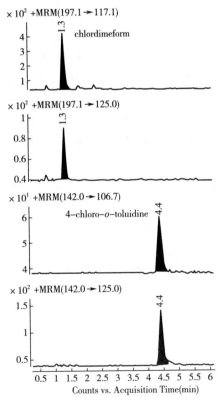

图 9-3　杀虫脒和 4-氯邻甲苯胺标准品多反应监测（MRM）色谱图

按照液相色谱-质谱条件测定样品和标准溶液，样品的质量色谱峰保留时间与标准品中对应的保留时间偏差在±2.5%之内，且样品中各组分定性离子的相对丰度与接近浓度的标准溶液中相应的定性离子的相对丰度进行比较，偏差不超过表9-5规定的范围，则可判定样品中存在对应的被测物。

表9-5 定性确证时相对离子丰度的最大允许偏差

相对离子丰度	>50%	>20%~50%	>10%~20%	≤10%
允许的相对偏差	±20%	±25%	±30%	±50%

5. 空白实验

除不加试样外，均按上述测定步骤进行。

三、 结果计算及报告表述

用色谱数据处理机或如式（9-9）所示计算试样中杀虫脒或4-氯邻甲苯胺残留量：

$$X = \frac{A_i \times C_{si} \times V}{A_{si} \times m} \tag{9-9}$$

式中　X——试样中杀虫脒或4-氯邻甲苯胺残留含量，mg/kg

　　　A_i——样液中杀虫脒或4-氯邻甲苯胺的峰面积

　　　V——样液最终定容体积，mL

　　　A_{si}——标准溶液中杀虫脒或4-氯邻甲苯胺的峰面积

　　　C_{si}——标准溶液中杀虫脒或4-氯邻甲苯胺的浓度，μg/mL

　　　m——最终样液的试样量，g

计算结果须扣除空白值，测定结果用平行测定的算术平均值表示，保留两位有效数字。在重复性条件下获得的两次独立测定结果的绝对差值与其算术平均值的比值（百分比），应符合表9-6的要求。

表9-6 实验室内液相色谱-质谱测定结果重复性要求

被测组分含量 X/（mg/kg）	精密度/%	被测组分含量 X/（mg/kg）	精密度/%
$X \leq 0.001$	36	$0.1 < X \leq 1$	18
$0.001 < X \leq 0.01$	32	$X > 1$	14
$0.01 < X \leq 0.1$	22		

四、 注意事项

本任务的定量限为5μg/kg。

问题探究

杀虫脒又称杀螨脒或克死螨，是一种高效杀螨剂，其分子式为 $C_{10}H_{13}CN_2$，化学名为 N-（2-甲基-4-氯苯基）-N'，N'-二甲基甲脒。杀虫脒主要用于防治水稻螟虫，也可用于防治棉花红蜘蛛、红铃虫和果树红蜘蛛、介壳虫等。国内生态流行病学提示，在接触杀虫脒的工人的尿中检出了其代谢产物4-氯邻甲苯胺，这些工人的膀胱癌发生率是未接触工人的72倍。目前，检测蜂蜜中杀虫脒的方法主要包括气相色谱/质谱联用法（GC/MS）、气相色谱法（GC）、高效液相色谱法（HPLC）、薄层色谱法（TLC）等。应用液相色谱-质谱联用（LC-MS）技术，建立了蜂蜜中杀虫脒及其代谢产物4-氯邻甲苯胺残留量同时测定的方法。该方法的预处理步骤简单、快速、净化效果好、灵敏度高、回收率稳定，为蜂蜜中杀虫脒及其代谢产物的残留检测研究提供了技术手段。

【知识拓展】

蜂蜜是昆虫蜜蜂所酿的蜜，于春、秋两季采收，经过滤制得。中国药典记载，蜂蜜具有补中、润燥、止痛、解毒的功效，常用于脘腹虚痛、肺燥干咳、肠燥便秘、外治溃疡、水火烫伤等。蜂蜜中的农药残留源于蜜源植物，往往是农业生产中使用的杀虫剂，其中最主要的是双甲脒和氟胺氰菊酯。近年来国内蜂农使用双甲脒防治蜂螨的趋势逐年增加，造成蜂蜜中双甲脒残留量严重超标。有研究采用气相色谱分析方法检测蜂蜜中双甲脒残留量，蜂蜜中的双甲脒经水解、净化和衍生化后，用气相色谱-电子捕获检测器测定，其回收率为 $90.5\% \sim 100.1\%$，变异系数 $1.64\% \sim 4.40\%$，最低检测浓度为 0.0025mg/kg。当取样 2.00g，定容 0.2mL，进样 2μL，本法的检测限可达 2.0×10^{-9}。

➤ 思考与练习

分析蜂蜜中杀虫脒残留量的检测中产生数据误差的原因。

任务七 干果检验

能力目标

（1）掌握干果感官检验、理化检验和微生物检验的指标。
（2）能独立完成干果的感官检验，并对干果质量进行准确评价。

课程导入

干果是指成熟后果皮干燥的植物果实，例如核桃、瓜子、腰果、榛子、开心果、松子、桂圆、话梅、葡萄干、莲子、荔枝干等。有的干果是植物的果核或果仁，有的则是用植物的果实，例如以新鲜桂圆、荔枝、葡萄、柿子为原料，经过晾晒、烘干等工艺加工而制成的干燥食品。

实 训

一、 感官检验指标

感官检验采用眼看、鼻嗅、口尝等方法进行；感官检验指标为无虫蛀、无霉变、无异味，具体见表9-7。

表 9-7 干果的感官检验指标

项目	指标			
	桂圆	荔枝	葡萄干	柿饼
外观	个体完整，保持应有的色泽，无破损	外壳完整，保持应有的色泽，无破损	颗粒完整，无破损	外表完整，无破裂，蒂贴肉不翘
色泽	肉色呈黄亮棕色至深棕色，无虫蛀，无霉变	果肉呈棕色至深棕色，无虫蛀，无霉变	呈黄绿色、红棕色或棕色，无虫蛀，无霉变	表层呈白色至灰白色霜，剖面呈橘红至棕褐色，无虫蛀，无霉变
气味及滋味	具有桂圆应有的甜香，无异味，无焦苦	具有荔枝固有的甜酸味，无异味	具有葡萄干应有的鲜醇甜味，略带酸味，无异味	具有柿饼应有的甜香味，无异味
组织形态	肉与核易剥离，组织紧密	组织紧密	质地柔软	肉呈纤维状，紧密具有韧性

二、 理化检验指标

干果的理化检验指标见表9-8。

表 9-8 干果的理化检验指标

项目	指标			
	桂圆	荔枝	葡萄干	柿饼
水分/%	≤25	≤25	≤20	≤35
总酸/（g/100g)	≤1.5	≤1.5	≤2.5	≤6

三、 微生物检验指标

干果的微生物检验指标见表 9-9。

表 9-9 干果的微生物检验指标

项目	指标	
	葡萄干	柿饼
致病菌（指肠道致病菌、致病性球菌）	不得检出	不得检出

问题探究

干果保藏技术的应用能有效延长干果的保质期，提高干果质量。干果保藏技术主要用于干果杀菌、防霉、防虫害、抑制生芽等。干果的保藏技术应尽量保证干果在贮藏的过程中不升温，保留较多营养素，并保证营养素和感官性状发生很少的改变。

【知识拓展】

食品添加剂使用卫生标准规定，在食品加工中允许使用的漂白剂有二氧化硫、焦亚硫酸钠、焦亚硫酸钾、亚硫酸钠、低亚硫酸钠、亚硫酸氢钠、硫黄。各种漂白剂在干果、干菜中的残留量以二氧化硫计。二氧化硫为无色、不燃性气体，在通常温度和压力条件下，有强烈的刺激性气味，对人的上呼吸道有很强的刺激作用，短时间大剂量吸入会导致咽喉水肿或肿痛，严重时会导致视觉、味觉消退，或使肺部纹理有改变，导致肺炎、气管炎、体力下降，高浓度二氧化硫会导致窒息、昏迷甚至死亡。如果加工过程中没有控制好使用量，就有可能造成二氧化硫残留量的超标，食用后易导致对人体健康的损害。因此，严格按照检验标准对干果进行卫生检验势在必行。

➢ 思考与练习

1. 思考题
分析干果的理化检测中产生数据误差的原因。
2. 操作练习
在实训室内熟练掌握干果微生物检验的基本操作。

◁ **任务八** 干果（桂圆、荔枝、葡萄干、柿饼）中水分的测定

▨▨▨▨ **能力目标**

（1）会使用干燥器并能鉴别干燥剂是否失效。
（2）能利用干燥器采用直接干燥法测定干果样品中水分的含量，并对检测结果进行计算。

▨▨▨▨ **课程导入**

干果保管不善、水分含量超标，容易导致霉变等腐败现象的发生。有些干果如果外观破损，就会对里面的果肉造成污染。由于荔枝、桂圆等干果本身外形的限制，烘干以后外形不佳，一些不法商贩便采用具有致癌性的过氧化氢漂洗，提高干果美观度，以达到促进消费者购买欲的目的。品质好的桂圆，外观色泽清新醒目，闻起来有清香气味，肉质嫩糯，入口甜而清香。选择桂圆，应挑选无破壳、无烟火味、粒大均匀、肉厚核小的为好。

▨▨▨▨ **实　训**

一、仪器用具

（1）磨碎机。
（2）扁形铝制或玻璃制称量瓶。
（3）铝质或玻质烘皿：有盖，内径 75~80mm。
（4）鼓风电热恒温干燥箱（103℃±2℃）。
（5）有效干燥器。
（6）分析天平：感量 0.1mg。

二、实践操作

（一）试剂

（1）盐酸溶液（6mol/L）：量取 50mL 盐酸，加水稀释至 100mL。
（2）氢氧化钠溶液（6mol/L）：称取 24g 氢氧化钠，加水溶解并稀释至 100mL。
（3）海砂：选用洁净的海砂、石英砂、河砂或类似物，先用 6mol/L HCl 溶液煮沸 30min，然后用水洗去 HCl，再用 6mol/L NaOH 溶液煮沸 30min，用水洗去 NaOH，经 105℃干燥备用。

（二）操作步骤

利用食品中水分的物理性质，在 101.3kPa（一个大气压），101~105℃下采用挥发方法测定样品中干燥减失的重量，包括吸湿水、部分结晶水和该条件下能挥发的物质，再通过干燥前后的称量数值计算出干物质的含量。本法适用于在 101~105℃下，蔬菜、谷物及其制品、水产品、豆制品、乳制品、肉制品、卤菜制品、粮食（水分含量低于 18%）、油料（水分含量低于 13%）、淀粉及茶叶类等食品中干物质含量的测定。

直接干燥处理：取洁净铝制或玻璃制的扁形称量瓶，置于 101~105℃干燥箱中，瓶盖斜支于瓶边，加热 1.0h，取出盖好，置于干燥器内冷却 0.5h，称量，并重复干燥至前后两次质量差不超过 2mg，即为恒重。取干果可食部分试样 2~10g（精确至 0.1mg），切碎或剪碎，混合均匀，放入此称量瓶中，试样厚度不超过 5mm，加盖，精密称量后，置于 101~105℃干燥箱中，瓶盖斜支于瓶边，干燥 2~4h 后，盖好取出，放入干燥器内冷却 0.5h 后称量。然后放入 101~105℃干燥箱中干燥 1h 左右，取出，放入干燥器内冷却 0.5h 后再称量。并重复以上操作至前后两次质量差不超过 2mg，即为恒重。

两次恒重值在最后计算中，应取质量较小的一次称量值。

三、 结果计算及数据处理

干果试样的水分含量，如式（9-10）所示计算：

$$X = \frac{m_1 - m_2}{m_1 - m_3} \times 100 \tag{9-10}$$

式中　X——试样中水分的含量，g/100g

　　　m_1——称量瓶（加海砂、玻棒）和试样的质量，g

　　　m_2——称量瓶（加海砂、玻棒）和试样干燥后的质量，g

　　　m_3——称量瓶（加海砂、玻棒）的质量，g

　　　100——单位换算系数。

计算结果保留三位有效数字。

四、 注意事项

（1）海砂主要用于防止样品表面硬皮的形成，并有助于样品水分蒸发。

（2）样品容器大小以能装满研磨样品为宜。

██████ 问题探究

1. 操作关键点

（1）试样研磨后保证能完全通过孔径为 $600 \sim 1000 \mu m$ 的筛。

（2）如果采用硅胶干燥剂，应在使用之前，观察硅胶颜色，一般硅胶干燥剂的颜色为蓝紫色，吸水失效后变为粉红色或透明，需将其放入 $105 \sim 120℃$ 恒温干燥箱中进行干燥处理，待其颜色变为蓝紫色，才可再次放入干燥器内使用。

（3）试样干燥处理时，一定要干燥至恒重，即在干燥处理完成的情况下，两次试样质量差不超过 2mg，才能进行结果计算。

2. 检测原理

干果中的自由水和弱结合水在 $101 \sim 105℃$ 的温度下全部变成水蒸气挥发，干果的质量不再发生变化即干燥至恒重，干果的质量为干果的质量与强结合水质量之和，干燥后干果的质量与干果原始质量之差为干果水分含量。

【知识拓展】

水是维持动植物和人类生存必不可少的物质之一。水是许多食品组成成分中数量最多的组分，除谷物和豆类等的种子类食品以外，作为食品的许多动植物一般含有 60%~90% 水分，如蔬菜含水分 85%~97%、水果 80%~90%、鱼类 67%~81%、蛋类 73%~75%、乳类 87%~89%、猪肉 43%~59%，即使是干态食品，也含有少量水分，如面粉 12%~14%、饼干 2.5%~4.5%。

在动植物体内，水分不仅以纯水状态存在，还常常是溶解可溶性物质（例如糖类和许多盐类）而构成的溶液，以及把淀粉、蛋白质等亲水性高分子分散在水中形成凝胶来保持一定形态的膨胀体的溶剂。另外，即使不溶于水的物质如脂肪和某些蛋白质，也能在适当的条件下分散于水中成为乳浊液或胶体溶液。水分含量是评价产品质量的重要指标，对于食品保存、成本核算、提高工厂的经济效益等方面均具有重要意义。

➤ 思考与练习

1. 思考题
分析干果水分含量的检测中产生数据误差的原因。

2. 操作练习
在实训室内熟练掌握烘干箱、干燥器、干燥剂的使用方法。

▶ **任务九** 干果（桂圆、荔枝、葡萄干、柿饼）中总酸的测定

■■■■ **能力目标**

掌握酸碱滴定法的原理，采用酸碱滴定法测定干果样品中总酸的含量，并对测定结果进行计算，要求在重复性条件下获得的两次独立测定结果的相对偏差不得超过2%。

■■■■ **课程导入**

干果具有较高营养价值，深受人们喜爱。酸度的高低直接影响干果的营养价值。干果中的总酸度是指未离解和已离解的柠檬酸及其他有机酸的总量。

■■■■ **实 训**

一、仪器用具

（1）组织捣碎机。

（2）水浴锅。

（3）研钵。

（4）冷凝管。

（5）分析天平：感量为1mg。

二、实践操作

根据酸碱滴定法的原理，用碱液滴定样液中的酸，以酚酞为指示剂确定滴定终点。按碱液的消耗量计算食品中的总酸含量。

（一）试剂

所有试剂均使用分析纯试剂。分析用水应符合 GB/T 6682—2008 规定的二级水规格或蒸馏水，使用前应经煮沸、冷却。

（1）氢氧化钠标准滴定溶液（0.1mol/L）：称取 110 g 氢氧化钠，溶于 100mL 无二氧化碳的水中，摇匀，注入聚乙烯容器中，密闭放置至溶液清亮。用塑料管量取上层清液 5.4mL，用无二氧化碳的水稀释至 1000mL，摇匀。

（2）氢氧化钠标准滴定溶液（0.01mol/L）：量取 100mL 0.1mol/L 氢氧化钠标准滴定溶液稀释到 1000mL（现用现配）。

（3）氢氧化钠标准滴定溶液（0.05mol/L）：量取 100mL 0.1mol/L 氢氧化钠标

准滴定溶液稀释到 200mL（现用现配）。

（4）1%酚酞溶液：称取 1g 酚酞，溶于 60mL 95%乙醇中，用水稀释至 100mL。

（二）操作步骤

1. 试样制备

取有干果可食部分至少 200g，置于研钵或组织捣碎机中，加入与样品等量的煮沸过的水，用研钵研碎，或用组织捣碎机捣碎，混匀后置于密闭玻璃容器内。

2. 样液制备

称取 10~50g 干果试样，精确至 0.001g，置于 100mL 烧杯中。用约 80℃煮沸过的水将烧杯中的内容物转移到 250mL 容量瓶中（总体积约 150mL）。置于沸水浴中煮沸 30min（摇动 2~3 次，使试样中的有机酸全部溶解于溶液中），取出，冷却至室温（约 20℃），用煮沸过的水定容至 250mL。用快速滤纸过滤。收集滤液，用于测定。

3. 干果中总酸度的测定

称取 25.000~50.000g 样液，使之含 0.035~0.070g 酸，置于 250mL 三角瓶中。加入 40~60mL 水及 0.2mL 1%酚酞指示剂，用 0.1mol/L 氢氧化钠标准滴定溶液（如样品酸度较低，可用 0.01mol/L 或 0.05mol/L 氢氧化钠标准滴定溶液）滴定至微红色 30s 不褪色。记录消耗 0.1mol/L 氢氧化钠标准滴定溶液的体积的数值（V_1）。与此同时，用水代替样液做空白实验，记录消耗 0.1mol/L 氢氧化钠标准滴定溶液的体积的数值（V_2）。

同一被测样品应测定两次。

三、 结果计算及报告表述

干果中总酸含量以质量分数 X 计，以 g/kg 为单位，如式（9-11）所示计算：

$$X = \frac{c \times (V_1 - V_2) \times K \times F}{m} \times 1000 \qquad (9\text{-}11)$$

式中　X——干果中总酸含量，g/kg

　　　c——氢氧化钠标准滴定溶液浓度的准确的数值，mol/L

　　　V_1——滴定样液时消耗氢氧化钠标准滴定溶液的体积，mL

　　　V_2——空白实验时消耗氢氧化钠标准滴定溶液的体积，mL

　　　K——酸的换算系数，柠檬酸计 0.064

　　　F——样液的稀释倍数

　　　m——试样的质量，g

计算结果保留两位有效数字。在重复性条件下获得的两次独立测定结果的相对偏差不得超过 2%。

问题探究

氢氧化钠标准滴定溶液（0.1mol/L）的标定：称取 0.75g 工作基准试剂邻苯二甲酸氢钾于 105~110℃ 电烘箱中干燥至恒量，加 50mL 无二氧化碳的水溶解，加 2 滴酚酞指示液（10 g/L），用配制的氢氧化钠溶液滴定至溶液呈粉红色，并保持 30s。同时做空白实验。

氢氧化钠标准滴定溶液的浓度 [c（NaOH）]，如式（9-12）所示计算：

$$c(\mathrm{NaOH}) = \frac{m \times 1000}{(V_1 - V_2) \times M} \qquad (9\text{-}12)$$

式中　m——邻苯二甲酸氢钾质量，g

　　　V_1——氢氧化钠溶液体积，mL

　　　V_2——空白实验消耗氢氧化钠溶液体积，mL

　　　M——邻苯二甲酸氢钾的摩尔质量，g/mol [M（$KHC_8H_4O_4$）= 204.22]

【知识拓展】

新鲜的桂圆称为龙眼，干的称为桂圆，主产于福建、广东、广西、四川等地，其品种主要有石硖龙眼、储良龙眼、灵山灵龙龙眼、"古山二号"龙眼、立冬本龙眼、松风本龙眼、东璧龙眼、容县大乌圆龙眼等。桂圆的营养非常丰富，有资料记载，龙眼肉中含葡萄糖 26.91%、酒石酸 1.26%、蛋白质 1.41%、脂肪 0.45%；每 100g 龙眼肉中含维生素 C163.7mg、维生素 K_1 96.6mg，还含有一定量的维生素 B_1、维生素 B_2、维生素 P 等。果肉干（桂圆）100g 中含蛋白质 5.3g，糖 74.6g，灰分 0.4g，铁 35mg，钙 2mg，磷 110mg，钾 1200mg，还有多种氨基酸、皂素、鞣质、胆碱等。龙眼肉质鲜嫩、色泽晶莹、营养丰富，现代药理研究表明，其可以抑制癌细胞的生长，降低血脂，增加冠状动脉的血流量，因而可防治老年人常见的癌症、高血压、高脂血症、冠心病等，并具有抗衰老作用。合理食用桂圆可以预防疾病，起到食疗同步的效果。

➤ 思考与练习

1. 思考题
分析干果中总酸的检测中产生数据误差的原因。

2. 操作练习
在实训室内熟练掌握酸碱滴定法的基本操作。

任务十　香辛料中胡椒碱含量检验

能力目标

能利用高效液相色谱仪，采用标准曲线法测定香辛料中胡椒碱的含量，并对测定结果进行计算。

课程导入

香辛料是指具有调节食品风味并能提高食品品质的一类农产品。通过采用具有独特风味的植物果实、种子、叶茎等进行浸提或干燥处理，制成提取物或粉末，具有独特风味，能够赋予食物独特的感官特点，并能增进食欲，也对人体消化、吸收起到一定的促进作用。

实　训

一、仪器用具

（1）高效液相色谱仪（配紫外检测器）。

（2）组织捣碎机。

（3）样品筛：孔径为 $500\mu m$。

（4）100mL 棕色圆底烧瓶，有配套冷凝回流装置。

（5）棕色容量瓶：10，25，100mL。

二、实践操作

（一）试剂

除非另有说明，在分析中仅使用确认为分析纯的试剂和蒸馏水或去离子水或相当纯度的水。

（1）乙醇（CH_3CH_2OH）：95%（质量分数）。

（2）甲醇（CH_3OH）：色谱纯。

（3）胡椒碱标准物质：纯度≥98%。

（4）胡椒碱标准溶液：准确称取 10mg±0.1mg 胡椒碱标准物质于 10mL 棕色烧杯中，用乙醇溶解，转移至 10mL 棕色容量瓶中，用乙醇定容至刻度，此溶液的质量浓度为 1000mg/L（临用时配制）。

（5）胡椒碱标准工作液：用微量移液器吸取 50μL 胡椒碱标准溶液，置于

25mL 棕色容量瓶中，加乙醇稀释至刻度，此溶液的质量浓度为 2.00mg/L。

（二）操作步骤

试样中的胡椒碱用乙醇提取，用高效液相色谱紫外检测器检测，外标法定量。

黑胡椒具有香味和辛辣味，是烹调中常用的调料品。黑胡椒中含有大约 10% 的胡椒碱和少量胡椒碱的几何异构体——佳味碱。黑胡椒的其他成分为淀粉 20% ~ 40%、挥发油 1% ~ 3%、水 8% ~ 12%。将研碎的黑胡椒用乙醇加热回流，可以很方便地萃取出胡椒碱，在萃取液中除了含有胡椒碱和佳味碱以外，还含有酸性树脂类物质。在提纯胡椒碱时，为了防止这些酸性物质与胡椒碱一起析出，常常将氢氧化钾的醇溶液加到浓缩的萃取液中，目的是使这些酸性物质成为钾盐保留在溶液中，而让胡椒碱从溶液中析出。

1. 试样制备

（1）整粒胡椒：用捣碎机将样品粉碎，直至全部通过样品筛，贮于棕色瓶中备用。

（2）胡椒粉：将所有样品通过样品筛，不能通过筛网的，用捣碎机粉碎，直到粒径达到要求为止，贮于棕色瓶中备用。

（3）胡椒油树脂：使样品充分均匀化。

2. 提取胡椒碱

（1）从制得的胡椒试样或胡椒粉试样中称取 0.2 ~ 0.5g 试料，精确至 0.0001g，置于烧瓶中，加入 50mL 乙醇，装上回流冷凝管，加热至沸，保持回流 3h，冷却至室温后，将溶液滤入 100mL 棕色容量瓶中，用乙醇少量多次冲洗抽提瓶和过滤器，洗液一并滤入容量瓶中，并加乙醇至刻度，摇匀备用。

（2）从胡椒油树脂试样中称取 0.05 ~ 0.1g 试料，精确至 0.0001g，置于 100mL 棕色容量瓶中，用乙醇稀释至刻度，摇匀备用。

3. 标准曲线绘制

准确吸取适量胡椒碱标准工作液，用乙醇稀释成质量浓度分别为 0.40，0.80，1.20，1.60，2.0mg/L 的标准溶液（现用现配），然后分别吸取 10μL 注入高效液相色谱仪测定并绘制标准曲线。

4. 色谱条件

（1）色谱柱：C_{18}，200mm×4.6mm，5μm（或与此条件相当者）。

（2）流动相：甲醇+水 = 77+23。

（3）流速：1.0mL/min。

（4）色谱柱温度：30℃。

（5）检测器波长：343nm。

（6）进样量：10μL。

5. 胡椒碱含量的测定

准确吸取 1 ~ 3mL 提取液，置于 25mL 棕色容量瓶中，用乙醇稀释至刻度，然后吸取 10μL 注入高效液相色谱仪进行测定，与标准曲线比较求出胡椒碱的含量。同时做空白实验。

三、 结果计算

试样中胡椒碱的含量 ω，单位为 g/100g，如式（9-13）所示计算：

$$\omega = \frac{\rho \times V_1 \times 25}{V_2 \times m \times 10^5} \tag{9-13}$$

式中　ω——试样中胡椒碱的含量，g/100g

　　　m——试样质量，g

　　　ρ——测定样液中胡椒碱的质量浓度，mg/L

　　　V_1——试样定容体积，mL

　　　V_2——分取提取液体积，mL

计算结果保留三位有效数字。在重复性条件下获得的两次独立测试结果的绝对差值不大于这两个测定值的算术平均值的 10%，以大于这两个测定值的算术平均值的 10% 情况不超过 5% 为前提。此法的胡椒碱检出限为 0.008g/100g。

四、 注意事项

（1）由于胡椒碱溶液不稳定，见光易分解，避光操作很有必要。操作中用铝箔或黑纸将烧瓶和容量瓶包裹起来，并尽可能快地测定。

（2）绘制标准曲线时，标准溶液应现用现配。

（3）在索氏提取器的提取过程中，由于沸腾的混合物中有大量的黑胡椒碎粒，注意控制好加热温度，以免暴沸。

■ 问题探究

胡椒品质与果实中生物碱的含量密切相关。胡椒碱是其中含量最大、活性最高的一类生物碱，是胡椒中主要的有效化学物质，承载着胡椒口感热辣和促进食欲的两大传统特点，胡椒因此而成为一种世界性的调味品和具有多种用途的热带农产品。现代医学研究表明，胡椒碱在抗炎症、抗氧化、降血脂、抗抑郁及抗肿瘤等多方面有疗效。目前，胡椒碱是衡量胡椒品质最主要的指标和胡椒产品分级的标准。胡椒果实中含有 2%~7% 的胡椒碱，不同种质的胡椒碱含量差异很大。

胡椒碱具有多重药理学功效，主要包括护肝、抗抑郁、抗肿瘤等。近年来，胡椒碱在肥胖及糖尿病并发症中的调节作用也备受关注，它具有促进静止肌细胞代谢的生理功能，还具有抑制压力负荷诱导的心脏纤维化与重构的功效，而且，胡椒碱能够显著影响细胞凋亡，其机制与抑制 NF-κB 转录活性密切相关。

【知识拓展】

胡椒素有"香料之王"的美誉，是世界重要的香辛料作物，具有广泛的药用价值。目前国内外胡椒的主栽品种具有果穗长、坐果率高、枝序柔韧、抗风能力较强等特点。关于高品质种质资源的创新利用、胡椒优质新品种的选育尚缺乏系统的研究。胡椒果实的化学成分主要包括生物碱、挥发油、木脂素、酚类化合物和微量元素等。

➢ 思考与练习

1. 思考题
分析香辛料中胡椒碱的检测中产生数据误差的原因。
2. 操作练习
在实训室内熟练掌握高效液相色谱仪的基本操作。

◆ **任务十一** 香辛料和调味品醇溶抽提物的测定

▦▦▦ **能力目标**

掌握香辛料和调味品醇溶抽提物的测定方法。

▦▦▦ **课程导入**

香辛料是食品制造中不可或缺的组成原料。天然香辛料的风味主要包括两类：一类以辣味为主体，另一类以芳香气味为主体。香辛料不仅能够改善食物风味，还能提高食物的贮藏性，因此，香辛料是食品工业的重要原料。

▦▦▦ **实 训**

一、 仪器用具

（1）容量瓶：100mL。
（2）移液管：50mL。
（3）分析天平：感量为1mg。
（4）表面皿。
（5）滤纸（中速）。
（6）烘箱（103℃±2℃）。

（7）水浴锅。

（8）干燥器。

二、实践操作

（一）试剂

乙醇（CH_3CH_2OH）：95%（质量分数）。

（二）操作步骤

1. 实验室样品取样

实验室样品的数量应按照合同要求或按检验项目所需样品量的 3 倍从混合样品中抽取，其中一份用作检验，一份用作复验，一份用作备查。

2. 醇溶抽提物的测定

称取约 2g 试样，精确到 1mg。用乙醇将试样全部转移至 100mL 容量瓶中，加乙醇至刻度，每隔 30min 振摇一次，经 8h 后，静置 16h，过滤，吸取 50mL 滤液放入预先干燥并恒重的表面皿中，水浴蒸干，并在烘箱中于 103℃±2℃ 烘 1h，在干燥器中冷却，称重。重复进行烘干、冷却、称重这一操作过程，直至连续两次称量差不超过 2mg 为止，记录最终的质量。

三、结果计算及报告表述

醇溶抽提物以质量分数计（%），如式（9-14）所示计算：

$$X = (m_2 - m_0) \times \frac{100}{50} \times \frac{100}{m_1 - m_0} \times \frac{100}{100 - H} \tag{9-14}$$

式中　X——醇溶抽提物，%

　　　m_2——醇溶抽提物和表面皿的质量，g

　　　m_0——表面皿质量，g

　　　m_1——试样和表面皿的质量，g

　　　H——样品的水分含量，%

计算结果保留两位有效数字。取两次测定的算术平均值作为结果，同一分析者同时或相继进行的两次测定结果之差不超过 0.20%。

　　　　　问题探究

香辛料在日常饮食中用量很少，对食物本身的营养组成也没有显著的贡献，但大量研究表明香辛料具有很多对健康有益的生理功能，广泛应用于食品、化妆品、药品等行业，因此具有很好的开发前景。目前，国内外对香辛料的研究主要集中于抗氧化、抑菌等方面，而对香辛料在减肥、降脂、抗动脉粥样硬化等方面的作用机理的研究相对较少。应该注意到，香辛料中一些成分会对人体产生不良的影响，如胡椒碱会引起低血糖；肉豆蔻醚 A 能使肝细胞中脂肪变性。此外，使用的剂量问题也是研究的重点，如肉豆蔻醚含量较高的两粒肉豆蔻籽就可能致命；异硫氰酸酯类虽具有抑菌作用，但大量食用会促呕，并且吸入其气体对肺有害。所以，有必要对香辛料的食用安全性和功能性进行科学的评价，并对其功能机理展开深入的研究，从而使香辛料的价值得到充分的利用。

【知识拓展】

目前，对于香辛料精油的提取方法主要有传统的水蒸气蒸馏法、溶剂萃取法、压榨法，以及一些新兴的提取方法，如：超临界 CO_2 萃取、分子蒸馏法、微波辅助提取、超声波辅助提取等。有研究人员采用水蒸气蒸馏、溶剂提取、超声波辅助提取、微波辅助浸提等萃取方法分别对丁香、大蒜、生姜和花椒 4 种香辛料进行提取，并研究了它们对蔬菜中致腐菌的抑制效果，结果表明，超声波辅助法提取丁香精油的萃取得率为 6.13%，明显高于其他几种提取方法，其抑菌效果同样也优于其他几种提取方法，而对于大蒜、花椒以及生姜用微波辅助提取的方法较为理想。对于香辛料中抑菌物质成分的研究已趋向于成熟，基本确定了各种香辛料中主要发挥抗菌作用的成分，但提取大多针对香辛料精油进行，对于确定抑菌成分的分离纯化及鉴定还有待发展，所以当前的关键是分离出较纯的抑菌物质，以使香辛料作为抑菌剂能够广泛地应用到食品中。

➤ 思考与练习

1. 思考题
分析香辛料和调味品中醇溶性提取物的检测中产生数据误差的原因。
2. 操作练习
在实训室内熟练掌握香辛料乙醇浸提的基本操作。

参 考 文 献

[1] 国娜主编. 粮油质量检验[M]. 北京:化学工业出版社,2011.

[2] 国家粮食局人事司[M]. 粮油质量检验员(第四版). 北京:中国轻工业出版社,2007.

[3] 王炳强. 农产品分析检测技术[M]. 北京:化学工业出版社,2018.

[4] 张玉廷,张彩华. 农产品检验技术[M]. 北京:化学工业出版社,2009.

[5] 姜凤丽. 畜产品加工与检验[M]. 北京:化学工业出版社,2017.

[6] 贾君,袁贵英. 食品分析与检验技术[M]. 北京:中国农业出版社,2018.

[7] 杨玉红,田艳花. 食品理化检验技术[M]. 湖北:武汉理工大学出版社,2016.

[8] 李晓红. 乳制品加工与检测技术[M]. 北京:化学工业出版社,2012.

[9] 王昕,赵雪梅. 食品分析[M]. 吉林:吉林大学出版社,2012.